区间分析及其在计算机图形学中的应用

寿华好　编著

科学出版社

北　京

内 容 简 介

本书比较全面地介绍区间分析及其在计算机图形学中的应用。第 1 章对区间算术和仿射算术进行综述，第 2 章提出矩阵形式的仿射算术，第 3 章给出张量形式的仿射算术，第 4 章对各种区间方法进行比较，第 5 章提出多项式区间估计的递归 Taylor 方法，第 6 章给出区间自动微分的概念，第 7 章给出区间分析在计算机图形学中的各种应用，第 8 章对全书进行总结和展望。

本书可作为高等院校计算机及应用数学等专业本科生和研究生的教材，也可供从事计算机辅助几何设计与计算机图形学研究或应用的科技工作者参考。

图书在版编目（CIP）数据

区间分析及其在计算机图形学中的应用 / 寿华好编著. —北京：科学出版社，2018.8

ISBN 978-7-03-058477-9

Ⅰ. ①区… Ⅱ. ①寿… Ⅲ. ①计算机图形学-研究 Ⅳ. ①TP391.411

中国版本图书馆 CIP 数据核字（2018）第 180372 号

责任编辑：王 哲 霍明亮 / 责任校对：郭瑞芝
责任印制：张 伟 / 封面设计：迷底书装

科学出版社出版
北京东黄城根北街 16 号
邮政编码：100717
http://www.sciencep.com

北京建宏印刷有限公司 印刷

科学出版社发行 各地新华书店经销

*

2018 年 8 月第 一 版 开本：720 × 1000 1/16
2019 年 1 月第二次印刷 印张：13 3/4
字数：274 000

定价：89.00 元

（如有印装质量问题，我社负责调换）

前　言

区间的概念历史上很早就有了，如我国古代著名数学家祖冲之给出的圆周率近似值位于 3.1415926～3.1415927，就是一个典型的区间。但是区间上的运算即区间分析的出现却比较晚，历史上 1966 年穆尔在《区间分析》一书中第一次系统提出区间运算理论，此后区间分析蓬勃发展，到目前为止几乎渗透到自然科学的各个领域。

区间分析对于计算机辅助几何设计及图形学在提高曲线曲面绘制的精确度及加快绘制速度等方面的优越性已被大量实例所证实。然而在算法设计及算法模型上，存在种种缺陷，严重影响了算法的普及与应用。对各种算法的特点及适用范围，国际学术界也并不十分清楚，没有加以甄别和比较。鉴于此，我们把区间算术及仿射算术以及其他各种区间方法的比较及其在代数曲线曲面绘制中的应用作为攻关课题进行了深入研究，并在此基础上提出几种新的区间方法，其主要成果及创新点有以下几方面。

本书从分析标准形式的仿射算术的缺陷出发，发现标准形式的仿射算术的乘法运算有很大的误差，可以改进为精确的运算，从而提出一种新的更为精确的矩阵形式的仿射算术，我们在理论上证明了矩阵形式的仿射算术比中心形式的区间算术和标准形式的仿射算术要精确，并在基于平面区域细分的代数曲线逐点绘制的应用中，对矩阵形式的仿射算术和标准形式的仿射算术进行了详细的比较，比较结果显示，矩阵形式的仿射算术不但比标准形式的仿射算术更为精确，而且速度比标准形式的仿射算术快得多。

本书把 2 维的矩阵形式的仿射算术推广到了 3 维的张量形式的仿射算术，并在基于空间区域细分的代数曲面逐点绘制的应用中，对张量形式的仿射算术和标准形式的仿射算术进行详细的比较，比较结果显示，张量形式的仿射算术不但比标准形式的仿射算术更为精确而且速度更快，从而得出结论，即矩阵形式的仿射算术或张量形式的仿射算术是一种比标准形式的仿射算术更好的估计多项式函数值的方法，在几何计算中完全可以取代标准形式的仿射算术。

本书对基于平面区域细分的代数曲线逐点绘制算法中的各种区间方法进行详细比较，比较的方法有幂基形式上的区间算术、Bernstein 基形式上的区间算术、中心形式上的区间算术、Horner 形式上的区间算术、矩阵形式的仿射算术、Bernstein 凸包方法、Taubin 的方法、Rivlin 的方法和 Gopalsamy 的方法以及它们各自加上导数信息后的改良方法，比较结果显示矩阵形式的仿射算术、中心形式上的区间算术、Taubin 的方法、Rivlin 的方法和 Bernstein 凸包方法是一些相对比较好的方法，进一步发现 Taubin 的方法实际上就是中心形式上的区间算术方法，而矩阵形式的仿射算术方法在本质上也是一种中心形式上的区间算术方法，只不过矩阵形式的仿射算术方法考虑了多项式每一项幂次的奇偶性，而 Taubin 的方法和中心形式上的区间算术方法没有考虑多项式每项幂次的奇偶性，从而矩阵形式的仿射算术方法比 Taubin 的方法和中心形式上的区间算术方法更精确。

本书提出一种新的用于估计二元多项式取值范围的递归 Taylor 方法，并将其应用于基于平面区域细分的代数曲线逐点绘制算法中，而且与矩阵形式的仿射算术进行详细比较，比较结果显示递归 Taylor 方法从精度上看是一种不比矩阵形式的仿射算术差的方法(要么一样要么更精确)，而且在大多数情况下所需要的四则运算次数比矩阵形式的仿射算术要少。2 维的递归 Taylor 方法可以很容易推广为 3 维甚至一般的 n 维递归 Taylor 方法。

对于一般的非多项式函数取值范围的估算，我们是通过把自动微分推广到区间自动微分并与 Taylor 展开相结合的办法来解决的，并将其应用于基于平面区域细分的一般隐式曲线逐点绘制算法中，我们还把应用区间自动微分的方法与自然区间法及手动的 Taylor 展开法对绘制曲线的效果进行比较和分析，揭示区间自动微分在一般隐式曲线绘制中的应用价值。此外，我们进一步提出一种新的中心形式的区间自动微分，并用实例验证应用这种中心形式的区间自动微分可以进一步提高隐式曲线绘制的质量。

最后本书给出区间分析在计算机图形学中的其他很多应用，如代数边界曲线的中轴计算、点和代数边界曲线的等分线计算、代数曲线奇点拐点数值计算、代数曲面奇点的数值计算、平面点集 Voronoi 图的细分算法、以代数曲线为边界的 2 维形体的 Voronoi 图、两条代数曲线间 Hausdorff 距离的计算、两张代数曲面之间 Hausdorff 距离的计算、多边形等距的细分算法、点到代数曲线最短距离的细分算法、代数曲线间最短距离的细分算法、平面代数曲线的等距线计算和代数曲面的光线跟踪算法等。

以上理论创新结果经大量算例上机试验，证明都是可靠与有效的。这些成果对提高曲线曲面的绘制效率与精确性有着显著的作用，因而可以预见，在计算机辅助几何设计及图形学领域有着广阔的应用前景。

本书在出版过程中得到了国家自然科学基金(项目编号：61572430)和浙江省重点建设学科经费的资助。本书由寿华好执笔完成，何萍、江瑜、李涛、施雯、袁子薇、黄永明、高晖、胡巧莉、严志刚、胡良辰、祁佳玳、杨霖、周超、邵茂真、吴晓婧在本书写作过程中提供了帮助，在此表示感谢，最后由寿华好统稿、修改和审定。由于作者水平有限，时间仓促，不足之处在所难免，恳请读者批评指正。

作　者

2018 年 3 月

于浙江工业大学屏峰校区理学楼

目录

第1章 绪 论

本章对自由曲线曲面造型技术、区间算术和仿射算术及其在计算机图形学中的应用和基于场细分的隐式曲线曲面绘制算法就研究历史、特点、代表性工作、应用及主要意义做了一个综述。更详细的有关区间算术和仿射算术的研究与应用综述可以参考(寿华好等, 2006)。

1.1 自由曲线曲面造型技术综述

工业产品的形状大致上可分为两类：一类是仅由初等解析曲面(例如，平面、圆柱面、圆锥面、球面、圆环面等)组成的，大多数机械零件属于这一类，可以用画法几何与机械制图的方法完全清楚地表达和传递所包含的全部形状信息；第二类是不能由初等解析曲面组成的，而以复杂方式自由变化的曲线曲面即所谓自由型曲线曲面(free form curve/surface)组成，例如，飞机汽车船舶的外形零件。显然，后一类形状单纯用画法几何与机械制图是不能表达清楚的(施法中, 2001)。

计算机辅助设计(computer aided design, CAD)的根本任务是为产品的开发和生产建立一个全局信息模型，而曲线曲面的精确描述和灵活操作能力是评定一个CAD 系统功能强弱的重要因素，从 CAD 和计算机图形学的应用全局来看，自由曲线曲面造型的作用远远超过了实体造型，这是因为传统意义下的实体造型技术至今还限制在操作圆锥体、椭球体等规则曲面形体，而地形地貌描述、矿藏储量图示、铁路勘察设计与环境工程、人体器官造型与 CT(computed tomography)图像 3 维重建、服装设计、制鞋、虚拟视景生成等都要用到不规则曲面的拟合和生成技术，这些问题的覆盖域要宽广得多，求解的技术难度也更大(朱心雄, 2000)。

几何在计算机辅助设计、计算机辅助工程分析(computer aided engineering, CAE)和计算机辅助制造(computer aided manufacturing, CAM)中起着中心角色的作用。这三种计算机辅助技术各取英文首字母缩写，依次就是 CAD、CAE、CAM。按照国际流行的概念，计算机辅助几何设计(computer aided geometric design, CAGD)就是 CAD。CAGD 是一门迅速发展的新兴学科。它的出现和发展既是现代工业发展的要求，又对现代工业的发展起到了巨大的促进作用。它使几何学从传统时代进入数字化定义的信息时代，焕发出勃勃生机。“计算机辅助几何设计”

这一术语于 1974 年由巴恩希尔(Barnhill)与里森费尔德(Riesenfeld)在美国犹他大学的一次国际会议上提出(Barnhill and Riesenfeld, 1974)，以描述计算机辅助设计更多的数学方面，为此加上“几何”修饰词。在当时，其含义包括曲线、曲面和实体的表示及其在实时显示条件下的设计，也扩展到其他方面，例如，4 维曲面的表示和显示。自此以后，计算机辅助几何设计开始以一门独立的学科出现。事实上早在 1971 年，英国的福里斯特(Forrest)曾给出了含义与 CAGD 大致相同的另一名称——计算几何(computational geometry)，定义为形状信息的计算机表示、分析和综合。研究的是计算机表示以及用计算机控制有关形状信息的问题。苏步青和刘鼎元(1981)以及梁友栋等(1982)沿用了这一称呼并进一步指出，计算几何是代数几何、微分几何、函数逼近论、计算数学和数控技术的边缘科学。其应用范围除了航空、造船、汽车这三大制造业，还涉及 CAD/CAM、建筑设计、生物工程、医疗诊断、航天材料、电子工程、机器人、服装鞋帽模型设计等技术领域。随着计算机图形学的发展，计算几何还广泛应用于计算机视觉、地形地貌、军事作战模拟、动画制作、多媒体技术等领域。然而计算几何这个名称有二义性，同样的名称在 Preparata 和 Shamos(1985)的书中表示的是关于几何搜索、凸包、近似、相交等算法的另一类几何问题。鉴于这个原因，计算几何这个名称在国际学术界已不太常用来表示计算机辅助几何设计所包含的内容了(施法中, 2001)。

计算机辅助几何设计主要研究在计算机图像系统的环境下对曲面的表示、设计、分析和绘制。它起源于飞机、船舶的外形放样(lofting)工艺，由 Coons、Bézier 等于 20 世纪 60 年代奠定理论基础。典型的曲面表示，60 年代是 Coons 技术和 Bézier 技术，70 年代是 B 样条(non-uniform rational B-spline, NURBS)技术，80 年代是有理 B 样条技术。现在，曲面表示和造型已经形成了以非均匀有理 B 样条参数化特征设计(parameterized and characteristic design)和隐式代数曲面(implicit algebraic surface)表示这两类方法为主体，以插值(interpolation)、拟合(fitting)、逼近(approximation)这三种手段为骨架的几何理论体系。随着计算机图形显示对于真实性、实时性和交互性要求的日益增强，随着几何设计对象向着多样性、特殊性和拓扑结构复杂性靠拢这种趋势的日益明显，随着图形工业和制造工业迈向一体化、集成化和网络化步伐的日益加快，随着激光测距扫描等 3 维数据采样技术和硬件设备的日益完善，计算机辅助几何设计在近几年来得到了长足的发展。这主要表现在研究领域的急剧扩展和表示方法的开拓创新。从研究领域来看，计算机辅助几何设计技术已从传统的研究曲面表示、曲面求交和曲面拼接，扩充到曲面变形、曲面重建、曲面简化、曲面转换和曲面位差；从表示方法来看，以网格细分(subdivision)为特征的离散造型与传统的连续造型相比，大有后来居上的创新之势。而且，这种曲面造型方法在生动逼真的特征动画和雕塑曲面的设计加工中如鱼得水，得到了高度的运用(王国瑾等, 2001)。

下面就 CAGD 中各种主要自由曲线曲面造型方法作一个简略的综述。

1. 显函数式曲线曲面造型技术

显函数式曲面造型是指在进行工业产品外形曲面造型的时候，其曲面采用了 $z=z(x,y)$ 的表示形式。在 1963 年美国波音(Boeing)飞机公司的 Ferguson 首先提出将曲线曲面表示为参数的矢函数方法之前，CAD/CAM 系统中曲线的描述所一直采用的就是显函数 $y=y(x)$ 或隐函数 $F(x,y)=0$ 的形式，而曲面相应地采用显函数 $z=z(x,y)$ 或隐函数 $F(x,y,z)=0$ 的形式。此后，人们把研究重点逐渐转向了参数曲线曲面。这一方面是由于显函数式曲面的相关研究工作已经相对成熟；另一方面是由于显函数式曲面可以作为参数曲面的特例来研究。参数形式表示的曲线曲面虽然被引入了 CAD/CAM 系统，但是，在 CAD/CAM 系统中，显函数式曲面造型技术仍一直是系统的重要组成部分(陈动人, 2002)。

由于显函数式曲面所具有的许多特殊性质，在考虑曲面造型中的散乱数据插值(scattered data interpolation)问题时，显函数式曲面造型技术一直是其中的关键技术。散乱数据插值是指由已知的不按特定规律分布的平面数据点集 $\{(x_i,y_i)\}_{i=1}^N$ 及实数集 $\{f_i\}_{i=1}^N$，求作显函数式曲面 $F(x,y)$，使得 $F(x_i,y_i)=f_i$ 对所有的 i 成立。目前，散乱数据插值技术已经广泛应用于各类科学研究和工程技术中，如地形绘制、勘探、气象、医学图像、环保、可视化以及测量造型等方面(王国瑾等, 2001)。

在进行图像处理的过程中，显函数式曲面也扮演了重要的角色。对于设计和实现数字图像处理，目前有三种基本观点(Rosenfeld and Kak, 1982)，即把图像理解为连续的函数、把图像理解为离散的阵列、把图像(区域边界)理解为链的曲线。第一种观点认为图像来自客观的物理世界，而物理世界通常是遵循连续的数学模型，所以把图像描述为连续的函数形式通常会更好一些。对于第二种观点，在操作离散的数字图像时，我们应该把数字图像理解为隐藏在背后的连续函数曲面的离散结果(陈凌钧, 1996)。

2. 参数曲线曲面造型技术

参数曲线曲面造型技术是当今 CAD/CAM 系统中曲面造型的主流。自由曲面的非均匀有理 B 样条表示成了国际标准，在学术界和工业界被广泛接受。其实，其经历了一个长期的发展过程，并且这个过程还在不断地完善和充实。

1963 年美国波音飞机公司的 Ferguson(1963, 1964)首先使用 $\left(1,t,t^2,t^3\right)$ 为基函数的三次参数样条曲线来进行飞机外形的设计，构造了由四个角点的位置及两个方向切矢定义的 Ferguson 双三次曲面片。Ferguson 采用的自由曲线曲面的参数表示方法具有几何不变性、可处理无穷大斜率和多值曲线、易于进行坐标变换等优点。

20 世纪 60 年代初，美国麻省理工学院(Massachusetts Institute of Technology, MIT)的 Coons(1964, 1967)给美国国防部的技术报告中引进了超限插值这个全新的数学概念，把所要设计的曲面看作由若干个较小的曲面片按一定的连续阶要求拼接而成的。每条边界线可以是具有一定连续阶要求的任何曲线。在设计产品的几何外形时，可进行人机交互。他利用 Hermite 基来定义插值算子，进一步可得到 Coons 混合曲面。在工程实践中通常使用的是 Coons 双三次曲面片。它与 Ferguson 双三次曲面片的区别在于将角点扭矢取为非零矢量。两者均存在形状控制与拼接问题。

法国工程师 Bézier(1972, 1974, 1986)于 1962 年提出 Bézier 曲线，于 1972 年正式投入使用，并据此在雷诺(Renault)汽车公司建立了著名的 UNISURF 自由曲线曲面设计系统。然而当年 Bézier 提出的曲线表达式是

$$\boldsymbol{P}(t)=\sum_{j=0}^{n}A_j^n(t)\boldsymbol{a}_j,\quad 0\leqslant t\leqslant 1$$

其中

$$A_0^n(t)=1,\ A_j^n(t)=\frac{(-t)^j}{(j-1)!}\frac{\mathrm{d}^{j-1}}{\mathrm{d}t^{j-1}}\frac{(1-t)^{n-1}-1}{t},\qquad j=1,2,\cdots,n$$

$$\boldsymbol{a}_0=\boldsymbol{P}_0,\quad \boldsymbol{a}_j=\boldsymbol{P}_j-\boldsymbol{P}_{j-1},\qquad j=1,2,\cdots,n$$

这一定义十分奇特，令人难以接受。直到 1972 年，Forrest(1972)才提出如今通用的定义，指出它恰好就是 Bernstein 基与控制顶点的线性组合，即

$$\boldsymbol{P}(t)=\sum_{j=0}^{n}B_j^n(t)\boldsymbol{P}_j,\quad 0\leqslant t\leqslant 1$$

其中，$B_j^n(t)=\binom{n}{j}(1-t)^{n-j}t^j\ (j=0,1,\cdots,n)$ 为 n 次 Bernstein 基函数。

Bézier 提出的方法是一种由控制多边形(网格)决定曲线曲面的方法，从几何变换的角度来说，是把 Bézier 控制网格变换为 Bézier 曲线曲面，是一种映射关系。这种曲线曲面具有一系列如几何与仿射不变性、凸包性、保凸性、对称性、端点插值性等优良性质；且具有如 de Casteljau 求值、离散、升阶、插值、包络生成算法等简单易用的计算方法，很好地解决了整体形状控制问题(Gordon and Riesenfeld, 1974a; Farin, 1993)。但 Bézier 方法仍存在拼接问题和局部修改问题。

由 Schoenberg 于 1946 年提出的样条函数提供了解决拼接问题的一种技术，

样条方法用于解决插值问题，在构造整体达到某种参数连续阶的插值曲线、曲面方面是很方便的，但不存在局部形状调整的自由度，样条曲线和曲面的形状难以预测。de Boor(1972)和 Cox(1971)分别独立地给出了关于 B 样条计算的标准算法。

1974 年，美国通用汽车公司的 Gordon 和 Riesenfeld(1974b)拓广了 Bézier 曲线，将 n 次 Bernstein 基函数 $\left\{B_j^n(t)\right\}$ 换成 n 次 B 样条基函数，从而将向量值形式的 Bernstein 逼近改成了向量值形式的 B 样条逼近，构造了等距节点 B 样条曲线。它既拥有 Bézier 曲线的几何特性，又拥有形状局部可调及连续阶数可调等 Bézier 曲线所没有的特性。1980 年，Boehm(1980)和 Cohen 等(1980)给出了 B 样条曲线的节点插入技术。1984 年，Prautzsch 和 Piper(1984)又发展了 B 样条曲线的升阶技术。

Bézier 曲线不能精确表示除抛物线外的圆锥曲线，美国波音飞机公司的 Rowin(1964)和 MIT 的 Coons(1967)首先应用有理参数曲线构造自由曲线和圆锥曲线模型。紧接着，Ball(1974)、Forrest(1980)、Farin(1983)、Piegl(1985)、刘鼎元(1985)与汪国昭和沈金福(1985)对有理参数曲线进行了广泛的研究。苏步青(1980)引入射影不变量方法研究有理参数曲线的奇点和拐点分布问题。美国 Syracuse 大学的 Versprille 最早在其博士论文(Versprille, 1975)中提出了有理 B 样条方法，其后 Piegl 和 Tiller 等(Piegl and Tiller, 1987, 1989; Piegl, 1989a, 1989b, 1991; Tiller, 1983, 1986, 1992)对其做了大量研究，Choi 等(1990)、Grabowski 和 Li(1992)则致力于研究 NURBS 系数的矩阵表示。Wang(1992)给出了 NURBS 曲线的包络生成方法。经过国际上众多学者的不断深入研究，非均匀有理 B 样条理论和方法终于日臻完善。1991 年国际标准组织(International Organization for Standardization, ISO)颁布了关于工业产品设计交换的 STEP(standard for the exchange of product model data)国际标准，把 NURBS 作为定义工业产品几何形状的唯一数学方法(Vergeest, 1991)。

在有理曲线的工程应用中，一种新颖的 Ball 曲线尤其引人注目。1974 年，英国数学家 Ball 以基函数族 $\left(b_0(t),b_1(t),b_2(t),b_3(t)\right)=\left((1-t)^2,\ 2(1-t)^2t,\ \ 2(1-t)t^2,\ t^2\right)$ 首创一种有理三次参数曲线，并以此作为沃尔顿(Warton)前英国航空公司的 CONSURF 机身曲面造型系统的数学基础(Ball, 1974, 1975, 1977)。马来西亚数学家 Said 在和英国数学家 Goodman 共同研究的过程中，于 1989 年借助于 Hermite 基提出了一种广义 Ball 曲线，把 Ball 的三次曲线原型推广到任意奇数次(Said, 1989; Goodman and Said, 1998)。王国瑾(1987, 1989)于此前两年提出了另一种广义 Ball 曲线。胡事民等(1996)命名以上曲线为 Said-Ball 曲线和 Wang-Ball 曲线，并把它们与 Bézier 曲线在递归求值、包络性质、升降阶算法等方面做了系统的对比研究。结果表明，在求值及升降阶的计算速度上，Said-Ball 曲线优于 Bézier 曲线，而

Wang-Ball 曲线又优于 Said-Ball 曲线。刘松涛和刘根洪(1996)、奚梅成(1997)、邬弘毅(2000)、Hu 等(1998)也对广义 Ball 曲线曲面做了研究。Phien 和 Dejdumrong (2000)以及 Wang 和 Cheng(2001)通过比较研究发现 Wang-Ball 曲线、曲面的递归求值和 Bézier 曲线、曲面的 de Casteljau 求值算法相比，时间复杂度可以从曲线次数的平方降低到线性，或从曲面次数的立方降低到平方(陈国栋, 2001)。

3. 隐式曲线曲面造型技术

隐式曲面造型技术是一种与参数曲面造型技术并行发展的技术。早在 20 世纪 40 年代，航空工业界就已成功地运用二次代数曲面来表达飞机机身的完整外形，只是由于代数方程包含了很多系数、几何含义不明确、曲面形状不易控制和不易作局部修改，才使参数曲面造型技术取而代之地成了曲面造型的主流。但随着对隐式曲面造型研究的不断深入以及计算机硬件技术的发展，隐式曲面造型技术在各个领域特别是 CAGD 和计算机图形学领域已经得到了越来越多的应用。所谓隐式曲面，指用形如 $F(x,y,z)=0$ 的隐式方程来表示曲面。其中最典型、最重要的是隐式代数曲面(也称为代数曲面，其中 F 取为多项式)(Sederberg, 1990a, 1990b; Dietz et al.,1993; Sederberg and Wang, 1994; Wang and Sederberg, 1999)。

在参数曲面造型技术成为主流的今天，隐式代数曲面仍然具有很强的生命力是由于它所具有参数曲面不可能拥有的许多优点。

隐式曲面很容易判定空间某一点是否在曲面上或者是在曲面的哪一侧。而且，隐式曲面可以用来表示半空间 $F(x,y,z)\geqslant 0$ 和 $F(x,y,z)\leqslant 0$ 。或者说，隐式定义的曲面自然地产生出区域 F^{+}： $F(x,y,z)\geqslant 0$， F^{-}： $F(x,y,z)\leqslant 0$，这对曲面造型中相当重要的求交操作和等距操作来说意义重大，而且，在动画尤其在物体碰撞检测中更能发挥其优势。

隐式代数曲面在求交、求并、卷积、等距、调配等运算下具有封闭性(Sederberg, 1990a)，即代数曲面经过这些几何操作后仍可以用代数曲面来表示。相比之下，有理参数多项式曲面则不具有这些操作的封闭性。模型运算的封闭性使得经过这些操作所得到的曲面无须逼近或近似转化即可表示出来，这给曲面造型系统的设计带来了很大方便。

隐式代数曲面提供了足够的自由度，可以满足对复杂产品外表面进行建模的需要，而且代数曲面所具有的较多自由度使得用低次的代数曲面来满足几何设计约束成为可能(Bajaj, 1992)。而参数曲面的代数次数是很高的，例如，双三次参数曲面的代数次数为 18，这么高的代数次数使曲面性质的计算分析相当复杂。

隐式代数曲面是用多项式来表示的，多项式的运算比一般的解析函数和有理函数的运算更为简单、计算效率更高。

代数几何这一研究领域的发展为隐式代数曲面造型技术提供了坚实的理论基础(Griffiths, 1985)。1985年，Sederberg给出的分片代数曲面的描述方法扫清了代数曲面在曲面造型中的一大障碍。Patrikalakis和Kriezis进一步在1989年提出了隐式代数曲面样条的表示方法。1992年，Bajaj给出了用分片隐式代数曲面拟合曲面的方法。Bajaj等在1992年前后进一步研究了用隐式代数样条进行多面体的C^1光顺(Bajaj and Ihm,1992a)、代数曲面的Hermite插值(Bajaj and Ihm,1992b)、代数曲面的G^k最小平方逼近、代数曲面的高阶插值和最小平方逼近等一系列问题(Bajaj et al., 1993)。

参数曲面的隐式化和代数曲面的参数化是连接参数曲面造型技术和隐式曲面造型技术的桥梁。1984年，Goldman等提出了向量消除方法，并应用于平面有理参数多项式曲线的隐式化、求交等。参数曲面的隐式方程具有很高的次数以及隐式化过程本身具有复杂的计算量一直是隐式化过程的困惑之处。Sederberg和Chen(1995)提出移动曲面的方法使得隐式曲面的计算效率大为提高。相对应地，隐式代数曲面的参数化也是重大研究课题。由于并不是所有的隐式代数曲面都可以参数化，所以近似参数化方法成了一个主要研究方向(陈长松, 2000)。

1988年, Bloomenthal给出的隐式代数曲面绘制的关键算法——多边形化算法，大大提高了绘制速度，对后来代数曲面的广泛应用起了很大的推进作用。Turk和O’Brien(1999)把隐式函数方法应用于曲面变形取得了意想不到的效果(陈动人, 2002)。

参数曲面在表现人体的肌肉、器官及其运动等方面存在着许多困难。为此，20世纪80年代，Blinn提出了blobby模型(Blinn, 1982)；Nishmura等(1985)提出了类似的Metaball模型，并做了很多开拓性的工作。Metaball造型是一种隐函数造型技术，该技术采用具有等势场值的点集来定义自由曲面，其造型过程与CSG (constructive solid geometry)造型相似。经过发展(Wyvill et al., 1986; Wyvill B and Wyvill G, 1989)，现在它已在各类动画造型软件，如著名的人体建模软件Poser™中广为应用，隐式曲面在进行人体的肌肉、水滴、云、烟等物体的造型和表现动画方面有很大的优势(张宏鑫, 2002)。

4. 细分曲线曲面造型技术

由于计算机图形学、计算机动画等领域对任意拓扑结构的光滑曲面造型的需求变得日益迫切，NURBS曲面在表示复杂拓扑结构的物体方面存在着许多困难，无法满足这一要求，而细分方法由于能够很好地产生拓扑结构复杂的曲面，所以其成为近年来曲面造型技术研究的一个热点，得到了越来越多的研究。在3维曲面造型、多分辨率分析和计算机图形学等领域中获得了广泛的应用。尤其在生动逼真的特征动画和雕塑曲面的设计加工中得到了大量的运用。细分方法受到普遍

欢迎的一个主要原因就在于它能够快速地在任意网格上生成光滑曲面，算法简单直观。许多商业图形动画软件，如 Alias|Wavefront 公司的 Maya、Pixar 公司的 Renderman、Nichiman 公司的 Mirai，以及 Micropace 公司的 Lightwave 3D 等都将细分曲面作为一种重要的曲面表示方法。

细分方法可以简单解释如下：将光滑曲线或曲面定义为连续细化过程的极限。当然，这是一个相当不精确的描述，许多细节仍未解释清楚，但是它却抓住了细分的本质。事实上，细分的基本思想很早就出现了，它可以追溯到 20 世纪 40 年代晚期和 50 年代早期。其创始人可以追溯到 50 年代的 de Rham(1956)，当时 de Rham 就已经使用对多边形割角(corner cut)的方式来描述一条光滑的曲线。但最初引起 CAGD 领域注意的，是在 1974 年美国犹他大学举行的 CAGD 国际会议上，图形艺术家 Chaikin 提出的一种与众不同的曲线的快速生成方法。它以直观的几何构造为基础，由一个闭合的 2 维多边形开始，通过重复的割角操作，来得到一条光滑的极限曲线(Chaikin, 1974)。随后 Riesenfeld(1975)和 Forrest(1974)从理论上证明了这种极限曲线其数学本质是均匀二次 B 样条曲线。Catmull 和 Clark(1978)，Doo 和 Sabin(1978)则分别提出了将双三次和双二次 B 样条曲面推广到任意拓扑网格上的细分算法，标志着细分曲面应用于曲面造型的开始。近二十年来，新的细分方法不断涌现。1987 年，Loop 在其硕士论文中首次提出了一种基于三角网格的逼近细分方法。该方法是在 Boehm(1983)和 Prautzsch(1984)的箱样条(box spline)细分算法的基础上提出的，将四次三向箱样条(quartic 3-direction box spline)推广到任意的三角网格上。Dyn 等(1987)则提出了一种四点插值的曲线细分规则，并据此给出了基于三角网格的插值型细分方法，生成所谓的蝶形曲面(butterfly surface)(Dyn et al.,1990a, 1990b)，该曲面能够插值初始控制网格的所有顶点以及细分过程中所产生的新点。但是，这种细分方法要求初始网格是正则的三角网格，即该方法是细分方法发展早期阶段的重要研究成果，为后来新的细分方法提供了可以借鉴的构造途径，且在实际应用中，仍发挥着重要作用。

由于 butterfly 方法对初始控制网格的限制，使其不能应用于任意网格的细分，因此，在 1996 年的 SIGGRAPH 会议上，Zorin 等提出了改进的 butterfly 算法，该方法可以在任意网格上生成 C^1 的细分曲面。基于变分的细分方法是由 Kobbelt (1996a, 1996b)提出的，细分网格不再是由静态的规则决定的，而是通过使某些能量函数最小化来生成新网格。对于规则网格，该方法为四点法的张量积形式。细分过程中，新点的位置是通过求解一个优化问题确定的，即使某种能量函数最小化。因而这种细分方法是整体性的，也就是说，每一个新点的位置依赖于上一层网格的所有顶点。Peters 和 Reif(1997)，Habib 和 Warren(1999)分别提出了一类简单的细分方法，将二次四向箱样条(quadratic 4-direction box spline)推广到任意的四边网格上。他们所使用的细分模板比 Doo-Sabin 方法的模板更小；对于规则点，只需用到三个控制点。1998 年，Qin 等将动态模型引入 Catmull-Clark 曲面中。这种动态曲面模型使得对几何形状的操作更为直接。后来他们又将这种方法推广到了 butterfly 曲面(Qin et al., 2000)。

在 1998 年的 SIGGRAPH 会议上，Sederberg 等提出了广义的 Catmull-Clark 细分规则和 Doo-Sabin 细分规则，在细分过程中引入了节点距，使得 NURBS 成为它的子集。2000 年，Kobbelt 提出了一种新的用于三角形网格细分的方法，称为 $\sqrt{3}$ 细分，其拓扑分裂规则与以往的基于三角形网格的细分方法不同，并不是一分为四，而是一分为三。除了奇异点，细分极限曲面达到 C^2 连续，在奇异点处 C^1 连续。Labsik 和 Greiner(2000)提出了一种基于三角形网格的插值型细分方法，称为插值 $\sqrt{3}$ 细分，其拓扑分裂规则与 Kobbelt 的 $\sqrt{3}$ 细分相同；几何规则与 butterfly 细分类似，细分过程中只计算新产生点的位置，而老点则保持不变。Velho(2001)提出了一种拟静态细分方法，用于四向网格(four-directional meshes)的细分。

大部分已有的细分方法都是用于构造流形曲面(manifold surface)，但一些生物组织结构模型以及一些人工艺术造型需要用到非流形曲面(nonmanifold surface)。因此，2001 年，Ying 和 Zorin 提出了一种可以用于构造非流形曲面的细分方法。MacCracken 和 Joy(1996)将 Catmull-Clark 细分方法推广用于体网格(volume mesh)的细分，但由于其细分规则的复杂性，曲面的光滑性还是个未知数。在 2002 年，Bajaj 等提出了一种细分方法，可用于六面体网格的细分。细分规则包括一个简单的分割和平均算法。

在曲面尖锐特征如折痕、锥点、角点等的调控方面，Hoppe 等(1994)推广了 Loop 的方法，可以对分片 C^1 连续的曲面进行特征调控，对需要产生特殊效果的网格点或网格边进行标记，对不同的尖锐特征构造不同的细分规则。他们以此方法重构带尖锐特征的 3 维扫描数据。在 1998 年的 SIGGRAPH 会议上，美国著名的 Pixar 公司的 de Rose 等(1998)把细分曲面引入角色动画中，取得了非常好的效果。并且这部名为 *Geri's Game* 的动画短片荣获了当年的奥斯卡最佳动画短片奖。de Rose 等人在进行动画人物造型时，提出半尖锐特征(semi-sharp features)的概念。半尖锐特征类似于参数曲面造型中导圆角产生的效果，他们先使用类似于 Hoppe 法中的新规则作若干次细分，再使用普通规则作余下的细分来获得半尖锐效果。此外，Sedeberg 等(1998)的非均匀递归细分方法及 Habbib 和 Warren(1999)的细分曲面分割方法都有尖锐特征造型功能。

细分方法的优点可总结如下：能够处理任意拓扑的控制网格；在进行局部特征调控的同时，能够保证曲面整体的光滑性；是联系连续模型和离散表示的桥梁；

算法实现简单(张景峤, 2003)。

5. 区间曲线曲面造型技术

区间曲线和区间曲面(interval curve and interval surface)是数值分析领域内作为误差分析主要工具的区间分析(Moore, 1966)方法在 CAGD 中的应用与推广。20 世纪 80 年代中期，Mudur 和 Koparkar(1984)以及 Toth(1985)在几何处理中开始使用区间算法。1992 年，Sederberg 和 Farouki 首次提出区间 Bézier 曲线的概念，正式把区间分析引入计算机辅助设计。

区间曲线曲面的研究至少出于以下三方面的实际需要：①CAD/CAM 系统和实体造型系统中以求交运算为主的几何操作的可靠性与稳定性。曲线曲面求交的多种算法一度偏重于追求速度和效率，然而后来发现，由于数学模型所刻画的连续的由无穷多个点所组成的几何实体在计算机中只能被表示成离散的有限个点的集合，同时算法采用的是精度有限的浮点算术，因而实际求交计算往往丢失交点，从而导致物体拓扑结构的改变。特别当曲线曲面相切或部分重合时问题更显严重(Hu et al., 1996a)，若用区间点(向量值区间)的集合来表示曲线曲面，就可保证求交等几何操作的稳定性。②计算机图形学与机器人学中物体运动路径设计和碰撞检测的正确性与合理性。从区间分析的观点来看，质点的运动路径是一个被称为区间点的小长方体的扫掠轨迹，这样就避免了运动物体之间碰撞的漏检。③计算机辅助产品测量和计算机辅助工艺计划编制 CAPM(computer aided product measurement)/CAPP(compute aided process planning)的科学性与先进性。按图纸加工出来的产品外壳曲面和切割线，或代表标准模型的样本曲面，只是落在以基准曲面曲线为中心的变动区域中，这一区域在机械工程上称为形位公差带。如何用 CAGD 的语言和手段来描述它，使之规范化，是 CAPM/CAPP 的当务之急。而区间曲线曲面作为一种几何误差带，正是刻画形位公差的理想工具之一(王国瑾等, 2000)。

Maekawa 和 Patrikalakis(1993, 1994)在非线性系统的求解算法中引用了区间算法；Snyder(1992)和 Duff(1992)在计算机图形学的碰撞检测、可视化等问题中应用了区间算法；Hu 等(1996a, 1996b, 1996c, 1997)在 CAD 杂志连续发表四篇文章，利用区间分析技术在改进曲线曲面求交、实体造型和可视化的稳定性方面做了一系列的工作。

近年来，寿华好等(1998, 1998a, 1998b)研究解决了区间 Bézier 曲线的边界结构问题，并探讨了区间 Bézier 曲线曲面和等距曲线曲面之间的关系。刘利刚等(2000)研究解决了区间 Bézier 曲面的逼近问题。Lin 等(2002)进一步研究解决了空间 Bézier 曲线的边界结构问题。陈效群(1999)利用区间曲线逼近等距曲线和有理曲线。Chen 和 Lou(2000)研究了区间 Bézier 曲线的降阶逼近。

6. 等距曲线曲面造型技术

等距曲线曲面也称为平行或位差曲线曲面，它们是基曲线曲面沿法向距离为 d 的点的轨迹，为近十年来 CAGD 的一大热点，研究文献非常丰富。其应用领域遍及数据加工中刀具轨迹计算、机器人行走路径规划、形位公差学、公路铁路线型设计、箱包等带厚度物体设计、钣金零件为装配所预留的等宽度间隙计算、等间距挖洞加工、艺术花纹设计、实体造型和图形学等。

由于曲线曲面的单位法矢包含平方根项，等矩(offset)的代数次数相当高(Farouki and Neff, 1990)，且一般不再具有原基曲线曲面的相同类型。除了直线、圆、平面、球面、圆柱面、圆锥面和圆环面，有理曲线曲面的等距一般无法表示为有理形式，从而无法被通用的 CAGD 系统来处理(Farouki and Neff,1990; Pham, 1992; Maekawa, 1999)。于是人们渴望弄清何种类型的有理曲线曲面其等距仍为有理，它又是如何构造的，这就是等距研究中的精确有理表示和插值造型问题(Farouki and Sakkalis, 1994; Farouki, 1985, 1992, 1994; Farouki and Shah, 1996; Pottmann, 1995; Martin and Stephenson, 1990; Martin,1983; Peternell and Pottmann, 2000; de Boor et al.,1987; Farouki and Neff, 1995; Meek and Walton, 1997)；当上述条件不再具备时，为使 CAGD 系统能有效处理，又必须用各种手段对等距进行逼近，由此产生了等距研究中基于几何或代数的逼近算法问题(Cobb, 1984; Coquillart, 1987; Tiller and Hanson,1984; Elber and Cohen,1991,1992; Lee et al.,1996; Klass, 1983; Pham, 1988; Hoscheck, 1988; Hoscheck and Wissel, 1988; Sederberg and Buehler, 1992; Piegl and Tiller, 1999; Li and Hsu, 1998; Farouki, 1986; Chiang et al., 1991; Kimmel and Bruckstein, 1993)；当法向距离 d 大于基曲线的最小曲率半径或其中部分曲线段间的距离时，等距会产生尖点、环或自交现象(Maekawa and Patrikalakis, 1993)，另外等距有时还会断裂，这就提出了等距研究中的异常情况对策问题(Maekawa et al., 1998; Maekawa, 1998a, 1998b; Chen and Ravani, 1987; Aomura and Uehara, 1990; Vafiadou and Patrikalakis, 1991; Maekawa and Patrikalakis, 1997)；最后一类研究问题是测地等距(Pottmann, 1997; Patrikalakis and Bardis, 1989; Rausch et al., 1997; Kunze et al., 1997)、广义等距(Brechner, 1992; Pottmann, 1997; Pottmann et al., 1998)和等距最优化(Alhanaty and Bercovier, 1999)。

1990 年，Farouki 和 Sakkalis 把平面多项式曲线的等距表达式中分母根号内为完全平方的一类参数曲线命名为 PH(pythagorean hodograph)曲线，首开精确有理表示研究之先河。此后，他又把平面 PH 曲线推广到空间 PH 曲线与曲面，并给出了具有有理等距的可展曲面的显示表达(Farouki and Sakkalis, 1994)。与此同时，他对PH曲线做了进一步的理论与应用研究(Farouki, 1992, 1994)，并把其弧长函数是原参数的多项式函数这一优点成功地应用于速度控制是基于轨迹弧长的数控加工和工业机器人中(Farouki and Shah, 1996)。Pottmann(1995)依据投影对偶表示和包络技术，用PH思想导出了有理曲线曲面的等距具有精确有理表示的条件。Martin 和 Stephenson(1990)研究了扫掠体的等距曲面，并给出自交检测。Farouki(1985)对凸多面体、旋转体和简单轮廓线的拉伸体这三种简单实体的表面均给出了等距面的精确表示。Martin(1983)证明了 Dupin 曲面(即曲率线为圆弧的曲面)的等距曲面也是Dupin曲面。Peternell和Pottmann(2000)利用Laguerre几何模型间的几何变换，给出了构造任意有理曲面的PH曲面的几何方法。另外，由于PH曲线的一系列优点，实际应用需要对已知型值点列构造用两端点的位矢、单位切矢和有向曲率作Hermite(简称H)插值的PH曲线。一般三次参数曲线的GC^2 H插值为de Boor等(1987)所研究。Farouki和Neff(1995)给出五次PH曲线的C^1 H插值算法；Meek和Walton(1997)给出平面分段三次PH曲线的GC^1插值算法。

在等距逼近算法方面，主要有：①等距移动(offsetting)控制网格(顶点)来得到等距逼近曲线控制网格(顶点)的方法。如Cobb(1984)把B样条曲线的控制顶点沿曲线上与其距离最近点(称为节点)处的曲线法矢方向平移等距离 d；Coquillart (1987)把上述方法的d根据节点曲率以及节点与原控制顶点的距离作修正；Tiller和Hanson(1984)把NURBS曲线B网的各边沿边法向平移距离d，再由相邻平移边的交点来得到等距逼近曲线的B网；Elber和Cohen(1992)以Cobb得到的B网为初值，利用控制顶点对应于节点的逼近误差来迭代地扰动修正各控制顶点的偏移量。他们用 NURBS 曲线的和与积表示误差函数，并结合自适应的分割算法(Elber and Cohen, 1991)，即把基曲线上逼近误差最大的点取为分割点，进行等距逼近。②基圆包络逼近法。如Lee等(1996)先用二次Bézier样条曲线逼近基圆，再把此逼近曲线沿基曲线扫掠所得的包络线作为等距逼近。③基于插值或拟合的方法。如Klass(1983)和Pham(1988)分别用三次Hermite与有限个采样点的三次B样条插值曲线逼近等距线；Hoschek(1988)用样条曲线对等距线采样点的逼近误差的最小二乘解来调整等距端点的切矢模；Hoscheck 和 Wissel(1988)用多段低次保端点高阶连续的样条曲线作非线性最优化的等距逼近；Sederberg和Buehler (1992)用仅有中间控制顶点为区间点的偶次区间 Hermite 插值曲线来进行等距逼近；Piegl和Tiller(1999)对NURBS提出基于样本点插值的等距曲线曲面逼近算法；Li和 Hsu(1998)提出基于 Legendre 级数逼近的方法；Farouki(1986)利用双三次Hermite 插值曲面来逼近等距曲面等。以上方法均在基曲线上取有限个样本点来考核误差，并与分割算法相结合来提高精度。④不会产生自交的逼近法。如Chiang等(1991)把基曲线上的点与2维网格点相对应，用图像处理的方法求等距线逼近；

Kimmel 和 Bruckstein(1993)在具有精度所需分辨率的矩形网格上进行小波计算，最终通过对应网格点值的等高线来生成等距曲线逼近。

在异常情况对策研究方面，Maekawa 和 Patrikalakis(1993)提出了基于子分的区间投影多面体算法，用于计算平面等距曲线的局部自交点和整体自交点；Maekawa 等(1998)计算了使管道曲面不产生自交的最大可能半径；Maekawa (1998a, 1998b)讨论了在显式或隐式表示下二次曲面的等距面的自交问题；Chen 和 Ravani(1987)提出了用于计算一般参数曲面的等距曲面上自交曲线的步进算法；Aomura 和 Uehara(1990)提出了计算均匀双三次 B 样条曲面片的等距面上自交曲线的步进算法；Vafiadou 和 Patrikalakis(1991)用光线跟踪方法绘制 Bézier 曲面片的等距面的自交；Maekawa 和 Patrikalakis(1997)提出了一种基于 Bernstein 子分的 Bézier 曲面片的等距面的自交曲线的计算方法。

至于测地等距线，定义为曲面上沿曲线 C 的测地线距离为 d 的点的轨迹(Pottmann, 1997)。Patrikalakis 和 Bardis(1989)首次提出 NURBS 曲面上测地等距线的算法；Rausch 等(1997)和 Kunze 等(1997)用测地等距线的方法分别计算了曲面上两条曲线之间的中线与测地 Voronoi 图。广义等距曲线曲面的概念最早由 Brechner(1992)提出；Pottmann(1997)对它做了进一步的推广，并应用于自由曲面三轴铣削的无碰撞研究(Pottmann et al., 1998)。等距的最优化问题为 Alhanaty 和 Bercovier(1999)提出，即求一形体，使得其等距线的周长变化最小或其等距面的面积变化最小，这在固体燃烧和在液体环境下的药物释放中有重要应用。他们在凸集和星状集范围内给出了最优解。

刘利刚和王国瑾(2000, 2002)提出了一种基于球面三角网格逼近的等距曲面逼近算法和一种基于控制顶点偏移的等距曲线最优逼近方法。寿华好等(2002)提出了一种基于刘徽割圆术的等距曲线逼近算法。

7. 变形曲线曲面造型技术

曲面交互设计与编辑是曲面造型的核心问题之一。如今，造型系统设计的曲面越来越复杂，如果用传统的曲面编辑方法去逐点地修改既烦琐又费时，而且往往很难得到想象中的效果。为了更方便、直观地构造和编辑 3 维形体，Barr(1984)率先在 1984 年的 SIGGRAPH 会议上将变形思想引入几何造型领域，给出了力学中常见的如拉伸(tapering)、均匀张缩(scaling)、扭转(twisting)和弯曲(bending)等各种变形方法，并给出了这些变形的数学表示。应用 Barr 的方法，可生成许多类型的 3 维几何形状。由于该方法仅能用于特定的几何形体，一般称其为非自由变形。

以后，许多学者继续探索如何将变形造型方法融合到传统的 CAD/CAM 系统以及如何进行自由变形。1986 年，Sederberg 和 Parry(1986a)提出了崭新的变形算法，称为自由变形(free-form deformation, FFD)。该算法假定物体有很好的弹性，在外力的作用下易于发生变形。应用该方法进行造型，需要先构造一个长方体的框架，将物体置于框架中，当框架受外力作用而变形时，物体的形状也随之改变。由于这种方法具有效率高、使用方便直观等优点，所以后来成了曲面造型和动画系统的标准方法之一。

为了使FFD方法的效果更好、效率更高、界面更友好，人们进行了更深入的研究。Coquillart(1990)提出了扩展的自由变形(extended free-form deformation, EFFD)技术，Hsu 等(1992)给出了直接控制自由变形(direct manipulation of free-form deformation, DFFD)技术，此外，Zhu(1987)研究了基于B样条表示的变形造型。Kalra 等(1992)则探讨了有理自由型变形(rational free-form deformation, RFFD)及其应用。Lamousin 和 Waggenspack(1994)研究了基于NURBS的自由变形技术(朱心雄, 2000)。

8. 基于形状混合的曲线曲面造型技术

形状混合技术(shape blending)又称形状插值(shape interpolation)、形状平均(shape averaging)、形状过渡(shape transition)、形状演化(shape evolving)、变形(morphing/metamorphosis)等(刘利刚, 2001)，是指由给定的两个物体(这里物体可以是平面曲线定义的形状、平面数字图像、3维曲面、3维形体等)产生一系列逐渐改变形状的中间状态的物体，来完成已知的两个物体之间的形状过渡；这里新产生的中间状态的物体同时具有原来两个物体的形状特征。

形状混合技术在曲面设计和造型中的典型应用包括：①由已有的两个不同时期或者同时期不同厂商生产的同种类型的工业产品，通过形状混合技术产生中间状态的产品外形，为产品外形设计师据此推想可能的新产品外形提供参考方案。②由已知的两个不同类型的产品外形通过形状混合技术产生中间状态的产品外形，促使产品外形设计师充分发挥想象力以设计出新颖的产品外形。

随着计算机硬件技术日新月异的迅猛发展，计算机动画技术已经进入了社会生活的各个领域，被广泛地应用于计算机艺术、影视娱乐业(如电影《终结者Ⅱ》《玩具总动员》《黑客帝国》《怪物史莱克》等)、电视广播片头、广告制作、建筑方案设计、服装设计、室内装饰、生物医学、科学计算可视化、计算机模拟以及军事等方面。计算机动画技术可以分为八大类(鲍虎军等, 2000)：参数关键帧(parametric key frame)技术(Robert, 1998)、轨迹驱动(path-driven)技术、变形(morphing)动画技术、过程动画(procedural)技术、关节动画(articulated kinematics)技术、基于物理的动画(physically-based modeling)技术、剧本动画(script-based)技术、行为动画(behavioral)技术。传统的动画以画面为基础，所有的动画构想、动作发展、表现手法等都通过绘制画面表现出来。表现一个动画的动作往往需要几个关键画面，用来把握动作的准确性和合理性，这几个关键画面称为“关键帧”(key frame)。在传统动画制作方法的基础上发展起来的关键帧动画方法是计算机动画中的重要方法之一。而形状混合技术是关键帧动画的主要技术，它可以省去传统动画方法中重要而又繁重的绘制画面工作，并且可以产生一些令人难以想象的画面。

形状混合技术是曲面设计和计算机动画领域研究的新的热门课题之一。形状混合主要需要解决两个基本问题：①建立两个关键帧顶点之间的对应关系，即要确定初始关键帧的每个顶点对应到终止关键帧上的哪个顶点，简称顶点对应问题，这一对应关系的确定在一定程度上决定了中间画面的形状；②建立对应顶点的插值函数，即要确定初始关键帧上的顶点如何变化到终止关键帧上对应顶点，简称顶点路径问题或顶点插值问题。

关于顶点对应问题，Sederberg 和 Greenwood(1992)最早研究了基于物理模型的2维平面多边形之间的顶点对应方法。为了更好地解决3维曲面的顶点对应问题，Gregory 等(1999)给出了多面体形状混合的交互曲面分解方法，Shapira 和 Rappoport(1995)则利用星形表示研究形状混合问题。

关于顶点插值问题，Sederberg 等(1993)给出了2维形状混合的内在解方法，较好地解决了形状混合过程中容易出现自交、长度收缩等问题。进一步，Liu 和 Wang(1999)讨论了 3 维曲面形状混合插值问题的内在量方法。由于调和映射(harmonic map)在一定程度上较好地反映了曲面本身的整体形态，Kanai 等(1998)基于调和映射给出了3维曲面的形状混合。Korfiatis 和 Paker(1998)研究了以能量极小为目标的3维物体形状混合。Lazarus 和 Verroust(1997)给出了圆筒形对象的形状混合，Lee 等(1999)给出了多分辨率的网格形状混合，Hughes(1992)给出了体形状混合(volume morphing)等方法。此外，基于体素的3维物体混合方法(Cohen-Or et al.,1998; Turk and O’ Brien,1999)、图像 Morphing (Wolberg, 1990, 1998)、视域 Morphing(Chen and Williams, 1993; Seitz and Dyer, 1996)等也是热门的研究方向(陈动人, 2002)。

9. 基于偏微分方程的曲线曲面造型技术

为了探索更有效的曲面造型方法，Leeds 大学的 Bloor 和 Wilson 于 20 世纪 80 年代末将偏微分方程(partial differential equation, PDE)引入 CAGD 领域。其思想起源于将过渡面的构造问题看作一个偏微分方程的边值问题，而后发现使用该方法可以方便地构造大量实际问题中的曲面形体。他们探索了 PDE 方法在构造过渡面、自由曲面及 N 边域中的应用(Bloor and Wilson, 1989a, 1989b, 1989c,1990; 马岭, 1997)，Lowe 等(1990, 1994)和 Dekanshi 等(1995)同时也探索了这种方法在功能曲面设计中的应用。船体、飞机外形、螺旋桨叶片等外形都可由 PDE 方法构造(Lowe et al., 1994; Dekanshi et al., 1995; Bloor and Wilson, 1995, 1996; 马岭, 1997)。PDE 曲面使用一组椭圆偏微分方程产生曲面，PDE 曲面的形状由边界条件和所选择的偏微分方程确定。

用偏微分方程构造曲面方法具有以下特点：①构造曲面简单易行，只需给出过渡线并计算过渡线处的跨界导矢，即可生成一张光滑的曲面。②所得曲面自然光顺。曲面由曲面参数的超越函数组成，而非简单的多项式。③确定一张曲面只需少量的参数，用户只需给出边界曲线和跨界导矢即可产生一张光顺的曲面。因此，用户的输入工作量较小。④可通过修改边界曲线和跨界导矢即方程的一个物理参数来调整曲面形状。⑤在功能曲面设计方面有很大的潜力。PDE 方法是一种新型的曲面造型技术，然而该方法仅仅是一种曲面设计技术，而不是一种曲面的表达方式(朱心雄, 2000)。

10. 基于物理模型的曲线曲面造型技术

现有的 CAD/CAM 系统中的曲面造型方法建立在传统的 CAGD 纯数学理论的基础之上，借助控制顶点和控制曲线来定义曲面，具有调整曲面局部形状的功能。但这种灵活性也给形状设计带来许多不便：典型的设计要求既是定量的又是定性的，如“逼近一组散乱点且插值于一条截面线的整体光顺又美观的曲面”。这种要求对曲面的整体和局部都具有约束，现有曲面生成方式难以满足这种要求。设计者在修改曲面时，往往要求面向形状的修改。通过间接地调整顶点、权因子和节点矢量进行形状修改既烦琐、耗时又不直观，难以既定性又定量地修改曲面的形状。局部调整控制顶点难以保持曲面的整体特性，如凸性或光顺性。

基于物理模型的曲面造型方法为克服这些不足提供了一种手段。用基于物理模型的方法对变形曲面进行仿真或构造光顺曲面是 CAGD 和计算机图形学中一个重要研究领域。加拿大学者 Terzoulos 等(1987)率先将基于能量的弹性可变形自由曲面造型技术引用到计算机图形学领域，受到了国际上众多学者的重视。Celniker 和 Gossard(1991)提出了基于有限元分析的自由曲面设计系统。Moreton 和 Sequin(1992)提出了设计光顺曲面的函数优化方法。他们首先建立使用曲面插值给定点、法矢和曲率的几何约束方程，然后再利用非线性优化技术使反映曲面形状的光顺函数最小。使用这种技术，可以较好地将形状约束和几何约束结合在一起，克服传统上的不足。该方法可以产生高质量的曲面，但其计算耗费较大。Welch 和 Witckin(1992)提出了变分曲面设计方法。这种方法也是从设计的角度出发，将整张曲面看作一张有弹性的曲面，可以用曲面上任意一些点或曲线控制其形状，或者要求曲面在一些关键点插值于给定的法矢或高斯曲率。同时，要求曲面满足设计者的定性要求，如形状光顺而美观等。根据这些要求建立优化的约束方程，然后用数值方法求解得到所要求的曲面。所采用的能量泛函与 Celniker 和 Gossard 的工作类似，但在曲面表达上做了改变：采用了 Forsey 和 Bartels 的分层 B 样条曲面表达形式以提高局部控制能力，但使用起来仍不方便。

Terzopoulos 和 Qin(1994)在 NURBS 曲面的定义中增加了一个时间变量，又提出了基于能量模型的动态 NURBS(D_NURBS)曲面。Terzopoulos 和 Qin 的基本思想是根据 Lagrange 动力方程建立一个偏微分方程，按照曲面的变形要求施加一个外力，以给定偏微分方程的边界条件建立曲面的几何边界约束，通过方程中表示形状变化的能量函数的内部参数来反映曲面的物理属性，最后由数值计算方法得到这张曲面离散或精确形式的解。这些方法具有如下特点：①曲面形状的改变服从物理准则，通过计算仿真可以动态地显示模型在某个外力作用下的变形；②在给定的约束条件下，这种动态模型的平衡状态具有势能最小的特点，可以建立满足局部或整体设计要求的势能函数和规定与形状设计有关的几何约束；③能量模型建立在传统的标准纯几何模型的基础上。这意味着尽管交互或自动的形状设计可以在基于能量模型的物理层进行，但在几何层上仍然可以调用现在的几何操作库。

基于物理模型的曲面造型方法在具体实施上有以下三种不同的方式。

力学原理的选择：在不考虑时间因素时，可用梁或板的平衡方程或相应能量泛函的变分原理来建立曲线、曲面的控制方程。当考虑时间因素时，则用 Langrange 方程建立运动方程作为曲线、曲面的控制方程。

能量泛函的选择：①由曲线、曲面的第一和第二基本形式构造；②由曲面主曲率平方和或主曲率变化率的平方和的积分构造；③由曲面的一阶和二阶偏导数的加权平方和构造。前两种方法完全从几何概念出发，它们是曲面物理坐标的非线性函数，计算耗费较大。

曲线、曲面的表达方式：可采用各种不同的曲面表达形式。因 NURBS 曲面符合 STEP 标准，是各种 CAD/CAM 系统广泛采用的曲线、曲面的几何表达形式，故具有重要的意义。但由于权因子的存在，其控制方程是非线性的，降低了计算效率。对权因子取值范围的约束也存在一定的问题。尽管 Terzopoulos 提出并研究了 NURBS 表达式的变形曲面，但在实际应用中，一般仍取权因子为 1，即从 NURBS 简化为非有理 B 样条。

基于物理模型的变形曲线、曲面造型研究已经取得了巨大的成就，但还有许多问题需要解决，其中包括：计算效率问题，采用有限元方法限制了交互速度的提高；交互控制问题，如何交互地选择物理参数仍有待研究；能量泛函的选择，如何在提高计算效率和保证曲面质量之间平衡。

11. 流曲线曲面造型技术

在 CAD 领域，许多曲线曲面的设计涉及运动物体的外形设计，如汽车、飞机、船舶等。这些物体在空气、水流等流体中相对运动。由于流体对运动物体产生阻力，运动物体的外形设计将变得十分重要。运动物体外形的光滑与否将直接影响其运动性能。人们常常希望所设计的运动物体的外形具有“流线型”，因为具有“流线型”外形的运动物体不仅外观漂亮宜人，而且能极大地减少前进过程中流体对物体的阻力。

针对这些运动物体的外形设计，一种以流体力学为背景的流曲线曲面的造型方法被提出。由流体力学理论可知，流曲线曲面上任一点的切线与该点的水流或气流的流动矢量方向吻合，因此，用流曲线曲面设计的外形具有良好的物理性能，同时外形也十分美观。该方法的思想以流体力学中的平面定常理想不可压缩无旋动为力学背景，将流体力学中流函数的概念引入 CAD 中，从而建立流曲线曲面的数学模型。

该方法的研究刚刚起步，造型方法的理论和流函数的建立尚不完善，故目前也处于探索阶段，其基本理论、数学模型和一些相关算法还有待进一步研究。

12. 其他自由曲线曲面造型方法

除了以上几类自由曲线曲面造型方法，其他自由曲线曲面造型方法还有：散乱点曲面拟合造型方法(Nielson, 1993; Piegl and Tiller, 2000)、蒙皮(skinning)造型技术(Woodward, 1988; Hohmeyer and Barsky, 1991)、广义 Sweeping 造型技术(Martin and Stephenson, 1990; Sambandan et al., 1992)、基于变分原理的造型技术(Anderson, 1993; Brunnet and Kiefer, 1994)、分形造型技术(Demko et al., 1985; 齐东旭, 1994)和小波曲线曲面造型方法(He et al., 1994)等。可以预见，随着社会生产实践日新月异的需要和人们对曲线曲面造型技术认识的不断深化，会有更多更好更新的曲线曲面造型方法出现。

1.2 区间算术和仿射算术及其在计算机图形学中的应用

区间算术即 IA(interval arithmetic)也称为区间分析(interval analysis)，它不是定义在实数上的一种运算，而是一种定义在区间上的算术，区间算术的主要特点是能处理不确定数据，自动记录截尾和舍入误差，有效而且可靠地估计函数在整个自变量区域的值，从而被广泛应用于自然科学的各个领域，特别在计算机辅助几何设计与图形学领域也有十分重要的应用。然而区间算术有一个主要缺点就是过于保守，为了解决区间算术的这个过于保守的问题，仿射算术(affine arithmetic)作为一种区间算术的改进形式被提了出来。然而我们发现仿射算术仍然有过于保守的问题，为此我们进一步提出了一种修正的仿射算术(矩阵或张量形式的仿射算术)，它比标准仿射算术更精确和有效。

1.2.1 区间算术的缘起、特点及应用

最早的区间运算也许出现于1924年(Burkill, 1924)和1931年(Young, 1931)，然后是在1958年(Sunaga, 1958)。近代区间算术的兴起开始于Moore的博士论文(Moore, 1962)和他的著作(Moore, 1966)，主要讨论的是电子计算机在数值分析中浮点运算的误差问题。此后，大量的有关区间算术的学术论文、书籍、国际会议和各种软件开始涌现。

Moore在他的著作(Moore, 1966)里给出关于区间数或区间的定义如下。

一个区间数是一对有序的实数$[a,b]$，这里$a \leqslant b$。当$a=b$时，区间数$[a,a]$退化为一个实数a。

实数a和b称为区间的界。

区间数$[a,b]$是所有满足$a \leqslant x \leqslant b$的实数$x$的一个集合，并且可以记为$[a,b]=\{x \mid a \leqslant x \leqslant b\}$。

这样$x \in [a,b]$就意味着x是在区间$[a,b]$内的一个实数。

Moore进一步定义了作用在区间上的区间算术(Moore, 1966)如下。

$[a,b]*[c,d]=\{x*y \mid x \in [a,b], y \in [c,d]\}$，这里$*$表示四种基本算术运算$+,-,\cdot,/$之一。

以上区间算术的定义等价于：

$$[a,b]+[c,d]=[a+c,b+d]$$

$$[a,b]-[c,d]=[a-d,b-c]$$

$$[a,b]\cdot[c,d]=\left[\min(ac,ad,bc,bd),\max(ac,ad,bc,bd)\right]$$

当$0 \notin [c,d]$时，有

$$[a,b]/[c,d]=[a,b]\cdot[1/d,1/c]$$

例如：

$$[9,15]+[3,5]=[9+3,15+5]=[12,20]$$

$$[9,15]-[3,5]=[9-5,15-3]=[4,12]$$

$$[9,15]\cdot[3,5]=\left[\min(27,45,45,75),\max(27,45,45,75)\right]=[27,75]$$

$$[9,15]/[3,5]=[9,15]\cdot\left[\frac{1}{5},\frac{1}{3}\right]=\left[\min\left(\frac{9}{5},3,3,5\right),\max\left(\frac{9}{5},3,3,5\right)\right]=\left[\frac{9}{5},5\right]$$

此外，我们还可以引进一个幂运算(Berchtold, 2000)：

$$[a,b]^n=\begin{cases}\left[0,\max\left(a^n,b^n\right)\right], & n\text{是偶数且}0\in[a,b]\\ \left[b^n,a^n\right], & n\text{是偶数且}a,b<0\\ \left[a^n,b^n\right], & \text{其他}\end{cases}$$

下例说明了区间的乘法运算与幂运算之间的区别：

$[-1,2]\cdot[-1,2]=\left[\min(1,-2,-2,4),\max(1,-2,-2,4)\right]=[-2,4]$，但 $[-1,2]^2=[0,\max\left((-1)^2,2^2\right)]=[0,4]$。

这是由于在区间的幂运算当中区间所表示的不确定量被看成相同的，从而两个区间是不独立的，而在区间的乘法运算当中这两个区间所表示的不确定量被看成不相同的，从而此时这两个区间是不独立的。我们注意到幂运算始终比乘法运算要精确，从而当区间所表示的是同一个不确定量时，我们最好用区间的幂运算代替区间的乘法运算以得到更精确的界。

标准区间算术的除法 $[a,b]/[c,d]=[a,b]\cdot[1/d,1/c]$ 要求 $0\notin[c,d]$，当 $0\in[c,d]$ 时的除法运算的推广可以参考(Milne,1990)，当然此时的推广需要用到无穷区间。

区间算术中的加法和乘法都满足交换律与结合律,但区间算术不满足分配律，例如：

$[1,2]\cdot([1,2]-[1,2])=[1,2]\cdot[-1,1]=[-2,2]$，但 $[1,2]\cdot[1,2]-[1,2]\cdot[1,2]=[1,4]-[1,4]=[-3,3]$。

区间算术虽然不满足分配律，但区间算术满足次分配律：

假设 A,B,C 是三个区间，那么必有 $A\cdot(B+C)\subseteq A\cdot B+A\cdot C$。

Alefeld 和 Herzberg(1983) 将区间算术应用于估计实函数 $f(\boldsymbol{X})=f(x_1,x_2,\cdots,x_l)$ 的界，这里 l 是函数的自变量个数。

如果我们把函数 $f(\boldsymbol{X})=f(x_1,x_2,\cdots,x_l)$ 中的自变量分别用一个个区间 $\left[\underline{x_1},\overline{x_1}\right]$，$\left[\underline{x_2},\overline{x_2}\right]$，…，$\left[\underline{x_l},\overline{x_l}\right]$ 来代替，并用区间算术运算规则计算 $f(\boldsymbol{X})$，我们可以得到一个新的区间，这个新的区间就是函数 $f(\boldsymbol{X})$ 在 $\left[\underline{x_1},\overline{x_1}\right]\times\left[\underline{x_2},\overline{x_2}\right]\times\cdots\times\left[\underline{x_l},\overline{x_l}\right]$ 上的界。

一般来讲，这样得到的界往往比 $f(\boldsymbol{X})$ 在 $\left[\underline{x_1},\overline{x_1}\right]\times\left[\underline{x_2},\overline{x_2}\right]\times\cdots\times\left[\underline{x_l},\overline{x_l}\right]$ 上的实际取值范围要大得多。但这样做的一个优点是很容易就得到了 $f(\boldsymbol{X})$ 在整个自变量区域 $\left[\underline{x_1},\overline{x_1}\right]\times\left[\underline{x_2},\overline{x_2}\right]\times\cdots\times\left[\underline{x_l},\overline{x_l}\right]$ 上的界，而且它保证不会漏掉一个函数值。

区间算术已被应用于几乎自然科学的各个领域，如数学证明(Neumaier, 1990; Kearfott, 1996)、线性系统(Hansen, 1992; Neumaier, 1990; Kearfott, 1996; Korn and Ullrich, 1993, 1995; Schwandt, 1984, 1985, 1987)、非线性系统(Ratschek and Rokne, 1988; Neumaier, 1990; Hansen, 1992; Hammer et al., 1993; Kearfott, 1996; Hyvönen, 1989; Lodwick, 1989; van Hentenryck, 1989, 1995; Babichev et al., 1993; Chen and Emden, 1995; Kearfott, 1991)、求积分(Corliss and Rall, 1985; Storck, 1993)、常微分方程的初值问题(Lohner, 1992; Corliss, 1995)、偏微分方程的边界值问题(Kaucher and Miranker, 1984; Kaucher, 1990; Goehlen et al., 1990; Plum, 1991a, 1991b, 1992a, 1992b, 1994; Nakao, 1993; Dobronets and Shaidurov, 1990)、积分方程(Dobner and Kaucher, 1992)、化学工程(Balaji and Seader, 1995; Schnepper, 1992; Schnepper and Stadtherr, 1993)、电子工程(Okumura and Higashino, 1994)、动力系统和混沌学(Grebogi et al., 1990; Hammel et al., 1987; Sauer and Yorke, 1991; Neumaier and Rage, 1993; Rage et al., 1994; Spreuer and Adams, 1993; Mrozek, 1996)、控制理论(Gross, 1993; Rohn, 1996)、遥感和地理信息系统(Hager, 1993; Lodwick et al., 1990)，专家系统(Kohout and Bandler, 1996; Kohout and Stabile, 1993)、经济学(Jerrell, 1996; Matthews et al., 1990)、质量控制(Hadjihassan et al., 1996)、统计报表纠错(Wang and Kennedy, 1994)、数学物理中的计算机辅助证明(Lanford, 1982, 1984a, 1984b; Fefferman and Seco, 1996)、物理常数的计算(Holzmann et al., 1996)、流体力学(Kaucher, 1990; Nakao et al., 1996; Watenabe, 1996)。有关区间算术在计算机辅助设计、计算机辅助几何设计和计算机图形学(computer graphics)中的应用我们将在1.2.4节中详细论述。

1.2.2 区间算术的局限性及仿射算术的提出

区间算术有一个主要缺点就是过于保守，经区间算术运算后得到的区间常常比实际范围大得多，常常到毫无用处的地步，这个问题在一个区间运算紧接一个区间运算的长计算链中尤其突出，会导致所谓的“误差爆炸”现象，而这样的长计算链在实际计算中经常出现。

为了解决区间算术的这个过于保守的问题，Comba和Stolfi(1993)提出了仿射算术的概念，与区间算术一样，仿射算术也能够自动记录浮点数的截尾和舍入误差，此外仿射算术还能自动记录各个不确定量之间的依赖关系，这个额外的信息使得仿射算术能得到比区间算术紧得多的区间，特别在长计算链中优势更加明显。

在仿射算术里，一个不确定量x(如一个区间)用一个仿射形式$\hat{x}$来表示，它是一些噪声元的线性组合：$\hat{x} = x_0 + x_1\varepsilon_1 + \cdots + x_m\varepsilon_m = x_0 + \sum_{i=1}^{m} x_i\varepsilon_i$，这里噪声元$\varepsilon_i$的值

虽然未知但假定它们必然落在$[-1,1]$内。对应的系数x_i是实数，它决定了噪声元ε_i的大小和符号。每一个ε_i表示一个对量x的总的不确定性起一定作用的独立的错误或误差源，它们可以是输入数据的不确定性、公式的截断误差、运算中的四舍五入误差等。如果同样的噪声元ε_i出现在两个或更多个仿射形式(如$\hat{x}$和$\hat{y}$)中，这意味着量x与y的不确定性之间具有某种联系和互相依赖性。

区间和仿射形式之间可以互相转换：给定一个表示量x的区间$[\underline{x},\overline{x}]$，其对应的仿射形式$\hat{x}$可以表示为$\hat{x}=x_0+x_1\varepsilon_x$，这里$x_0=(\underline{x}+\overline{x})/2$，$x_1=(\overline{x}-\underline{x})/2$。反过来，给定一个仿射形式$\hat{x}=x_0+x_1\varepsilon_1+\cdots+x_m\varepsilon_m$，其对应的区间为$[\underline{x},\overline{x}]=[x_0-\xi,x_0+\xi]$，这里$\xi=\sum_{i=1}^{m}|x_i|$。

给定两个仿射形式$\hat{x}=x_0+x_1\varepsilon_1+\cdots+x_n\varepsilon_n$和$\hat{y}=y_0+y_1\varepsilon_1+\cdots+y_n\varepsilon_n$，一些简单的运算定义如下：

$$\hat{x}\times\hat{y}=(x_0\pm y_0)+(x_1\pm y_1)\varepsilon_1+\cdots+(x_n\pm y_n)\varepsilon_n$$
$$\alpha\pm\hat{x}=(\alpha\pm x_0)+x_1\varepsilon_1+\cdots+x_n\varepsilon_n$$
$$\alpha\hat{x}=(\alpha x_0)+(\alpha x_1)\varepsilon_1+\cdots+(\alpha x_n)\varepsilon_n$$

从以上定义很容易看到如果$\hat{x}=[-1,1]=0+1\cdot\varepsilon_1$，$\hat{y}=[-1,1]=0+1\cdot\varepsilon_2$，那么在仿射算术里$\hat{x}-\hat{x}=0$而$(2\hat{x}+\hat{y})-\hat{x}=\hat{x}+\hat{y}=0+\varepsilon_1+\varepsilon_2=[-2,2]$，然而在区间算术里其结果分别是$[-2,2]$和$[-4,4]$。显然用仿射算术得到的结果比用区间算术要精确。

两个仿射形式$\hat{x}$和$\hat{y}$的乘积产生一个关于噪声元ε_i的二次多项式：

$$\hat{x}\times\hat{y}=\left(x_0+\sum_{i=1}^{n}x_i\varepsilon_i\right)\times\left(y_0+\sum_{i=1}^{n}y_i\varepsilon_i\right)$$

Comba和Stolfi(1993)给出了一个将其化为一个新的仿射形式的方法。将上式展开我们得到

$$\hat{x}\times\hat{y}=x_0y_0+\sum_{i=1}^{n}(x_0y_i+y_0x_i)\varepsilon_i+\left(\sum_{i=1}^{n}x_i\varepsilon_i\right)\times\left(\sum_{i=1}^{n}y_i\varepsilon_i\right)$$

为了得到一个新的线性表示式，上式中最后一项本来是关于噪声元ε_i的二次项，现在用一个新的具有系数uv的噪声元ε_k来代替，这里

$$u=\sum_{i=1}^{n}|x_i|,\ v=\sum_{i=1}^{n}|y_i|$$

这样$\hat{x}\times\hat{y}$就能够表示成为噪声元ε_i加上一个新的噪声元ε_k(它的值仍然只在$[-1,1]$内变化)的一个一次多项式(仿射组合)：

$$\hat{x}\times\hat{y}=x_0y_0+\sum_{i=1}^{n}(x_0y_i+y_0x_i)\varepsilon_i+uv\varepsilon_k$$

从而使得 $\hat{x}\times\hat{y}$ 仍然是一个仿射形式。

1.2.3　仿射算术的局限性

然而仿射算术仍然有过于保守的问题。举例来说，设 $\hat{x}=0+\varepsilon_1+\varepsilon_2$，$\hat{y}=0+\varepsilon_1-\varepsilon_2$，则 $\hat{x}\times\hat{y}$ 的变化范围应该是 $\varepsilon_1^2-\varepsilon_2^2=[0,1]-[0,1]=[-1,1]$，然而如果用以上定义的仿射算术进行运算，得到的结果是 $[-4,4]$，比应该得到的变化范围扩大了四倍，得到这个过于保守的结果的根本原因在于仿射算术的乘法运算具有较大的误差，过于保守，不够精确。此外仿射算术不满足分配律，例如，在仿射算术里 $\hat{x}\times(\hat{y}-\hat{y})=0$，但 $\hat{x}\times\hat{y}-\hat{x}\times\hat{y}\neq 0$。

为了避免仿射算术的这些问题，Zhang 和 Martin(2000)提出了一种仿射算术的改进形式并把它应用于代数曲线绘制，该方法的基本原理是：为了估计一个二元多项式 $f(x,y)$ 在矩形区域 $[\underline{x},\overline{x}]\times[\underline{y},\overline{y}]$ 上的界，首先分别将区间 $[\underline{x},\overline{x}]$ 与 $[\underline{y},\overline{y}]$ 转换成仿射形式 $\hat{x}=x_0+x_1\varepsilon_x$ 和 $\hat{y}=y_0+y_1\varepsilon_y$，这里 $x_0=(\underline{x}+\overline{x})/2$，$x_1=(\overline{x}-\underline{x})/2$，$y_0=(\underline{y}+\overline{y})/2$，$y_1=(\overline{y}=\underline{y})/2$。然后分别计算 $\hat{x}$ 和 $\hat{y}$ 的幂，把它们相乘以后再相加可得最后结果。

下面把这个过程详细描述一下。$\hat{x}$ 的 a 次幂为

$$\hat{x}^a=(x_0+x_1\varepsilon_x)^a=x_0^a+\sum_{i=1}^{a}\binom{a}{i}x_0^{a-i}x_1^i\varepsilon_x^i$$

注意到在上式中，当 i 是奇数时 ε_x^i 在 $[-1,1]$ 内变化，而当 i 是偶数时 ε_x^i 在 $[0,1]$ 内变化。换句话说，每隔一项噪声 ε_x^i 的变化范围相同。

现在把所有的 ε_x^i，这里 $i=1,3,5,\cdots$，都用一个新的噪声符号 ε_{xod} 代替，并把它们的所有系数加起来得到 x_{od}。类似地，对 $i=2,4,6,\cdots$，可以得到 $x_{ev}\varepsilon_{xev}$。这样 $\hat{x}$ 的 a 次幂 $\hat{x}^a$ 就从一个有 $a+1$ 项的 a 次多项式简化为一个只有 3 项和 2 个噪声符号的一次多项式 $x_0^a+x_{od}\varepsilon_{xod}+x_{ev}\varepsilon_{xev}$。同样 $\hat{y}$ 的 b 次幂 $\hat{y}^b$ 简化为 $y_0^b+y_{od}\varepsilon_{yod}+y_{ev}\varepsilon_{yev}$。

$\hat{x}^a$ 和 $\hat{y}^b$ 相乘以后得到

$$\begin{aligned}\hat{x}^a\hat{y}^b&=\left(x_0^a+x_{od}\varepsilon_{xod}+x_{ev}\varepsilon_{xev}\right)\left(y_0^b+y_{od}\varepsilon_{yod}+y_{ev}\varepsilon_{yev}\right)\\&=x_0^ay_0^b+\left(x_0^ay_{od}\right)\varepsilon_{yod}+\left(x_0^ay_{ev}\right)\varepsilon_{yev}+\left(x_{od}y_0^b\right)\varepsilon_{xod}\\&\quad+\left(x_{ev}y_0^b\right)\varepsilon_{xev}+\left(x_{od}y_{od}\right)\varepsilon_{xod}\varepsilon_{yod}+\left(x_{ev}y_{od}\right)\varepsilon_{xev}\varepsilon_{yod}\\&\quad+\left(x_{od}y_{ev}\right)\varepsilon_{xod}\varepsilon_{yev}+\left(x_{ev}y_{ev}\right)\varepsilon_{xev}\varepsilon_{yev}\end{aligned}$$

计算了所有的幂次和乘积以后，$f(x,y)$ 的每一项都具有上式的形式。所有这

些项的加减就变成了直截了当的事了，最后得到的表达式仍然具有同样的形式。假设这个最后的结果为

$$r = r_0 + r_1\varepsilon_{yod} + r_2\varepsilon_{yev} + r_3\varepsilon_{xod} + r_4\varepsilon_{xev} + r_5\varepsilon_{xod}\varepsilon_{yod} + r_6\varepsilon_{xev}\varepsilon_{yod} + r_7\varepsilon_{xod}\varepsilon_{yev} + r_8\varepsilon_{xev}\varepsilon_{yev}$$

注意到上式中量$\varepsilon_{xod}\varepsilon_{yev}$和类似的量可以看成独立的噪声元。乘积$\varepsilon_{xod}\varepsilon_{yev}$、$\varepsilon_{xev}\varepsilon_{yod}$和$\varepsilon_{xod}\varepsilon_{yod}$就像单个噪声元$\varepsilon_{xod}$和$\varepsilon_{yod}$一样仍然在$[-1,1]$内变化，而乘积$\varepsilon_{xev}\varepsilon_{yev}$就像单个噪声元$\varepsilon_{xev}$和$\varepsilon_{yev}$一样在$[0,1]$内变化。这样就有$r=[r_0-\delta_{lo}, r_0+\delta_{hi}]$，这里

$$\delta_{lo} = |r_1| + |\min(0,r_2)| + |r_3| + |\min(0,r_4)| + |r_5| + |r_6| + |r_7| + |\min(0,r_8)|$$

$$\delta_{hi} = |r_1| + |\max(0,r_2)| + |r_3| + |\max(0,r_4)| + |r_5| + |r_6| + |r_7| + |\max(0,r_8)|$$

这样最后得到了一个二元多项式$f(x,y)$在矩形区域$[\underline{x},\overline{x}]\times[\underline{y},\overline{y}]$上的区间界$r$。

然而通过对上述算法的进一步分析我们发现该算法包含错误的推理，从而是不正确的。问题出在对噪声元ε_{xod}、ε_{yod}、ε_{xev}、ε_{yev}、$\varepsilon_{xod}\varepsilon_{yev}$、$\varepsilon_{xev}\varepsilon_{yod}$、$\varepsilon_{xod}\varepsilon_{yod}$、$\varepsilon_{xev}\varepsilon_{yev}$的合并上，因为对$\hat{x}$和$\hat{y}$不同的幂次而言它们的$\varepsilon_{xod}$、$\varepsilon_{yod}$、$\varepsilon_{xev}$、$\varepsilon_{yev}$虽然用同样的记号但实际上是不一样的，不能简单地看作相同而加以合并，即$\varepsilon_{xod}-\varepsilon_{xod}$并不等于零。

进一步举例来说，假设x在$[-4,2]$内变化，把x表示成仿射量为$\hat{x}=-1+3\varepsilon_x$，其中$\varepsilon_x\in[-1,1]$是噪声元，用以上方法$\hat{x}$可以表示如下：

$\hat{x}=-1+3\varepsilon_{xod}$，其中$\varepsilon_{xod}=\varepsilon_x$；

$\hat{x}^2=1-6\varepsilon_x+9\varepsilon_x^2=1-6\varepsilon_{xod}+9\varepsilon_{xev}$，这里$\varepsilon_{xod}=\varepsilon_x$，而$\varepsilon_{xev}=\varepsilon_x^2$；

$\hat{x}^3=-1+9\varepsilon_x-27\varepsilon_x^2+27\varepsilon_x^3=-1+36\varepsilon_{xod}-27\varepsilon_{xev}$，这里$\varepsilon_{xod}=\frac{1}{4}\left(\varepsilon_x+3\varepsilon_x^3\right)$，而$\varepsilon_{xev}=\varepsilon_x^2$；

$\hat{x}^4=-1-12\varepsilon_x+54\varepsilon_x^2-108\varepsilon_x^3+81\varepsilon_x^4=-1-120\varepsilon_{xod}+135\varepsilon_{xev}$，这里$\varepsilon_{xod}=\frac{1}{10}\left(\varepsilon_x+9\varepsilon_x^3\right)$，而$\varepsilon_{xev}=\frac{1}{5}\left(2\varepsilon_x^2+3\varepsilon_x^4\right)$。

现在考虑用上述方法估计多项式：

$$\hat{x}^4-15\hat{x}^2+10\hat{x}=-1-120\varepsilon_{xod}+135\varepsilon_{xev}-15+90\varepsilon_{xod}-135\varepsilon_{xev}-10+30\varepsilon_{xod}=-26$$

这样所得到的结果显然是错误的。看来要正确、高效而且尽量精确地估计一个多项式在某一个区间上的取值范围并不是那么简单的一件事。

我们将在第 2 章中给出一种数学上正确、运行时高效、估计时精确的一种新的矩阵形式的仿射算术。

1.2.4　区间算术与仿射算术在计算机图形学中的地位和作用

区间算术在 20 世纪 60 年代初(Moore, 1962)由于数值分析的内在需求，一经提出后就被广泛地应用于自然科学的各个领域。区间算术在计算机辅助几何设计与计算机图形学中的应用开始于 80 年代初期。

Mudur 和 Koparkar(1984)首次将区间算术应用于几何计算，他们在曲线直线性估计、曲面平面性估计、参数曲线曲面求交、参数曲面轮廓线检测、参数曲面绘制的光照强度计算中成功地使用了区间算术，并提出了一个通用的用于几何计算的基于区间算术的细分算法。此后 Sederberg 和 Parry(1986b)将基于区间算术的参数曲线求交算法与其他求交算法进行了比较。

Suffern 和 Fackerell(1991)在双变量函数等高线绘制的四叉树算法 Suffern (1990)和隐式曲面绘制的八叉树算法中引入了区间算术技术取代原来使用的不那么可靠的点取样技术，从而彻底地解决了这些算法的可靠性问题。Lopes 等(2002)进一步提出了一个平面隐式曲线多边形逼近的稳定自适应算法，该算法能够根据曲线曲率的变化自动决定是否需要进一步细分，稳定性则由区间算术和自动微分保证。

特别是在 1992 年的代表国际最高计算机图形学研究水平的 SIGGRAPH 会议中出现了两篇有关区间算术在计算机图形学和实体造型中应用的学术论文(Snyder, 1992; Duff, 1992)，奠定了区间算术在计算机辅助几何设计和计算机图形学中的无可争辩的重要地位和重大作用。Snyder(1992)在他的论文中提出了基于区间算术的两个基本的算法，一个称为 SOLVE 是用来计算一组约束条件的解，另一个称为 MINIMIZE 是用来计算一个函数在一组约束条件下的整体最小值。算法的关键是对每个约束条件以及目标函数构造各自的包含函数(inclusion function)，包含函数用来计算函数在某个区域上的界，使得求约束条件的解以及求约束条件下的最小值的分支限界法(branch and bound)成为可能，包含函数也使得 MINIMIZE 能够计算函数在一组约束条件下的整体最小值而不是像其他一些数值分析方法一样只能计算局部最小值。为了验证这些算法的威力，作为一个例子这些基本算法在文中被进一步发展成为一个新的用于逼近隐式曲线的区间算法。显然这些基于区间算术的基本算法可以被应用于计算机图形学中更一般的各种各样问题，如光线跟踪、碰撞检测、参数曲面的多边形分解、以参数曲面为边界曲面的 CSG 实体等。Duff(1992)在他的 SIGGRAPH 论文中提出了一种分别带有反走样和不带反走样的用于绘制隐式函数曲面所表示的 CSG 组合实体的基于区间算术的递归细分算法。相关的算法同样可以用来解决运动模拟中的碰撞检测问题，并且可以用来计算物体的质量、重心、角动量以及牛顿力学中的其他一些积分量。该算法的特点是其运行时间几乎与所需要考虑的体素个数即场景的复杂程度无关。此外碰撞检测和积分量的计算是绝对可靠的，没有一个碰撞会由于数值误差而漏检，算法的另外一个优点是能够提供包含所计算的积分量的精确值的可靠的界。

用较简单的函数形式或较低次的函数形式或只需要较少数据就能表达的函数形式去逼近 CAD 系统中所使用的曲线曲面，一直是国际学术界比较感兴趣的一个课题，该研究方向的基本动力来源于各种各样采用不同函数表达形式的 CAD/CAM 系统之间数据交换的实际需要，举例来说，一些 CAD/CAM 系统只局限于使用多项式(而不是有理函数)或限制了所使用的多项式次数。大多数逼近方法只考虑了使逼近误差最小以使得逼近误差落在某一先前给定的误差限内，没有考虑到要把逼近误差的详细信息记录下来带到另一个 CAD/CAM 系统的各种应用程序中去，这样的详细逼近误差信息也许是非常重要的不可加以忽略，如在机械零件的公差分析中就是如此。为了使得详细的逼近误差信息能够被记录下来并被传递到下一个 CAD/CAM 系统中去，Sederberg 和 Farouki(1992)首次提出区间 Bézier 曲线的概念，并成功地将区间 Bézier 曲线应用于曲线曲面逼近，达到了在逼近的同时记录并传递详细逼近误差信息的目的。Maekawa(1994)在他的博士论文中将区间算术应用于几何造型。Schramm(1994)将区间算术应用于 CAGD 中参数曲面的求交问题。近年来，寿华好等(寿华好, 1998; 寿华好和王国瑾, 1998a, 1998b)进一步研究解决了区间 Bézier 曲线的边界结构问题，证明了 n 次区间 Bézier 曲线的边界必由分段 n 次 Bézier 曲线和平行于坐标轴的直线段所组成，而 $n \times m$ 次区间 Bézier 曲面的边界必由分片 $n \times m$ 次裁剪区间 Bézier 曲面片、母线平行于坐标轴的柱面片和平行于坐标平面的矩形平面片组成，并探讨了区间 Bézier 曲线曲面和等距曲线曲面之间的关系。刘利刚等(2000)研究解决了区间 Bézier 曲面的逼近问题。Lin 等(2002)进一步研究解决了空间 Bézier 曲线的边界结构问题。

Toth(1985)、Giger(1989)、Mitchell(1990, 1991)将区间算术应用于计算机图形学中真实感图形绘制的光线跟踪算法，他们是在光线跟踪过程中光线与曲面求交计算的迭代过程中使用了区间算术，这使得计算过程非常可靠，永远不会出现计算失败的情形，但是由于在迭代过程中使用区间算术，所以计算过程仍然很费时间。Enger(1992)提出了一个用于光线跟踪参数曲面的基于区域分治思想的区间算法，极大地减少了光线跟踪过程中必需的光线和曲面的求交计算量，使得光线跟踪的速度比传统的方法提高 1.5～3 倍。Enger 的方法是计算有关曲面部分颜色值的一个区间，如果这个颜色区间足够小，那么所有属于这个曲面部分的像素都具有这个颜色值。Enger 的论文中只考虑了 3 次 B 样条曲面。Barth 等(1994)将区间算术应用于一般参数曲面的光线跟踪算法，其基本思想是首先将曲面自适应地分解为各个小的部分，从而对这些部分建立起一个二叉树结构，然后对每个部分使用区间算术计算其包围盒，从线性逼近和有关偏导数的区间可以构造出符合曲面部分走向和形状的相当精致的平行六面体包围盒，这使得以前只能用于 Bézier 曲面和 B 样条曲面的光线跟踪算法(在那里包围盒由凸包性质生成)可以被使用于一般的参数曲面，包围盒的二叉树只需要在开始的时候计算一次就够了，这使得光线与曲面的求交过程大大加快。

Hu 等(1996a)提出了一个计算两个平面区间多项式曲线交的稳定算法。相交问题包括良性条件下的穿越式相交情形,也包括病态条件下的相切或相重合情形。该算法的关键是把求交问题转化为求解 n 个变量 m 个方程的区间非线性多项式方程组。以前的一个运行于截尾区间算术状态下的并基于 Bernstein 细分方法的针对平衡系统的区间非线性多项式方程组求解方法，被推广到了求解非平衡系统的情形。Hu 等(1996b)引入和发展了一个弯曲实体的区间几何表示。这个区间几何表示基于截尾区间算术，目的是解决运行于浮点算术的边界表示实体造型系统中的稳定性问题，这些问题包括拓扑不兼容(如沟的产生和不正确的交运算结果)、关联不对称性和关联不可传递性。为此区间多项式样条曲线曲面片的概念被提了出来。此外一个用于处理区间几何体的基于图形的数据结构被提了出来并被推广到可以表示非流形实体。Hu 等(1996c)详细阐述了建立在区间几何表示与几何实体的用图形表示的数据结构之上的基于区间的流形和非流形实体模型的边界运算(并、交、差)的实现过程。首先介绍了 2 维区间实体的边界运算，然后重点放在基于顶点、边、面和壳节点优化基础之上的 3 维区间实体的边界运算。此外给出了一些用来说明这个实体边界运算方法的例子。Hu 等(1997)提出了计算区间多项式曲线与曲面、曲面与曲面交的稳定算法。这包括了良性条件下的穿越式相交情形，也包括病态条件下的非穿越式相交情形。算法的关键步骤是把求交问题转化为求解平衡或不平衡区间非线性多项式方程组。这些方程组是用一种基于 Bernstein 细分方法和截尾区间算术的区间非线性多项式方程组求解方法求解的，该方法保证了结果的数值确定性和可检验性。文中给出了一些例子用来说明这些求交技术。此外对退化区间多项式曲线与曲面、曲面与曲面病态条件下的非穿越式相交情形进行了一个理论上的分析。Tuohy 等(1997)提出了一个用区间 B 样条曲线或曲面插值或拟合测量数据集合的高效而且可靠的方法。一般来讲，测量数据由于测量工具的精度原因和测量时读数的误差具有不确定性，它们可以用一个区间来表示。Tuohy 等提出的插值或拟合的方法能够产生紧密包含原测量数据区间的区间几何体，在插值的情形下，所得到的是非常紧密的结果，而在拟合的情形下，所得到的紧密程度取决于所容许的控制顶点的数量。

Berchtold 等(Berchtold et al., 1998; Berchtold, 2000; Berchtold and Bowyer, 2000)将区间算术应用于多变量 Bernstein 多项式以改善基于集合论的 CSG 实体造型系统的精度和效率。Bowyer 等(2000)在一个基于集合论的 CSG 实体造型系统中作为基本体素所使用的多变量隐式函数的定位、简化和求根过程中使用了区间算术。他们讨论了三个问题：①半代数集合曲面的定位和简化；②Newton-Raphson 方法的区间推广；③区间光线跟踪。

2001 年的 SIGGRAPH 会议上又出现了一篇与区间算术有关的学术论文(Tupper,2001)，Tupper 在该文中提出了一系列可靠地绘制 2 维隐式方程和不等式的新算法。Tupper 通过实际绘图例子和理论分析指出传统的区间算术有一定的局限性，如果不加分析地使用会产生不正确的结果，从而需要改进，称为广义的区间算术(Tupper, 1996)，也称为 Tupper 区间算术。

在离散几何(Rosenfeld and Melter,1989)中一个连续的 3 维几何体被表示为由体素组成的一个 3 维网格，这种表示方法在医学图像处理(如磁共振成像(magnetic resonance imaging, MRI)、CT 等)中非常有用。体素化过程就是把几何曲面转换为体素的一种变换，体素化常常用来加速光线跟踪和辐射度计算，体素化的基本要求是使得曲面都包含在体素内，而不能够遗漏曲面的任何一部分。步进的体素化方法虽然很有效，但是往往达不到稳定性的要求。Stolte 和 Caubet(1997)通过实例比较指出使用区间算术的体素化方法是最有效的方法。Stolte 和 Kaufman(2001)提出了一种稳定的基于空间八叉树细分与区间算术的隐式曲面体素化与绘制方法。

传统的区间算术有一个很大的缺点就是经区间算术运算所得到的结果往往过于保守，为了解决区间算术的这个过于保守的问题，Comba 和 Stolfi(1993)提出了仿射算术的概念。与区间算术一样的是仿射算术能够自动记录影响计算值的截尾误差，而与区间算术不同的是仿射算术能够记录运算量之间的联系，正是这个额外的信息使得仿射算术在大多数情况下能够得到比区间算术紧密得多的区间，这在长计算链中尤其明显。仿射算术作为区间算术的一种改进形式，一经提出即被作为传统区间算术的替换而广泛地应用于计算机辅助设计、计算机辅助几何设计和计算机图形学领域，如隐式曲面求交(de Figueiredo, 1996)、隐式曲面绘制(de Figueiredo and Stolfi,1996)、光线投射(de Cusatis et al., 1999)、光线跟踪(Heidrich and Seidel, 1998)、层次光照取样(Heidrich et al., 1998)、CSG 实体造型系统中隐式多项式曲面的定位(Voiculescu et al., 2000)、参数物体的线性区间估计(Bühler, 2001a)、参数曲面的包围盒计算(Bühler, 2001b)、参数曲面求交(Bühler and Barth, 2001; Bühler, 2001c)、快速和可靠的隐式曲线绘制(Bühler, 2002)、用带形树逼近参数曲线(de Figueiredo et al., 2003)和基于集合论的 CSG 几何实体造型系统的布尔运算(Bowyer et al., 2002)之中。然后仿射算术仍然有过于保守的问题。Zhang 和 Martin(2000)提出了仿射算术的一个改进形式并将其应用于代数曲线绘制，但其中包含错误。我们将进一步改进仿射算术成为修正仿射算术(矩阵或张量形式的仿射算术)，详细内容见本书第 2～3 章。

由以上工作可见在计算机辅助设计、计算机辅助几何设计和计算机图形学领域内区间算术和仿射算术具有不可忽略的地位并起着越来越重要的作用。

1.3 基于场细分的隐式曲线曲面绘制算法

平面曲线既可以用参数式 $\{(x(t),y(t):t\in\mathbf{R}\}$ 表示，也可以用隐式 $\{(x,y): f(x,y)=0\}$ 表示。隐式曲线在几何造型特别在 CSG 和在以参数表示的形状的裁剪运算中非常有用。举例来说，它们能够表示 3 维空间中两张参数曲面的交，或者一张参数曲面对于某一给定视点的轮廓线(Snyder, 1992)。

关于参数曲线的绘制已有不少非常有效的方法，然而隐式曲线的绘制却并不那么简单。历史上关于隐式曲线的绘制方法大致可以分为两类：一类是连续跟踪法，从曲线上某些起始点开始借助于一定规则连续跟踪绘制曲线。如 TN(tangent normal)法(金通洸和沈炎, 1979; 金通洸等, 1979; 金通洸, 1982a, 1982b; 绘图机研制小组, 1986)、正负法(蔡耀志, 1985a, 1985b, 1986, 1988, 1990)、Chandler 的方法(Chandler, 1988)等。由于隐式曲线通常比较复杂，所以它可能包含互不相连的几个部分，而且可能包含奇点(如尖点、切点、自交点等)，这类方法的最根本的困难在于完整的起始点集的选取，而且需要对奇点进行特别的处理。另一类是基于场细分的方法(Suffern, 1990; Suffern and Fackerell, 1991; Snyder, 1992; Taubin, 1994a, 1994b)。通常先考虑整个绘制区域，通过估计函数 $f(x,y)$ 在该区域的界，排除无关区域和将有关区域不断细分，进一步不断排除无关区域，直到有关区域到达一个像素的大小，如果还是排除不了则把这个像素画出来。该类方法的优点是能可靠地绘制出隐式曲线，不会丢失隐式曲线的任何部分，而且不需要对奇点进行特别的处理。其缺点是如果估计方法过于保守会导致“胖”曲线的出现，原因是它有可能将不在曲线上的像素由于无法排除而画出来。

隐式曲线绘制的场细分算法的基本思想是先考虑整个绘制区域 $[\underline{x},\overline{x}]\times[\overline{y},\overline{y}]$，通过保守地估计函数 $f(x,y)$ 在该区域的界 $[\underline{f},\overline{f}]$，如果 $0\notin[\underline{f},\overline{f}]$ 则说明曲线 $f(x,y)=0$ 不通过该区域，可以将该区域排除，否则将该区域在其中点处用处于水平方向和垂直方向的两条直线一分为四，再逐个考虑所产生的四个小区域，该细分过程可以一直进行下去，直到所考虑的区域到达一个像素的大小，如果还是排除不了则把这个像素画出来。该算法的程序如下：

PROCEDURE Quadtree$(\underline{x}, \overline{x}, \underline{y}, \overline{y})$:

　$[\underline{f}, \overline{f}]$ = Bound of f on $(\underline{x}, \overline{x}, \underline{y}, \overline{y})$;

　IF $\underline{f} \leqslant 0 \leqslant \overline{f}$ THEN

　IF $\overline{x} - \underline{x} \leqslant$ Pixel size AND $\overline{y} - \underline{y} \leqslant$ Pixel size THEN

　　Plot Pixel $(\underline{x}, \overline{x}, \underline{y}, \overline{y})$,

　ELSE Subdivide$(\underline{x}, \overline{x}, \underline{y}, \overline{y})$

PROCEDURE Subdivide$(\underline{x}, \overline{x}, \underline{y}, \overline{y})$:

　$\hat{x} = (\underline{x} + \overline{x}) / 2$;

　$\hat{y} = (\underline{y} + \overline{y}) / 2$;

　Quadtree$(\underline{x}, \hat{x}, \underline{y}, \hat{y})$;

　Quadtree$(\underline{x}, \hat{x}, \hat{y}, \overline{y})$;

　Quadtree$(\hat{x}, \overline{x}, \hat{y}, \overline{y})$;

　Quadtree$(\hat{x}, \overline{x}, \underline{y}, \hat{y})$

其中，$(\hat{x},\hat{y})$是区域$[\underline{x},\overline{x}]\times[\underline{y},\overline{y}]$的中点。隐式曲线绘制的场细分算法中最关键的一步是估计函数$f(x,y)$在区域$[\underline{x},\overline{x}]\times[\underline{y},\overline{y}]$上的界$[\underline{f},\overline{f}]$，不同的估计方法，绘制的效果和绘制的效率有差异。一般情况下若估计越精确，则绘制效果越好，而要使估计更精确，往往需要更大的计算量，从而会降低算法的效率。显然效果和效率是一对矛盾。

当函数$f(x,y)$是二元多项式时，$\{(x,y):f(x,y)=0\}$所表示的隐式曲线称为代数曲线。

上述关于平面区域$[\underline{x},\overline{x}]\times[\underline{y},\overline{y}]$上隐式曲线$f(x,y)=0$绘制的四叉树场细分算法可以很容易推广为空间区域$[\underline{x},\overline{x}]\times[\underline{y},\overline{y}]\times[\underline{z},\overline{z}]$上隐式曲面$f(x,y,z)=0$绘制的八叉树场细分算法。

PROCEDURE Octree$(\underline{x}, \overline{x}, \underline{y}, \overline{y}, \underline{z}, \overline{z})$:

　$[\underline{f}, \overline{f}]$ = Bound of f on $(\underline{x}, \overline{x}, \underline{y}, \overline{y}, \underline{z}, \overline{z})$;

　IF $\underline{f} \leqslant 0 \leqslant \overline{f}$ THEN

　IF $\overline{x} - \underline{x} \leqslant$ Voxel size AND $\overline{y} - \underline{y} \leqslant$ Voxel size

AND $\overline{z} - \underline{z} \leqslant$ Voxel size THEN

Plot Voxel $\left(\underline{x}, \overline{x}, \underline{y}, \overline{y}, \underline{z}, \overline{z}\right)$,

ELSE Subdivide$\left(\underline{x}, \overline{x}, \underline{y}, \overline{y}, \underline{z}, \overline{z}\right)$

PROCEDURE Subdivide$\left(\underline{x}, \overline{x}, \underline{y}, \overline{y}, \underline{z}, \overline{z}\right)$:

$\hat{x} = (\underline{x} + \overline{x}) / 2$;

$\hat{y} = \left(\underline{y} + \overline{y}\right) / 2$;

$\hat{z} = (\underline{z} + \overline{z}) / 2$;

Octree$\left(\underline{x}, \hat{x}, \underline{y}, \hat{y}, \underline{z}, \hat{z}\right)$;

Octree$\left(\hat{x}, \overline{x}, \underline{y}, \hat{y}, \underline{z}, \hat{z}\right)$;

Octree$\left(\hat{x}, \overline{x}, \hat{y}, \overline{y}, \underline{z}, \hat{z}\right)$;

Octree$\left(\underline{x}, \hat{x}, \hat{y}, \overline{y}, \underline{z}, \hat{z}\right)$;

Octree$\left(\underline{x}, \hat{x}, \hat{y}, \overline{y}, \hat{z}, \overline{z}\right)$;

Octree$\left(\underline{x}, \hat{x}, \underline{y}, \hat{y}, \hat{z}, \overline{z}\right)$;

Octree$\left(\hat{x}, \overline{x}, \underline{y}, \hat{y}, \hat{z}, \overline{z}\right)$;

Octree$\left(\hat{x}, \overline{x}, \hat{y}, \overline{y}, \hat{z}, \overline{z}\right)$

其中，点$(\hat{x},\hat{y},\hat{z})$是长方体区域$[\underline{x},\overline{x}]\times\left[\underline{y},\overline{y}\right]\times[\underline{z},\overline{z}]$的中点。

第 2 章　矩阵形式的仿射算术

本章给出用仿射算术估计二元多项式取值范围的一个矩阵形式，并且我们从理论上证明矩阵形式的仿射算术比中心形式的区间算术或标准的仿射算术要精确，并将其应用于代数曲线绘制的场细分算法中，结果显示它比标准的仿射算术有好得多的图形效果并且更为有效。本章内容取材于(Shou et al., 2002a, 2003)。

2.1　矩阵形式的仿射算术原理

本节我们将给出利用仿射算术作多项式估值的一个新的矩阵形式。

设

$$f(x,y)=\sum_{i=0}^{n}\sum_{j=0}^{m}a_{ij}x^i y^j=\boldsymbol{XAY},\quad (x,y)\in[\underline{x},\overline{x}]\times[\underline{y},\overline{y}]$$

其中

$$\boldsymbol{X}=(1,x,\cdots,x^n),\quad \boldsymbol{Y}=(1,y,\cdots,y^m)^{\mathrm{T}},\quad \boldsymbol{A}_{ij}=a_{ij}$$

让我们把区间$[\underline{x},\overline{x}]$和$[\underline{y},\overline{y}]$表示成仿射形式：

$$\hat{x}=x_0+x_1\varepsilon_x,\quad \hat{y}=y_0+y_1\varepsilon_y$$

其中，ε_x和ε_y是噪声元，它们的值不确定但是在$[-1,1]$内，而

$$x_0=(\overline{x}+\underline{x})/2,\quad x_1=(\overline{x}-\underline{x})/2,\quad y_0=(\overline{y}+\underline{y})/2,\quad y_1=(\overline{y}-\underline{y})/2$$

现在我们定义噪声元的幂向量为

$$\hat{\boldsymbol{X}}=(1,\varepsilon_x,\cdots,\varepsilon_x^n),\quad \hat{\boldsymbol{Y}}=(1,\varepsilon_y,\cdots,\varepsilon_y^m)^{\mathrm{T}}$$

现在定义两个矩阵：

$$\boldsymbol{B}=\begin{bmatrix}1 & x_0 & \cdots & x_0^{n-1} & x_0^n\\ 0 & x_1 & \cdots & (n-1)x_0^{n-2}x_1 & nx_0^{n-1}x_1\\ \vdots & \vdots & & \vdots & \vdots\\ 0 & 0 & \cdots & x_1^{n-1} & nx_0x_1^{n-1}\\ 0 & 0 & \cdots & 0 & x_1^n\end{bmatrix}$$

其中

$$\boldsymbol{B}_{ij}=\begin{cases}\dbinom{j}{i}x_0^{j-i}x_1^i, & i\leqslant j\\ 0, & i>j\end{cases},\quad i=0,1,\cdots,n,\quad j=0,1,\cdots,n$$

设

$$\boldsymbol{C}=\begin{bmatrix}1 & 0 & \cdots & 0 & 0\\ y_0 & y_1 & \cdots & 0 & 0\\ \vdots & \vdots & & \vdots & \vdots\\ y_0^{m-1} & (m-1)y_0^{m-2}y_1 & \cdots & y_1^{m-1} & 0\\ y_0^m & my_0^{m-1}y_1 & \cdots & my_0y_1^{m-1} & y_1^m\end{bmatrix}$$

其中

$$\boldsymbol{C}_{ij}=\begin{cases}0, & i<j\\ \dbinom{i}{j}y_0^{i-j}y_1^j, & i\geqslant j\end{cases},\quad i=0,1,\cdots,m,\quad j=0,1,\cdots,m$$

现在我们从矩阵 $\boldsymbol{B}$ 、矩阵 $\boldsymbol{C}$ 和原来的系数矩阵 $\boldsymbol{A}$ 来计算矩阵 $\boldsymbol{D}$：

$$\boldsymbol{D}=\boldsymbol{BAC}$$

得到

$$f(\hat{x},\hat{y})=\hat{\boldsymbol{X}}\boldsymbol{D}\hat{\boldsymbol{Y}}=\sum_{i=0}^{n}\sum_{j=0}^{m}\boldsymbol{D}_{ij}\varepsilon_x^i\varepsilon_y^j$$

到目前为止运算是精确的，我们需要把它转换为区间形式$\left[\underline{F},\overline{F}\right]$。

如果 i 和 j 都是偶数，则 $\varepsilon_x^i\varepsilon_y^j\in[0,1]$，否则 $\varepsilon_x^i\varepsilon_y^j\in[-1,1]$。

$$\overline{F}=D_{00}+\sum_{j=1}^{m}\begin{Bmatrix}\max\left(0,D_{0j}\right), & j\text{是偶数}\\ \left|D_{0j}\right|, & \text{其他}\end{Bmatrix}+\sum_{i=1}^{n}\sum_{j=0}^{m}\begin{Bmatrix}\max\left(0,D_{ij}\right), & i,j\text{都是偶数}\\ \left|D_{ij}\right|, & \text{其他}\end{Bmatrix}$$

$$\underline{F}=D_{00}+\sum_{j=1}^{m}\begin{Bmatrix}\max\left(0,D_{0j}\right), & j\text{是偶数}\\ -\left|D_{0j}\right|, & \text{其他}\end{Bmatrix}+\sum_{i=1}^{n}\sum_{j=0}^{m}\begin{Bmatrix}\max\left(0,D_{ij}\right), & i,j\text{都是偶数}\\ -\left|D_{ij}\right|, & \text{其他}\end{Bmatrix}$$

这样二元多项式 $f(x,y)$ 在$\left[\underline{x},\overline{x}\right]\times\left[\underline{y},\overline{y}\right]$上取的值必然落在$\left[\underline{F},\overline{F}\right]$内。

2.2　矩阵形式的仿射算术和标准仿射算术的比较

本节我们首先从理论上证明矩阵形式的仿射算术比标准仿射算术在估计多项式取值范围时要精确，而且进一步用实例说明矩阵形式的仿射算术比标准仿射算术更有效。

2.2.1　理论分析

我们首先证明中心形式的区间算术(interval arithmetic on centered form, IAC)比标准仿射算术(affine arithmetic, AA)要精确，然后再证明矩阵形式的仿射算术(modified affine arithmetic, MAA)比中心形式的区间算术更精确，从而得到矩阵形式的仿射算术比标准仿射算术更精确的结论。

定理 2.2.1　在估计多项式的界时用中心形式的区间算术比标准仿射算术要精确。

证明　为了避免在 2 维和 3 维情形下会遇到的十分复杂的表达式，我们只在这里给出 1 维情形下的证明。显然涉及的基本思想对所有维数情形都是适用的。

假设我们要估计一元多项式 $f(x)$ 在区间 $x\in[\underline{x},\overline{x}]$ 上的界。设 $f(x)=\sum_{i=0}^{n}a_ix^i$ 。

设 $\hat{x}=x_0+x_1\varepsilon_1$ 是区间 $[\underline{x},\overline{x}]$ 的仿射形式，这里 ε_1 是噪声元，ε_1 的值是未知的但假定只在 $[-1,1]$ 内变动，$x_0=(\underline{x}+\overline{x})/2$，$x_1=(\overline{x}-\underline{x})/2>0$ 。

如果用标准仿射算术我们可以把 $f(x)$ 改写为

$$f(\hat{x})=\sum_{i=0}^{n}a_ix_0^i+\sum_{i=1}^{n}ia_ix_0^{i-1}x_1\varepsilon_1+\sum_{k=2}^{n}\left(\sum_{i=k}^{n}a_ix_0^{i-k}\right)x_1\left[\left(|x_0|+x_1\right)^{k-1}-|x_0|^{k-1}\right]\varepsilon_k$$

其中，$\varepsilon_k\ (k=2,3,\cdots,n)$ 也是噪声元，它们的值是未知的，但假定只在 $[-1,1]$ 内变动。

这样如果用标准仿射算术来计算 $f(\hat{x})$ 的上界：

$$\begin{aligned}\overline{x}_{\mathrm{AA}}&=\sum_{i=0}^{n}a_ix_0^i+\left|\sum_{i=1}^{n}ia_ix_0^{i-1}\right|x_1+\sum_{k=2}^{n}\left|\sum_{i=k}^{n}a_ix_0^{i-k}\right|x_1\left[\left(|x_0|+x_1\right)^{k-1}-|x_0|^{k-1}\right]\\&=\sum_{i=0}^{n}a_ix_0^i+\left|\sum_{i=1}^{n}ia_ix_0^{i-1}\right|x_1+\sum_{l=2}^{n}\left(\sum_{k=l}^{n}C_{k-1}^{l-1}|x_0|^{k-l}\left|\sum_{i=k}^{n}a_ix_0^{i-k}\right|\right)x_1^l\end{aligned}$$

如果用中心形式的区间算术我们可以把 $f(x)$ 改写为

$$f(\hat{x})=\sum_{i=0}^{n}a_ix_0^i+\sum_{i=1}^{n}ia_ix_0^{i-1}x_1\varepsilon_1+\sum_{k=2}^{n}\left(\sum_{i=k}^{n}a_iC_i^kx_0^{i-k}\right)x_1^k\varepsilon_1^k$$

这样如果用中心形式的区间算术来计算 $f(\hat{x})$ 的上界：

$$\begin{aligned}\overline{x}_{\mathrm{IAC}}&=\sum_{i=0}^{n}a_ix_0^i+\left|\sum_{i=1}^{n}ia_ix_0^{i-1}\right|x_1+\sum_{k=2}^{n}\left|\sum_{i=k}^{n}a_iC_i^kx_0^{i-k}\right|x_1^k\\&=\sum_{i=0}^{n}a_ix_0^i+\left|\sum_{i=1}^{n}ia_ix_0^{i-1}\right|x_1+\sum_{l=2}^{n}\left|\sum_{k=l}^{n}C_{k-1}^{l-1}x_0^{k-l}\left(\sum_{i=k}^{n}a_ix_0^{i-k}\right)\right|x_1^l\end{aligned}$$

由于 $\overline{x}_{\mathrm{AA}}$ 与 $\overline{x}_{\mathrm{IAC}}$ 的表达式中的对应第一项和第二项分别是相同的，而对于第三项由于总是有如下式子成立：

$$\left|\sum_{k=l}^{n} C_{k-1}^{l-1} x_0^{k-l}\left(\sum_{i=k}^{n} a_i x_0^{i-k}\right)\right| \leqslant \sum_{k=l}^{n} C_{k-1}^{l-1}\left|x_0\right|^{k-l}\left|\sum_{i=k}^{n} a_i x_0^{i-k}\right|$$

所以我们得到 $\overline{x}_{\mathrm{IAC}} \leqslant \overline{x}_{\mathrm{AA}}$。

同理可证关于分别用标准仿射算术和中心形式的区间算术计算 $f(x)$ 在区间 $[\underline{x},\overline{x}]$ 上的下界 $\underline{x}_{\mathrm{AA}}$ 和 $\underline{x}_{\mathrm{IAC}}$ 之间满足：$\underline{x}_{\mathrm{IAC}} \geqslant \underline{x}_{\mathrm{AA}}$。

这样我们就证明了在估计一元多项式在某个区间上的界时用中心形式的区间算术比用标准仿射算术要精确。

此外我们从以上公式可以看到，在估计一元多项式在某个区间上的界时用标准仿射算术得到的表达式比用中心形式的区间算术得到的表达式要复杂，从而需要更多的算术运算次数。

基于以上分析我们得到结论即中心形式的区间算术不但比标准仿射算术更精确而且效率更高。

定理 2.2.2　在估计多项式的界时用矩阵形式的仿射算术比中心形式的区间算术要精确。

证明　我们只在 2 维的情形下证明该定理，1 维和 3 维情形下的证明是完全类似的。

设 $f(x,y)=\sum_{i=0}^{n}\sum_{j=0}^{m} a_{ij} x^i y^j$，$(x,y)\in[\underline{x},\overline{x}]\times[\underline{y},\overline{y}]$。

设 $\hat{x}=x_0+x_1\varepsilon_x$，$\hat{y}=y_0+y_1\varepsilon_y$ 分别是区间 $[\underline{x},\overline{x}]$ 和 $[\underline{y},\overline{y}]$ 的仿射形式，这里 ε_x 和 ε_y 是噪声元，它们的值是未知的，但假定只在 $[-1,1]$ 内变动，$x_0=(\underline{x}+\overline{x})/2$，$x_1=(\overline{x}-\underline{x})/2>0$，$y_0=(\underline{y}+\overline{y})/2$，$y_1=(\overline{y}-\underline{y})/2>0$。

假设 $f(\hat{x},\hat{y})=\sum_{i=0}^{n}\sum_{j=0}^{m} D_{ij}\varepsilon_x^i\varepsilon_y^j$ 是多项式 $f(x,y)$ 的中心形式。

这样如果用矩阵形式的仿射算术来计算上界：

$$\overline{x}_{\mathrm{MAA}}=D_{00}+\sum_{j=1}^{m}\begin{cases}\max\left(0,D_{0j}\right), & 当j是偶数\\ \left|D_{0j}\right|, & 其他\end{cases}$$
$$+\sum_{i=1}^{n}\sum_{j=0}^{m}\begin{cases}\max\left(0,D_{ij}\right), & 当i,j都是偶数\\ \left|D_{ij}\right|, & 其他\end{cases}$$

而用中心形式的区间算术来计算 $f(\hat{x},\hat{y})$ 的上界：

$$\overline{x}_{\mathrm{IAC}}=D_{00}+\sum_{j=1}^{m}\left|D_{0j}\right|+\sum_{i=1}^{n}\sum_{j=0}^{m}\left|D_{ij}\right|$$

由于 $\max\left(0,D_{0j}\right)\leqslant\left|D_{0j}\right|$ 和 $\max\left(0,D_{ij}\right)\leqslant\left|D_{ij}\right|$ 总是成立，所以我们得到 $\overline{x}_{\mathrm{MAA}}\leqslant\overline{x}_{\mathrm{IAC}}$。

同理可证关于分别用矩阵形式的仿射算术和中心形式的区间算术计算 $f(x,y)$ 在区间 $\left[\underline{x},\overline{x}\right]\times\left[\underline{y},\overline{y}\right]$ 上的下界 $\underline{x}_{\mathrm{MAA}}$ 和 $\underline{x}_{\mathrm{IAC}}$ 之间满足：$\underline{x}_{\mathrm{MAA}}\geqslant\underline{x}_{\mathrm{IAC}}$。

这样我们就证明了在估计二元多项式在某个矩形区域上的界时用矩阵形式的仿射算术比用中心形式的区间算术要精确。

总结以上两个定理的内容，我们得到矩阵形式的仿射算术比标准仿射算术更精确的结论。那么就运算速度而言到底是矩阵形式的仿射算术快还是标准仿射算术快呢，下面我们用实例来回答这个问题。

2.2.2　实例比较

下面我们用 10 个仔细选择的代数曲线实例来比较矩阵形式的仿射算术和标准仿射算术的精确度与速度。

例 2.2.1　第一个例子来源于(Comba and Stolfi,1993)，但我们这里经过了一个仿射坐标变换：

$$f(x,y)=\frac{15}{4}+8x-16x^2+8y-112xy+128x^2y-16y^2+128xy^2-128x^2y^2,$$
$$(x,y)\in[0,1]\times[0,1]$$

这是一个对称的低次数二元多项式。它所代表的代数曲线包含了三部分，其中两部分与边界相交，另外一部分是一个闭环(图 2.2.1)。

例 2.2.2　第二个例子来源于(Zhang and Martin, 2000)：

$$f(x,y)=20160x^5-30176x^4+14156x^3-2344x^2+151x+237-480y,$$
$$(x,y)\in[0,1]\times[0,1]$$

这是一个非常不对称的中等次数二元多项式。它所代表的代数曲线是一条穿越边界的曲线段(图 2.2.2)。

例 2.2.3　第三个例子来源于(Voiculescu et al., 2000)：

$$f(x,y)=0.945xy-9.43214x^2y^3+7.4554x^3y^2+y^4-x^3,$$
$$(x,y)\in[0,1]\times[0,1]$$

这是一个不对称的中等次数二元多项式。它所代表的代数曲线包含了两部分曲线段，每一条曲线段都穿越边界(图 2.2.3)。

例 2.2.4　第四个例子来源于(Zhang and Martin, 2000)：

$$f(x,y)=x^9-x^7y+3x^2y^6-y^3+y^5+y^4x-4y^4x^3,$$
$$(x,y)\in[0,1]\times[0,1]$$

这是一个不对称的高次数二元多项式。它所代表的代数曲线包含了两部分曲线段，每一条曲线段都穿越边界(图 2.2.4)。

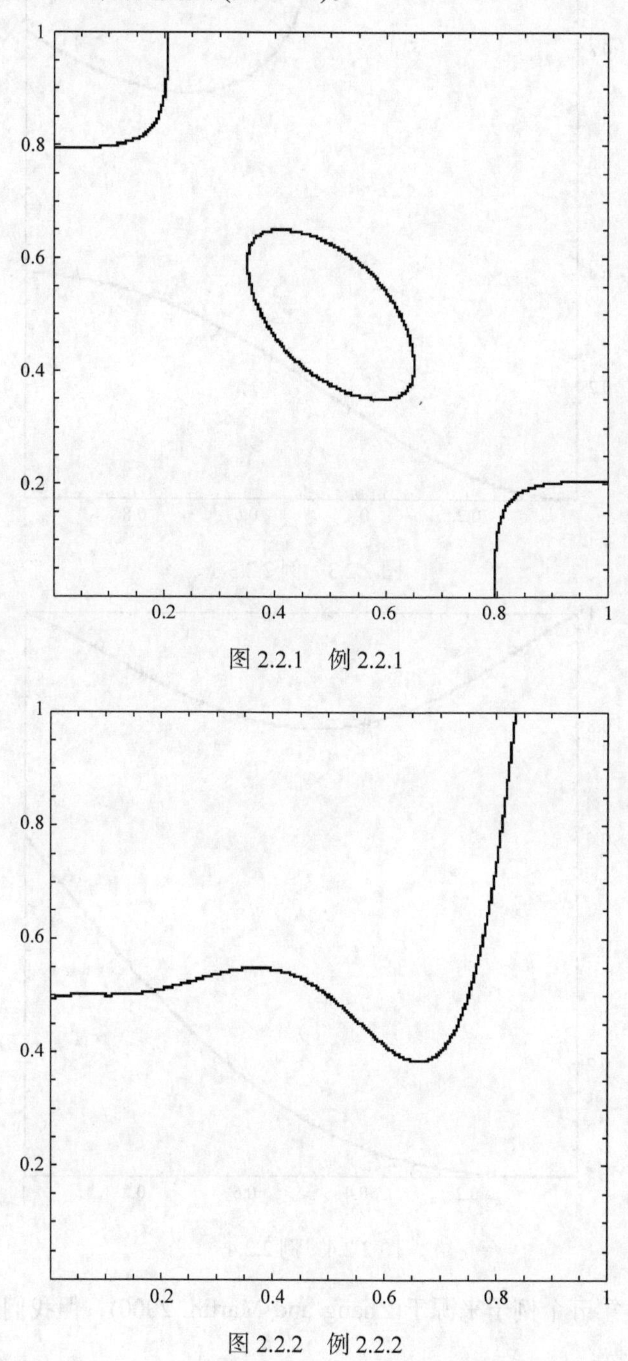

图 2.2.1　例 2.2.1

图 2.2.2　例 2.2.2

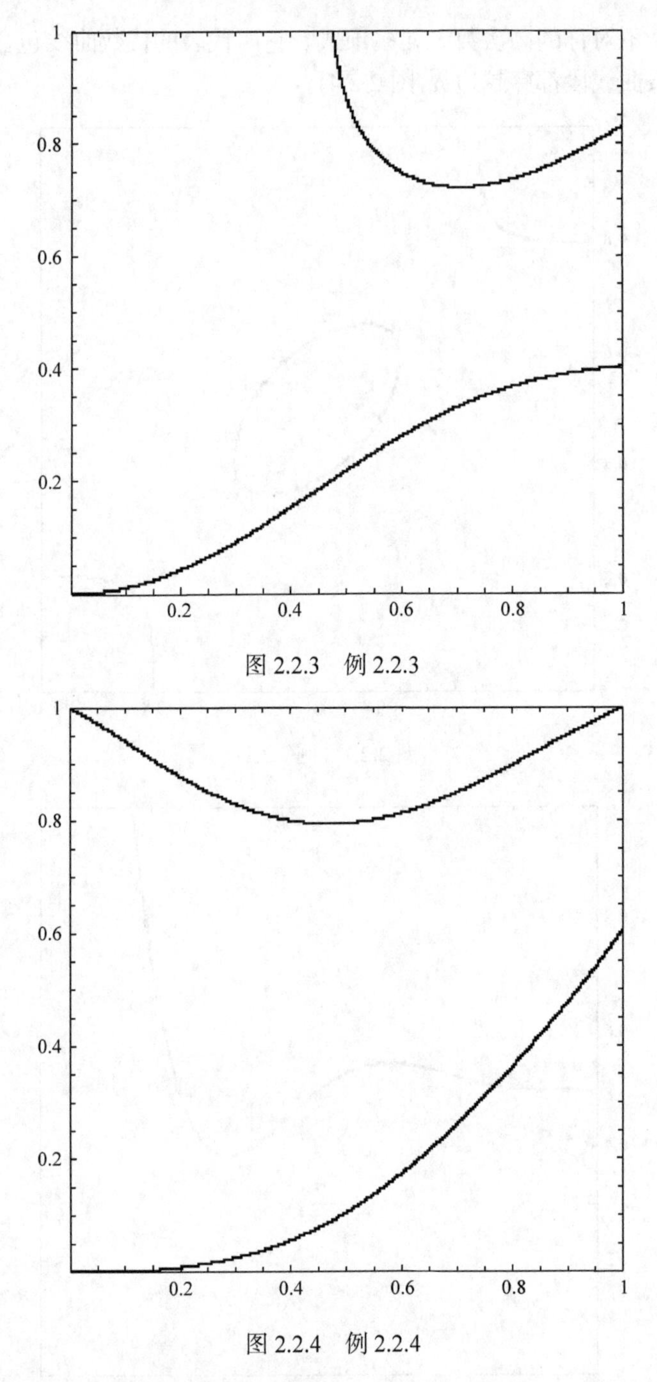

图 2.2.3　例 2.2.3

图 2.2.4　例 2.2.4

例 2.2.5　第五个例子来源于(Zhang and Martin, 2000)，但我们这里经过了一个仿射坐标变换：

$$f(x,y) = -\frac{1801}{50} + 280x - 816x^2 + 1056x^3 - 512x^4 + \frac{1601}{25}y$$
$$-512xy + 1536x^2y - 2048x^3y + 1024x^4y, (x,y) \in [0,1]\times[0,1]$$

这是一个不对称的中等次数二元多项式。它所代表的代数曲线是一条穿越边界的曲线段(图 2.2.5)。

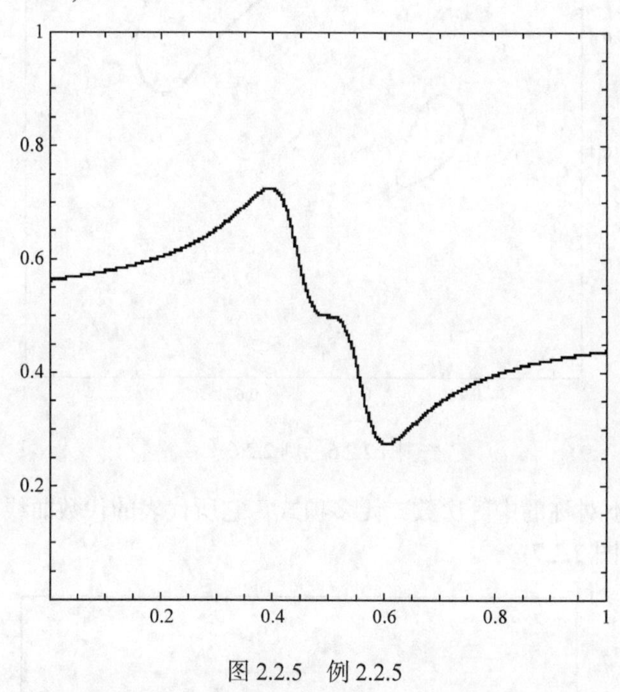

图 2.2.5　例 2.2.5

例 2.2.6　第六个例子来源于(Voiculescu,2001)，但我们这里经过了一个仿射坐标变换：

$$f(x,y) = \frac{601}{9} - \frac{872}{3}x + 544x^2 - 512x^3 + 256x^4 - \frac{2728}{9}y - \frac{2384}{3}xy - 768x^2y$$
$$+\frac{5104}{9}y^2 - \frac{2432}{3}xy^2 + 768x^2y^2 - 512y^3 + 256y^4, (x,y) \in [0,1]\times[0,1]$$

这是一个不对称的中等次数二元多项式。它所代表的代数曲线包含了两部分曲线段，每一部分都是一个闭环(图 2.2.6)。

例 2.2.7　第七个例子来源于(Voiculescu, 2001)，但我们这里经过了一个仿射坐标变换：

$$f(x,y) = -13 + 32x - 288x^2 + 512x^3 - 256x^4 + 64y - 112y^2 + 256xy^2 - 256x^2y^2,$$
$$(x,y) \in [0,1]\times[0,1]$$

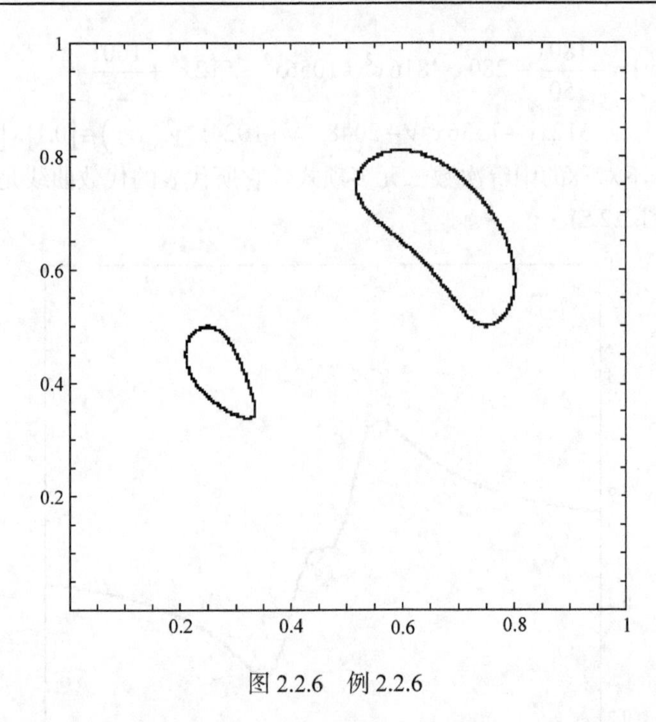

图 2.2.6　例 2.2.6

这是一个不对称的中等次数二元多项式。它所代表的代数曲线是一个包含两个尖点的闭环(图 2.2.7)。

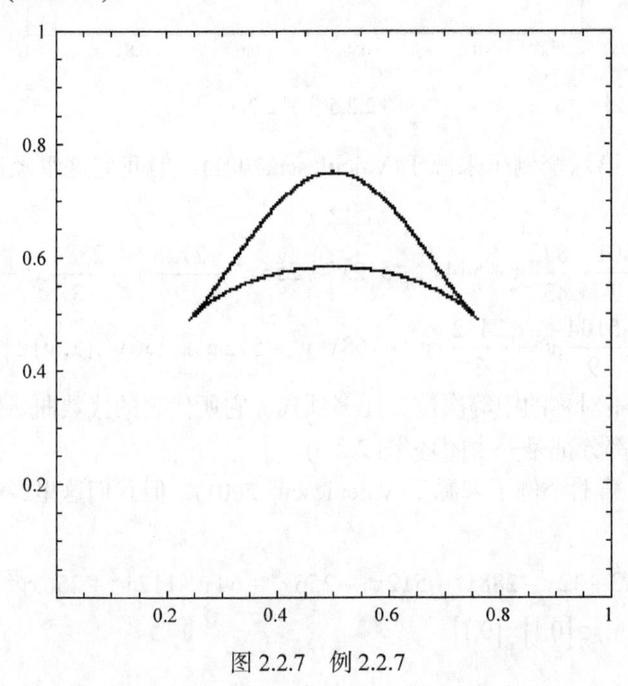

图 2.2.7　例 2.2.7

例 2.2.8　第八个例子是

$$f(x,y)=-\frac{169}{64}+\frac{51}{8}x-11x^2+8x^3+9y-8xy-9y^2+8xy^2,(x,y)\in[0,1]\times[0,1]$$

这是一个不对称的中等次数二元多项式。它所代表的代数曲线是一条包含自相交点的曲线段(图 2.2.8)。

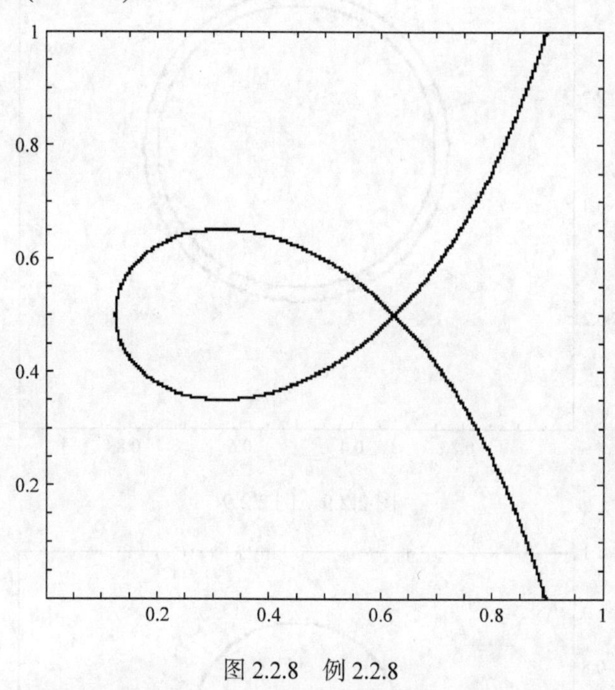

图 2.2.8　例 2.2.8

例 2.2.9　第九个例子来源于(Ratschek and Rokne, 2005)，但我们这里经过了一个仿射坐标变换：

$$f(x,y)=47.6-220.8x+476.8x^2-512x^3+256x^4-220.8y+512xy$$
$$-512x^2y+476.8y^2-512xy^2+512x^2y^2-512y^3+256y^4,(x,y)\in[0,1]\times[0,1]$$

这是一个对称的中等次数二元多项式。它所代表的代数曲线是两个靠得很近的同心圆(图 2.2.9)。

例 2.2.10　第十个例子是

$$f(x,y)=\frac{55}{256}-x+2x^2-2x^3+x^4-\frac{55}{64}y+2xy-2x^2y$$
$$+\frac{119}{64}y^2-2xy^2+2x^2y^2-2y^3+y^4,(x,y)\in[0,1]\times[0,1]$$

这是一个不对称的中等次数二元多项式。它所代表的代数曲线是两个相切的圆(图 2.2.10)。

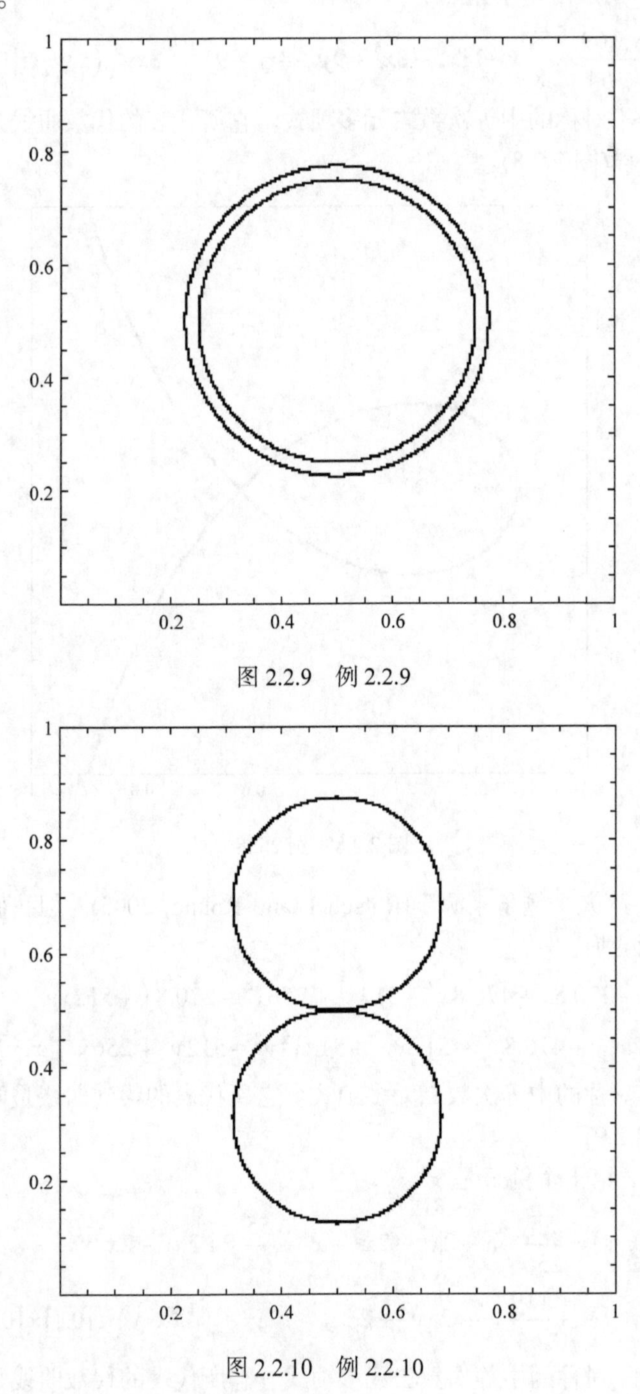

图 2.2.9　例 2.2.9

图 2.2.10　例 2.2.10

这些例子之所以被选取是因为它们代表了各种不同的多项式次数，它们所表示的代数曲线包含了各个开或闭的不同部分，并且包含了尖点、自相交点和相切点等特殊情况。我们的目的是用这些例子遍历各种不同的曲线形态，并且包含那些众所周知的在用其他各种隐式曲线绘制方法如连续跟踪方法(正负法、TN 法、Chandler 的方法)绘制时容易出问题的病态情形。

这些实例都用来在分辨率为 256 像素×256 像素的网格上，分别用矩阵形式的仿射算术和标准仿射算术结合基于场细分的代数曲线绘制算法绘制代数曲线。我们在一台配置为 Pentium IV 2.00 GHz CPU 和 512 MB RAM 的微机上，在操作系统为 Windows 2000 环境下用软件 Visual C++ 6.0 实现所有的例子。

为了更好地比较矩阵形式的仿射算术和标准仿射算术的精度与效率，我们不但给出了这所有十个例子分别用矩阵形式的仿射算术和标准仿射算术绘制的图形结果，具体如图 2.2.11～图 2.2.30 所示，而且记录了一些重要的量并用一张表格的形式(表 2.2.1)给出了矩阵形式的仿射算术和标准仿射算术各自的精度与计算速度。当用这些例子比较矩阵形式的仿射算术和标准仿射算术的优劣时，以下一些相关比较重要的量被记录了下来。

(1) 绘制像素个数。越少越好，绘制的像素可能包含也可能不包含实际的曲线。

(2) CPU 运算时间。越少表明运算速度越快。

(3) 细分次数。越少越好，由于每一次细分都需要用到堆栈压入和弹出操作以及随之而来的一些算术运算，较少的细分次数意味着所需要考虑的矩形总数较少，从而相应的运算次数会减少，效率会提高。

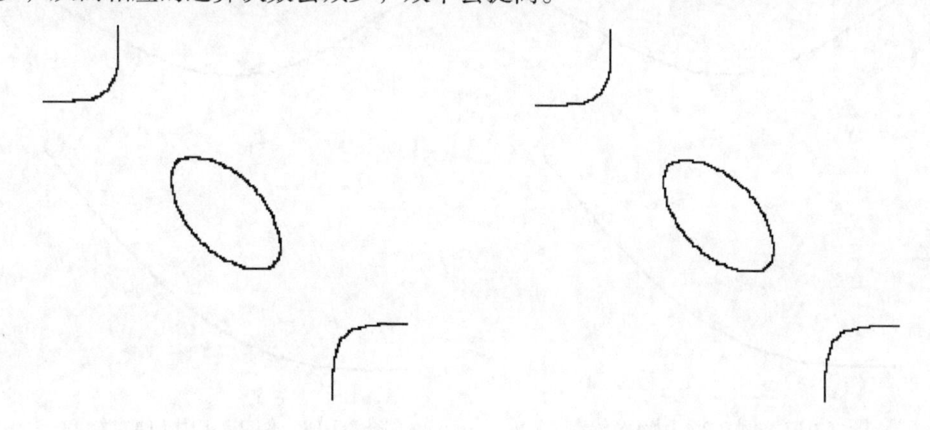

图 2.2.11　例 2.2.1 用 AA 绘制　　　　图 2.2.12　例 2.2.1 用 MAA 绘制

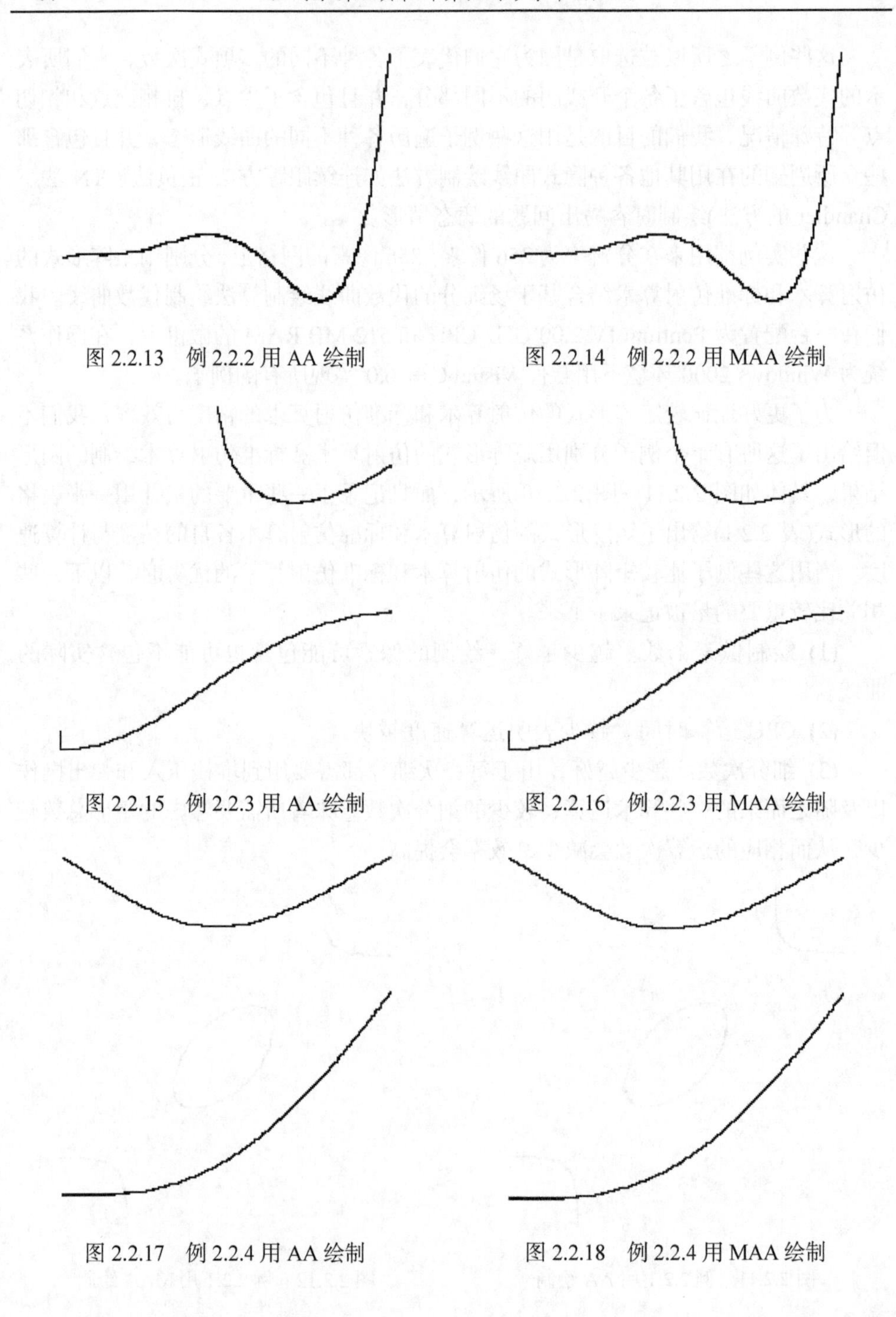

图 2.2.13　例 2.2.2 用 AA 绘制

图 2.2.14　例 2.2.2 用 MAA 绘制

图 2.2.15　例 2.2.3 用 AA 绘制

图 2.2.16　例 2.2.3 用 MAA 绘制

图 2.2.17　例 2.2.4 用 AA 绘制

图 2.2.18　例 2.2.4 用 MAA 绘制

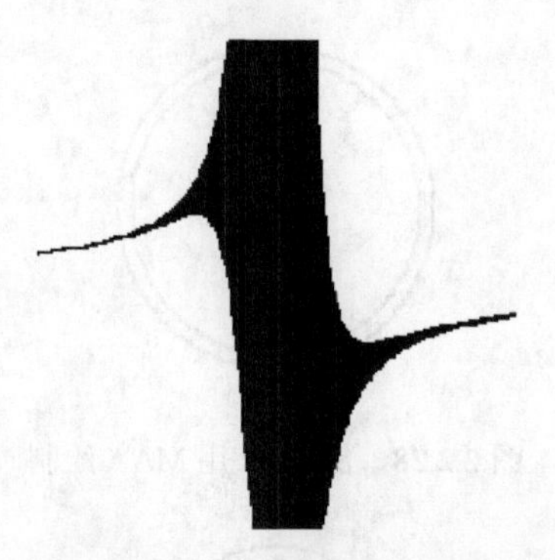

图 2.2.19　例 2.2.5 用 AA 绘制

图 2.2.20　例 2.2.5 用 MAA 绘制

图 2.2.21　例 2.2.6 用 AA 绘制

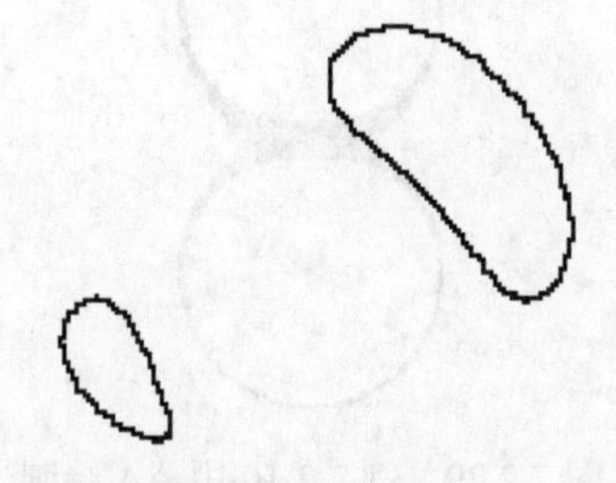

图 2.2.22　例 2.2.6 用 MAA 绘制

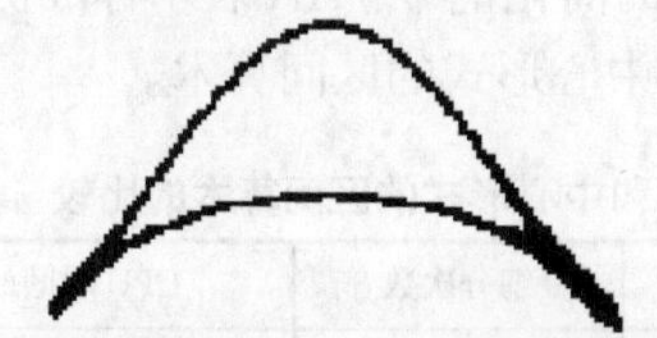

图 2.2.23　例 2.2.7 用 AA 绘制

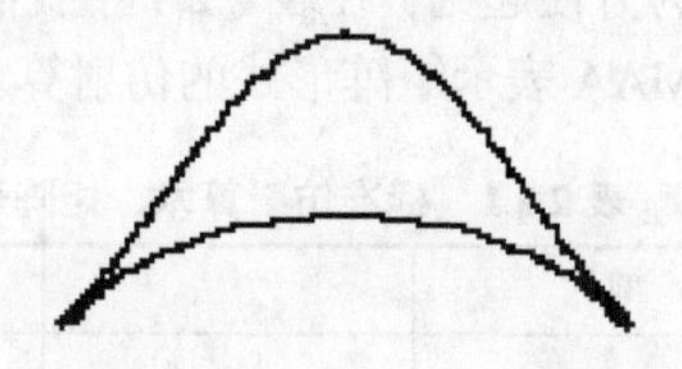

图 2.2.24　例 2.2.7 用 MAA 绘制

图 2.2.25　例 2.2.8 用 AA 绘制

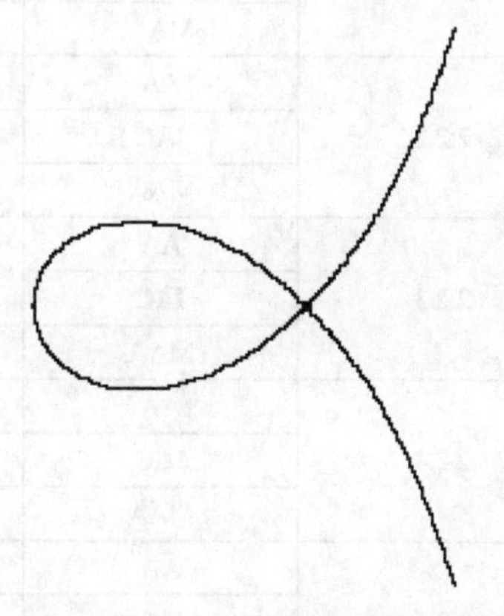

图 2.2.26　例 2.2.8 用 MAA 绘制

图 2.2.27　例 2.2.9 用 AA 绘制

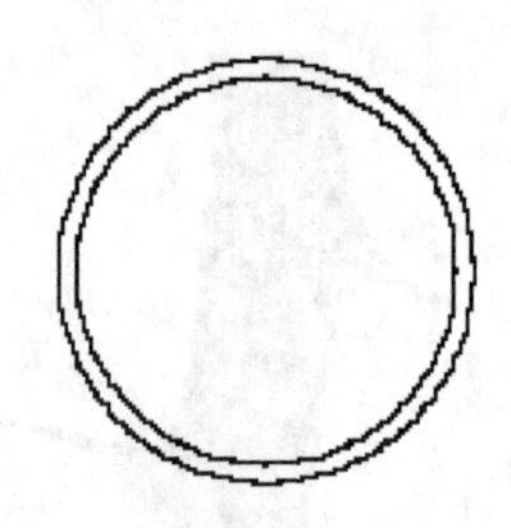

图 2.2.28　例 2.2.9 用 MAA 绘制

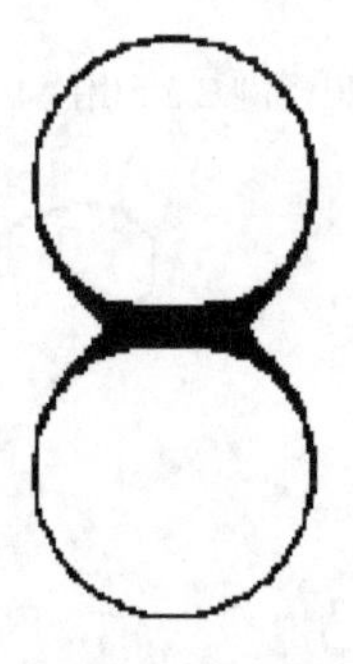

图 2.2.29　例 2.2.10 用 AA 绘制

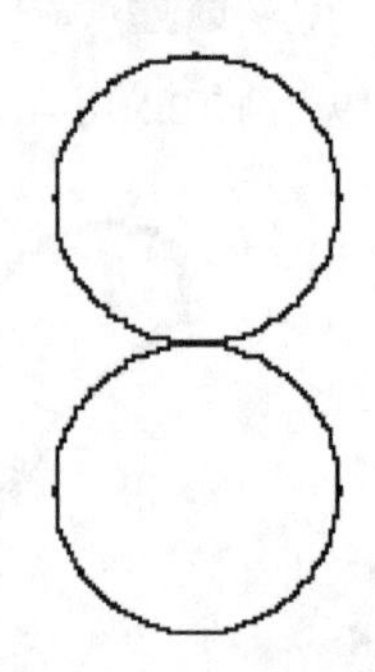

图 2.2.30　例 2.2.10 用 MAA 绘制

为方便起见，在表 2.2.1 中我们使用了如下的简化记号：AA 表示标准仿射算术；MAA 表示矩阵形式的仿射算术；IAC 表示中心形式的区间算术。

表 2.2.1　标准仿射算术、矩阵形式的仿射算术和中心形式的区间算术的比较

例子	方法	绘制像素	细分次数	CPU 时间/s
2.2.1	AA	604	900	1.047
	IAC	530	587	0.047
	MAA	526	563	0.047
2.2.2	AA	513	815	1.219
	IAC	435	471	0.063
	MAA	433	459	0.063
2.2.3	AA	625	715	1.187
	IAC	609	638	0.094
	MAA	608	634	0.094
2.2.4	AA	832	934	4.969
	IAC	819	880	0.547
	MAA	816	857	0.562
2.2.5	AA	15407	9027	49.468
	IAC	470	659	0.063
	MAA	464	611	0.062

续表

例子	方法	绘制像素	细分次数	CPU 时间/s
2.2.6	AA	1287	2877	10.266
	IAC	466	596	0.109
	MAA	460	560	0.110
2.2.7	AA	933	1409	1.766
	IAC	532	675	0.078
	MAA	512	627	0.078
2.2.8	AA	891	989	0.938
	IAC	838	853	0.078
	MAA	818	827	0.078
2.2.9	AA	5270	4314	13.75
	IAC	1208	1373	0.250
	MAA	1144	1269	0.250
2.2.10	AA	2071	2796	8.625
	IAC	812	905	0.172
	MAA	784	845	0.171

从图 2.2.11～图 2.2.30 和表 2.2.1 我们可以看到，矩阵形式的仿射算术不但比标准仿射算术更精确而且速度要快得多。标准仿射算术在例 2.2.5、例 2.2.6、例 2.2.9、例 2.2.10 中表现特别差。在例 2.2.5 中标准仿射算术完全没有能够揭示曲线的形状而矩阵形式的仿射算术成功地绘制出了该代数曲线的形状。在例 2.2.6 中用标准仿射算术绘制的代数曲线比用矩阵形式的仿射算术绘制的代数曲线要厚得多。在例 2.2.9 中标准仿射算术没有能够将两个靠得很近的同心圆分开而矩阵形式的仿射算术成功地将它们分了开来。在例 2.2.10 中用标准仿射算术绘制的代数曲线在两个相切圆的切点处有过于保守的问题，而用矩阵形式的仿射算术绘制的两个相切圆在切点处没有这个问题。此外我们从表 2.2.1 中可以看到，矩阵形式的仿射算术总是比中心形式的区间算术要精确那么一点，而矩阵形式的仿射算术和中心形式的区间算术所用的 CPU 时间基本相同。总而言之，矩阵形式的仿射算术的表现要比中心形式的区间算术要好一点。

矩阵形式的仿射算术的速度会比标准仿射算术的速度要快很多的原因如下：首先最主要的原因是标准仿射算术的表达式比中心形式的区间算术的表达式和矩阵形式的仿射算术的表达式都要复杂，从而标准仿射算术比中心形式的区间算术或矩阵形式的仿射算术需要更多的算术运算。第二个原因是矩阵形式的仿射算术比标准仿射算术更精确，从而矩阵形式的仿射算术只需要较少的细分次数，很多矩形区域可以较早地被排除，减少了总的计算工作量。第三个原因是虽然矩阵形式的仿射算术看上去很复杂,实际上矩阵形式的仿射算术只包含了一些矩阵运算，它们很容易用几个循环语句加以实现；而标准仿射算术虽然看上去好像很简单，事实上标准仿射算术需要一个动态链表来表示仿射量，仿射运算(+, −, ×)则需要通过链表中元素的插入、删除等操作来完成，这些操作比较复杂远没有像矩阵形式的仿射算术中的循环语句那么简单有效。

总结以上的分析我们可以得到如下结论：中心形式的区间算术不但比标准仿射算术更精确而且更有效。矩阵形式的仿射算术比中心形式的区间算术更精确而效率几乎一样。从而矩阵形式的仿射算术不但比标准仿射算术更精确而且更为有效。结论是在涉及估计二元多项式函数在矩形区域上的取值范围的 2 维几何计算中，矩阵形式的仿射算术表现最好，是首选。

第 3 章　张量形式的仿射算术

本章将 2 维矩阵形式的仿射算术推广到了 3 维张量形式的仿射算术，并在基于场细分的代数曲面绘制算法中对张量形式的仿射算术和标准仿射算术进行了详细的比较。本章内容取材于(Shou et al., 2006a)。

3.1　张量形式的仿射算术原理

本节我们将估计二元多项式在矩形区域上取值范围的 2 维矩阵形式的仿射算术推广到了估计三元多项式在立方体区域上取值范围的 3 维张量形式的仿射算术。

设

$$f(x,y,z)=\sum_{i=0}^{n}\sum_{j=0}^{m}\sum_{k=0}^{l}\boldsymbol{A}_{ijk}x^i y^j z^k,\quad (x,y,z)\in\Omega=[\underline{x},\overline{x}]\times[\underline{y},\overline{y}]\times[\underline{z},\overline{z}]$$

是一个幂基形式的三元多项式。我们可以把它写成张量形式：

$$f(x,y,z)=\boldsymbol{X}\otimes_x(\boldsymbol{Z}\otimes_z\boldsymbol{A})\otimes_y\boldsymbol{Y}$$

其中

$$\boldsymbol{X}=(1,x,\cdots,x^n),\quad \boldsymbol{Y}=(1,y,\cdots,y^m)^{\mathrm{T}},\quad \boldsymbol{Z}=(1,z,\cdots,z^l)$$

是幂向量，$\boldsymbol{A}_{ijk}$ 是系数张量。

现在让我们把区间$[\underline{x},\overline{x}]$、$[\underline{y},\overline{y}]$和$[\underline{z},\overline{z}]$分别表示成仿射形式：

$$\hat{x}=x_0+x_1\varepsilon_x,\quad \hat{y}=y_0+y_1\varepsilon_y,\quad \hat{z}=z_0+z_1\varepsilon_z$$

其中，ε_x、ε_y和ε_z都是噪声元，它们的值不确定，但是假定在$[-1,1]$内变动，而

$$x_0=(\overline{x}+\underline{x})/2,\quad x_1=(\overline{x}-\underline{x})/2$$

$$y_0=(\overline{y}+\underline{y})/2,\quad y_1=(\overline{y}-\underline{y})/2$$

$$z_0=(\overline{z}+\underline{z})/2,\quad y_1=(\overline{y}-\underline{y})/2$$

现在我们定义噪声元的幂向量为

$$\hat{\boldsymbol{X}}=(1,\varepsilon_x,\cdots,\varepsilon_x^n),\quad \hat{\boldsymbol{Y}}=(1,\varepsilon_y,\cdots,\varepsilon_y^m)^{\mathrm{T}},\quad \hat{\boldsymbol{Z}}=(1,\varepsilon_z,\cdots,\varepsilon_z^l)$$

现在我们进一步定义矩阵 $\boldsymbol{B}$、矩阵 $\boldsymbol{C}$ 和矩阵 $\boldsymbol{D}$，如下所示：

$$\boldsymbol{B}=\begin{bmatrix} 1 & x_0 & \cdots & x_0^{n-1} & x_0^n \\ 0 & x_1 & \cdots & (n-1)x_0^{n-2}x_1 & nx_0^{n-1}x_1 \\ \vdots & \vdots & & \vdots & \vdots \\ 0 & 0 & \cdots & x_1^{n-1} & nx_0x_1^{n-1} \\ 0 & 0 & \cdots & 0 & x_1^n \end{bmatrix}$$

其中

$$\boldsymbol{B}_{ij}=\begin{cases} \dbinom{j}{i}x_0^{j-i}x_1^i, & i \leqslant j \\ 0, & i > j \end{cases}, \quad i=0,1,\cdots,n; \quad j=0,1,\cdots,n$$

设

$$\boldsymbol{C}=\begin{bmatrix} 1 & 0 & \cdots & 0 & 0 \\ y_0 & y_1 & \cdots & 0 & 0 \\ \vdots & \vdots & & \vdots & \vdots \\ y_0^{m-1} & (m-1)y_0^{m-2}y_1 & \cdots & y_1^{m-1} & 0 \\ y_0^m & my_0^{m-1}y_1 & \cdots & my_0y_1^{m-1} & y_1^m \end{bmatrix}$$

其中

$$\boldsymbol{C}_{ij}=\begin{cases} 0, & i < j \\ \dbinom{i}{j}y_0^{i-j}y_1^j, & i \geqslant j \end{cases}, \quad i=0,1,\cdots,m; \quad j=0,1,\cdots,m$$

设

$$\boldsymbol{D}=\begin{bmatrix} 1 & z_0 & \cdots & z_0^{l-1} & z_0^l \\ 0 & z_1 & \cdots & (l-1)z_0^{l-2}z_1 & lz_0^{l-1}z_1 \\ \vdots & \vdots & & \vdots & \vdots \\ 0 & 0 & \cdots & z_1^{l-1} & lz_0z_1^{l-1} \\ 0 & 0 & \cdots & 0 & z_1^l \end{bmatrix}$$

其中

$$\boldsymbol{D}_{ij}=\begin{cases} \dbinom{j}{i}z_0^{j-i}z_1^i, & i \leqslant j \\ 0, & i > j \end{cases}, \quad i=0,1,\cdots,l; \quad j=0,1,\cdots,l$$

那么有

$$\boldsymbol{X}=\hat{\boldsymbol{X}}\boldsymbol{B},\quad \boldsymbol{Y}=\boldsymbol{C}\hat{\boldsymbol{Y}},\quad \boldsymbol{Z}=\hat{\boldsymbol{Z}}\boldsymbol{D}$$

现在我们用矩阵 $\boldsymbol{B}$ 、矩阵 $\boldsymbol{C}$ 、矩阵 $\boldsymbol{D}$ 和原来的系数张量 $\boldsymbol{A}$ 来计算张量 $\boldsymbol{G}$ ：

$$\boldsymbol{G}=\boldsymbol{B}\otimes_x\left(\boldsymbol{D}\otimes_z\boldsymbol{A}\right)\otimes_y\boldsymbol{C}$$

得到

$$f\left(\hat{x},\hat{y},\hat{z}\right)=\hat{\boldsymbol{X}}\otimes_x\left(\hat{\boldsymbol{Z}}\otimes_z\boldsymbol{G}\right)\otimes_y\hat{\boldsymbol{Y}}=\sum_{i=0}^{n}\sum_{j=0}^{m}\sum_{k=0}^{l}\boldsymbol{G}_{ijk}\varepsilon_x^i\varepsilon_y^j\varepsilon_z^k$$

到目前为止运算是精确的，进一步我们可以发现这个多项式实际上就是原多项式的中心形式，现在我们需要把它转换为区间形式 $[\underline{F},\overline{F}]$，这当然可以用标准区间算术来做这个工作，但标准区间算术看来并不是最好的选择，如果我们考虑到该多项式的下述性质：如果 i 、 j 和 k 都是偶数，则 $\varepsilon_x^i\varepsilon_y^j\varepsilon_z^k\in[0,1]$，否则 $\varepsilon_x^i\varepsilon_y^j\varepsilon_z^k\in[-1,1]$。

从而得到比标准区间算术更精确的界：

$$\overline{F}=\boldsymbol{G}_{000}+\sum_{k=1}^{l}\begin{cases}\max\left(0,\boldsymbol{G}_{00k}\right), & k\text{是偶数}\\ \left|\boldsymbol{G}_{00k}\right|, & \text{其他}\end{cases}+\sum_{j=1}^{m}\sum_{k=0}^{l}\begin{cases}\max\left(0,\boldsymbol{G}_{0jk}\right), & j,k\text{都是偶数}\\ \left|\boldsymbol{G}_{0jk}\right|, & \text{其他}\end{cases}$$

$$+\sum_{i=1}^{n}\sum_{j=0}^{m}\sum_{k=0}^{l}\begin{cases}\max\left(0,\boldsymbol{G}_{ijk}\right), & i,j,k\text{都是偶数}\\ \left|\boldsymbol{G}_{ijk}\right|, & \text{其他}\end{cases}$$

$$\underline{F}=\boldsymbol{G}_{000}+\sum_{k=1}^{l}\begin{cases}\min\left(0,\boldsymbol{G}_{00k}\right), & k\text{是偶数}\\ -\left|\boldsymbol{G}_{00k}\right|, & \text{其他}\end{cases}+\sum_{j=1}^{m}\sum_{k=0}^{l}\begin{cases}\min\left(0,\boldsymbol{G}_{0jk}\right), & j,k\text{都是偶数}\\ -\left|\boldsymbol{G}_{0jk}\right|, & \text{其他}\end{cases}$$

$$+\sum_{i=1}^{n}\sum_{j=0}^{m}\sum_{k=0}^{l}\begin{cases}\min\left(0,\boldsymbol{G}_{ijk}\right), & i,j,k\text{都是偶数}\\ -\left|\boldsymbol{G}_{ijk}\right|, & \text{其他}\end{cases}$$

这样三元多项式 $f(x,y,z)$ 在区域 $[\underline{x},\overline{x}]\times[\underline{y},\overline{y}]\times[\underline{z},\overline{z}]$ 上取的值必然落在 $[\underline{F},\overline{F}]$ 内。

3.2　张量形式的仿射算术和标准仿射算术的比较

本节我们用十个精心选择的代数曲面例子来比较张量形式的仿射算术和标准仿射算术的精度与效率。

例 3.2.1　第一个例子来源于(Bowyer et al., 2002)：

$$f(x,y,z)=0.06\left(x^2-x+4y-xy+2yz+3\right),\quad (x,y,z)\in[0,1]\times[0,1]\times[0,1]$$

这是一个三元四次多项式。它表示的是一张双叶双曲面。

例 3.2.2　第二个例子来源于(Taubin, 1994b)：

$$f(x,y,z)=\left(2x^2+y^2+z^2-1\right)^3-0.1x^2z^3-y^2z^3,$$
$$(x,y,z)\in[-1.25,1.25]\times[-1.25,1.25]\times[-1.25,1.25]$$

这是一个三元六次多项式。它表示的是一张心脏面。

例 3.2.3　第三个例子来源于(Balsys and Suffern, 2001)：

$$f(x,y,z)=\left(x^2+y^2+z^2-r^2\right)^2-2\left(x^2+r^2\right)\left(f^2+a^2\right)$$
$$-2\left(y^2-z^2\right)\left(a^2-f^2\right)+8afrx+\left(a^2-f^2\right)^2$$

其中，$a=15$，$r=3$，$f=5$，$(x,y,z)\in[-20,20]\times[-20,20]\times[-20,20]$。

这是一个三元四次多项式。它表示的是一张四次圆纹曲面。

例 3.2.4　第四个例子是来源于(Balsys and Suffern, 2001)：

$$f(x,y,z)=x^2n+y^2n+z^2n-x^ny^n-x^nz^n-y^nz^n$$

其中，$n=4$，$(x,y,z)\in[-1.5,1.5]\times[-1.5,1.5]\times[-1.5,1.5]$。

这是一个三元八次多项式。它表示的是一张钉子曲面。

例 3.2.5　第五个例子来源于(Balsys and Suffern, 2001)：

$$f(x,y,z)=x^2y^2+y^2z^2+x^2z^2+xyz\ ,(x,y,z)\in[-0.5,0.5]\times[-0.5,0.5]\times[-0.5,0.5]$$

这是一个三元四次多项式。它表示的是一张自相交的 Steiner 的 Roman 曲面。

例 3.2.6　第六个例子来源于(Balsys and Suffern, 2001)：

$$f(x,y,z)=\left(x^2+y^2-4\right)\left(x^2+z^2-4\right)\left(y^2+z^2-4\right)-4.0078,$$
$$(x,y,z)\in[-6,6]\times[-6,6]\times[-6,6]$$

这是一个三元六次多项式。它表示的是一张隐式混合曲面。

例 3.2.7　第七个例子来源于(Hanrahan, 1983)：

$$f(x,y,z)=\left(x^4+y^4+z^4+1\right)-\left(x^2+y^2+z^2+y^2z^2+z^2x^2+x^2y^2\right),$$
$$(x,y,z)\in[-2,2]\times[-2,2]\times[-2,2]$$

这是一个三元四次多项式。它表示的是一张四重 Kummer 曲面。

例 3.2.8　第八个例子来源于(Hanrahan, 1983)：

$$f(x,y,z)=z^3+xz+y,\ (x,y,z)\in[-5,5]\times[-5,5]\times[-5,5]$$

这是一个三元三次多项式。它表示的是一张三次尖端突变曲面。

例 3.2.9　第九个例子来源于(Martin et al., 2002)：

$$f(x,y,z)=-\frac{1801}{50}+280x-816x^2+1056x^3-512x^4+\frac{1601}{25}y$$
$$-512xy+1536x^2y-2048x^3y+1024x^4y$$
$$(x,y,z)\in[0,1]\times[0,1]\times[0,1]$$

这是一个三元五次多项式。同一个多项式在原来的 2 维空间中表示的是一条代数曲线，但在这里 3 维空间中它表示的是一张柱面。

例 3.2.10　第十个例子来源于(Martin et al., 2002)：

$$f(x,y,z)=\frac{55}{256}-x+2x^2-2x^3+x^4-\frac{55}{64}y+2xy-2x^2y$$
$$+\frac{119}{64}y^2-2xy^2+2x^2y^2-2y^3+y^4$$
$$(x,y,z)\in[0,1]\times[0,1]\times[0,1]$$

这是一个三元四次多项式。同一个多项式在原来的 2 维空间中表示的是两个相切的圆，但在这里 3 维空间中它表示的是两张相切的柱面。

这些例子之所以被选取是因为它们代表了各种不同的多项式次数，它们所表示的代数曲面包含了各个分开或闭合的不同部分，并且包含了尖角、自相交和相切等种种特殊情况。当然从这几个有限的例子并不能得到在任何情况下都成立的结论，我们的目的是用这些例子尽可能多地遍历各种不同的曲面形态，这至少可以使得我们从这些例子得到的结论并不是只局限于某一个特别的实例。

这些实例都用来在分辨率为$128\times128\times128$体素的立方体网格上用在 1.3 节中所描绘的基于场细分的隐式曲面绘制算法绘制代数曲面。我们在一台配置为 Intel Xeon CPU@ 2.80 GHz 和 2048.00 MB RAM 的微机上，在操作系统为 Windows XP 环境下用软件 Visual C++ 6.0 实现所有的例子。

我们除了给出了这所有十个例子分别用张量形式的仿射算术和标准仿射算术绘制的图形结果(图 3.2.1～图 3.2.20)还记录了一些重要的量并用一张表格的形式(表 3.2.1)给出了张量形式的仿射算术和标准仿射算术各自的精度与计算速度。当用这些例子比较张量形式的仿射算术和标准仿射算术的优劣时，以下一些相关比较重要的量被记录了下来。

(1) 绘制体素个数。越少越好，由于估计是保守的绘制的体素，可能包含，也可能不包含实际的曲面。

(2) CPU 运算时间。越少表明运算速度越快。

(3) 细分次数。越少越好，由于每一次细分都需要用到堆栈压入和弹出操作以及随之而来的一些算术运算，较少的细分次数意味着所需要考虑的长方体总数较少，从而相应的运算次数会较少，效率会提高。

图 3.2.1　例 3.2.1 用 AA 绘制

图 3.2.2　例 3.2.1 用 MAA 绘制

图 3.2.3　例 3.2.2 用 AA 绘制

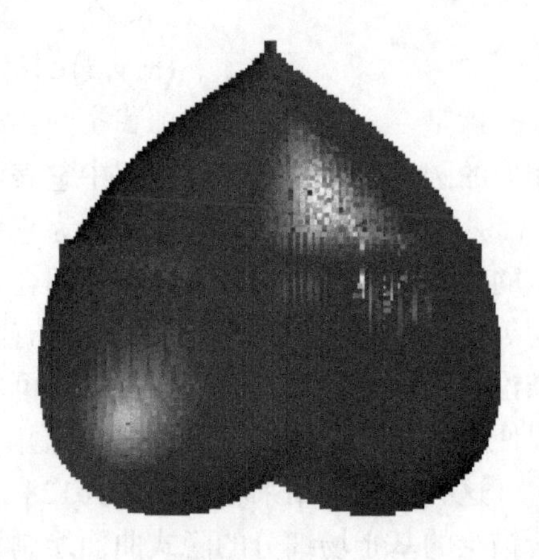

图 3.2.4　例 3.2.2 用 MAA 绘制

图 3.2.5　例 3.2.3 用 AA 绘制

图 3.2.6　例 3.2.3 用 MAA 绘制

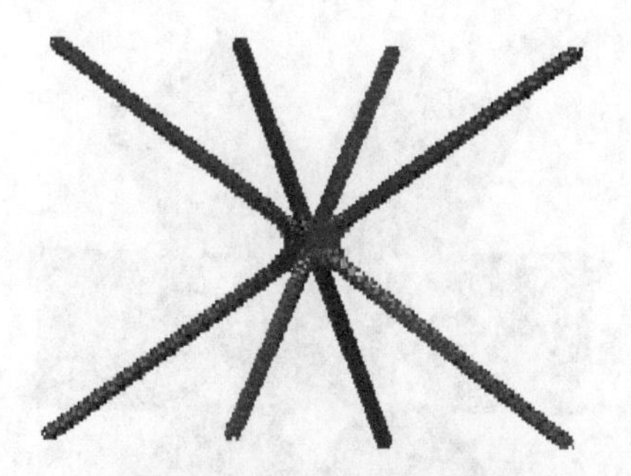

图 3.2.7　例 3.2.4 用 AA 绘制

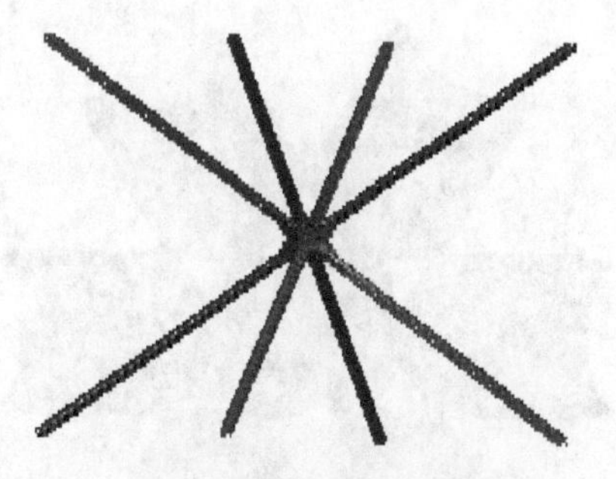

图 3.2.8　例 3.2.4 用 MAA 绘制

图 3.2.9　例 3.2.5 用 AA 绘制

图 3.2.10　例 3.2.5 用 MAA 绘制

图 3.2.11　例 3.2.6 用 AA 绘制

图 3.2.12　例 3.2.6 用 MAA 绘制

图 3.2.13　例 3.2.7 用 AA 绘制

图 3.2.14　例 3.2.7 用 MAA 绘制

图 3.2.15　例 3.2.8 用 AA 绘制

图 3.2.16　例 3.2.8 用 MAA 绘制

图 3.2.17　例 3.2.9 用 AA 绘制

图 3.2.18　例 3.2.9 用 MAA 绘制

图 3.2.19　例 3.2.10 用 AA 绘制

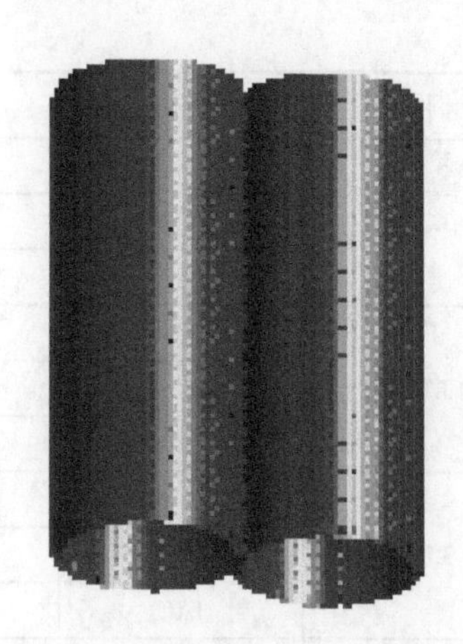

图 3.2.20　例 3.2.10 用 MAA 绘制

为方便起见，在表 3.2.1 中我们使用了如下的简化记号：AA 表示标准仿射算术；MAA 表示修正过的张量形式的仿射算术；IAC 表示中心形式的区间算术。

表 3.2.1　标准仿射算术、张量形式的仿射算术和中心形式的区间算术的比较

例子	方法	绘制体素	细分次数	CPU 时间/s
3.2.1	AA	39305	13440	167
	MAA	39214	13343	52
	IAC	39305	13440	51
3.2.2	AA	143104	61901	2733
	MAA	59104	28333	136
	IAC	63168	31669	146
3.2.3	AA	16716	7049	41
	MAA	15956	6357	9
	IAC	16420	6881	9
3.2.4	AA	17480	17953	73
	MAA	10256	10681	11
	IAC	11792	14665	15
3.2.5	AA	89396	34009	919
	MAA	85448	31033	261
	IAC	86864	31897	254

续表

例子	方法	绘制体素	细分次数	CPU 时间/s
3.2.6	AA	61512	35873	530
	MAA	52544	24337	104
	IAC	53576	26017	101
3.2.7	AA	114320	42129	1607
	MAA	109712	39209	427
	IAC	111536	40289	422
3.2.8	AA	33982	12063	173
	MAA	33666	11683	39
	IAC	33982	12063	39
3.2.9	AA	748032	163881	61876
	MAA	31744	12521	36
	IAC	32000	13673	34
3.2.10	AA	163072	69281	3250
	MAA	50176	18601	89
	IAC	53248	20361	97

从图 3.2.1～图 3.2.20 和表 3.2.1 我们可以看到，张量形式的仿射算术不但比标准仿射算术更精确而且速度要快得多。标准仿射算术在例 3.2.2、例 3.2.4、例 3.2.9、例 3.2.10 中表现特别差。在例 3.2.9 中标准仿射算术完全没有能够揭示曲面的形状，而张量形式的仿射算术成功地绘制出了该代数曲面的形状。在例 3.2.2 和例 3.2.4 中用标准仿射算术绘制的代数曲面比用张量形式的仿射算术绘制的代数曲面要厚得多。在例 3.2.10 中用标准仿射算术绘制的代数曲面在两个相切圆柱面的切线处有过于保守的问题，而用张量形式的仿射算术绘制的两个相切圆柱面在切线处没有这个问题。此外我们从表 3.2.1 中也可以看到，张量形式的仿射算术总是比中心形式的区间算术要精确那么一点，而张量形式的仿射算术和中心形式的区间算术所用的 CPU 时间基本相同。总而言之，张量形式的仿射算术的表现要比中心形式的区间算术要好一点。

张量形式的仿射算术的速度会比标准仿射算术的速度要快很多的原因如下：首先最主要的原因是实际上标准仿射算术的表达式比中心形式的区间算术的表达式和张量形式的仿射算术的表达式都要复杂，从而标准仿射算术比中心形式的区间算术或张量形式的仿射算术需要更多的算术运算。第二个原因是张量形式的仿射算术比标准仿射算术更精确，从而张量形式的仿射算术只需要较少的细分次数，很多长方体区域可以较早地被排除，减少了总的计算工作量。第三个原因是虽然张量形式的仿射算术看上去很复杂，实际上张量形式的仿射算术只包含了一些张量或矩阵运算，它们很容易用几个循环语句加以实现；而标准仿射算术虽然看上去好像很简单，事实上标准仿射算术需要一个动态链表来表示仿射量，仿射运算$(+,-,\times)$则需要通过链表中元素的插入、删除等操作来完成，这些操作比较复杂远没有像张量形式的仿射算术中的循环语句那么简单有效。

总结以上的分析我们可以得到如下结论：中心形式的区间算术不但比标准仿射算术更精确而且更有效。张量形式的仿射算术比中心形式的区间算术更精确而效率几乎一样。从而张量形式的仿射算术不但比标准仿射算术更精确而且更为有效。结论是在涉及估计三元多项式函数在长方体区域上的取值范围的 3 维几何计算中，张量形式的仿射算术表现最好，是首选。

第4章　代数曲线绘制的各种区间方法的比较

基于场细分的代数曲线曲面绘制算法中起关键作用的一步为估计多项式在所考虑区域中的取值范围，而估计多项式在某一所考虑区域中的取值范围的区间方法有很多，这些方法中某些方法只需要用到函数在某些样本点上的函数值，某些方法还需要用到导函数信息，又有某些方法是基于基转换或把多项式改写成另外一种特别的形式等。这些方法的各自优缺点是什么？哪些就精度和效率而言是较好的方法，它们各自适用的范围和特征是什么？国际学术界对这些问题尚不是十分清楚，这就迫切需要对这些方法进行一个全面的比较。

本章的目的就是对基于场细分的代数曲线绘制中的估计多项式函数值的各种区间方法就精度和效率两方面进行一个全面的比较。比较的区间方法有：幂基上的区间算术、Bernstein 基上的区间算术、Horner 形式上的区间算术、中心形式的区间算术、矩阵形式的仿射算术、Bernstein 系数方法、Taubin 的方法、Rivlin 的方法、Gopalsamy 的方法以及它们各自加上导数信息后的方法。

比较结果显示中心形式的区间算术、矩阵形式的仿射算术、Bernstein 系数方法、Taubin 的方法、Rivlin 的方法以及它们各自加上导数信息后的方法，就效率和精度而言表现差不多，都是一些比较好的方法，它们一般比幂基上的区间算术、Bernstein 基上的区间算术、Horner 形式上的区间算术、Gopalsamy 的方法要更精确和有效。

本章内容取材于(Shou et al., 2002b; Martin et al., 2002)。

4.1　估计多项式函数值的各种区间方法

用基于场细分的代数曲线绘制算法在 $\left[\underline{x},\overline{x}\right]\times\left[\underline{y},\overline{y}\right]$ 上绘制代数曲线 $f(x,y)=0$ 的关键一步是估计多项式函数 $f(x,y)$ 在区域 $\left[\underline{x},\overline{x}\right]\times\left[\underline{y},\overline{y}\right]$ 上的界，这也称为范围分析(Ratschek and Rokne, 1988)。范围分析也就是估计多项式函数 $f(x,y)$ 在区域 $\left[\underline{x},\overline{x}\right]\times\left[\underline{y},\overline{y}\right]$ 上的界有很多种方法，某些方法只需要用到函数值，某些方法还需要用到导函数，又有某些方法是基于基转换或把多项式 $f(x,y)$ 改写成另外一种特别的形式。

本节所考虑的方法有幂基上的区间算术、Bernstein 基上的区间算术、Horner

形式上的区间算术、中心形式的区间算术、矩阵形式的仿射算术、Bernstein 系数方法、Taubin 的方法、Rivlin 的方法、Gopalsamy 的方法以及它们各自加上导数信息后的方法。

4.1.1　幂基上的区间算术

设 $f(x,y)=\sum_{i=0}^{n}\sum_{j=0}^{m}a_{ij}x^iy^j$，$(x,y)\in\Omega=[\underline{x},\overline{x}]\times[\underline{y},\overline{y}]$是一个幂基形式的双变量多项式。我们可以把它写成矩阵的形式 $f(x,y)=\boldsymbol{XAY}$，这里 $\boldsymbol{X}=(1,x,\cdots,x^n)$，$\boldsymbol{Y}=(1,y,\cdots,y^n)^{\mathrm{T}}$，$\boldsymbol{A}_{ij}=a_{ij}$。

例 4.1.1　$f(x,y)=\frac{15}{4}+8x-16x^2+8y-112xy+128x^2y-16y^2+128xy^2-128x^2y^2$，$(x,y)\in[0,1]\times[0,1]$(该例子来源于(Comba and Stolfi,1993)，但这里经过了一个仿射坐标变换)。$f(x,y)$可以写成矩阵形式 $f(x,y)=P(x,y)=\boldsymbol{XAY}$，这里 $\boldsymbol{X}=(1,x,x^2)$，$\boldsymbol{Y}=(1,y,y^2)^{\mathrm{T}}$，$\boldsymbol{A}=\begin{bmatrix}\frac{15}{4} & 8 & -16\\ 8 & -112 & 128\\ -16 & 128 & -128\end{bmatrix}$。为了估计 $f(x,y)$在$[\underline{x},\overline{x}]\times[\underline{y},\overline{y}]$上的取值范围，首先用区间算术计算 $\boldsymbol{X}$ 和 $\boldsymbol{Y}$，然后通过矩阵乘积得到最后结果。

4.1.2　Bernstein 基上的区间算术

Bernstein 多项式被广泛应用于产生 Bézier、B 样条和 NURBS 曲线曲面(Farin, 1993)。Bernstein 基 $B_j^i(u)=\begin{pmatrix}i\\ j\end{pmatrix}u^j(1-u)^{i-j}$，$j=0,1,\cdots,i$ 已经被证明在数值计算上比幂基更稳定，更适合用来求多项式的根(Farouki and Rajan, 1987, 1988)。

Berchtold 等对多变量 Bernstein 基形式多项式上的区间算术进行了深入的探讨(Berchtold, 2000; Berchtold and Bowyer, 2000; Berchtold et al., 1998; Bowyer et al., 2000; Voiculescu et al., 2000)。

对于多变量多项式幂基和 Bernstein 基之间的转换在(Berchtold, 2000; Berchtold and Bowyer, 2000)中有充分的讨论。我们只在这里给出一个例子。例如，例 4.1.1 中幂基形式的多项式的 Bernstein 基形式为

$$f(x,y)=b(x,y)=\left(\frac{15}{4}(1-x)^2+\frac{31}{2}(1-x)x-\frac{17}{4}x^2\right)(1-y)^2$$
$$+2\left(\frac{31}{4}(1-x)^2-\frac{65}{2}(1-x)x+\frac{31}{4}x^2\right)(1-y)y$$
$$+\left(-\frac{17}{4}(1-x)^2+\frac{31}{2}(1-x)x+\frac{15}{4}x^2\right)y^2$$

其中，$(x,y)\in[0,1]\times[0,1]$。

就像从这个例子可以看到的那样，多变量多项式的 Bernstein 基形式通常比幂基形式要复杂，它包含很多重复的关于 x 与 $(1-x)$ 和 y 与 $(1-y)$ 的子项。注意到很多重复的表达式对区间算术而言会导致过度保守的问题，这使得人们会怀疑对 Bernstein 基形式用区间算术的优越性。然而事实说明对 Bernstein 基形式用区间算术不但效果很好而且效果比幂基形式要更好。

转换成 Bernstein 基形式时有两种方法可以考虑。第一种方法为只在开始的时候转换一次，以后不用再重新转换。第二种方法为每次细分后对应于新的区域重新进行转换以希望得到更好的结果。然而经过分析我们发现第二种方法根本是行不通的，这是由于如果每次都转换成 Bernstein 基形式，用区间算术估值得到的区间始终包含 0，这会导致在细分过程中没有一个区域能够被排除，从而使得绘制工作失败。如就单变量情形，假设转换成 Bernstein 基形式后新的坐标变量为 x，它的变化范围为 $[0,1]$，用区间算术来估值的话令 $x=[0,1]$，那么 $1-x$ 同样是 $[0,1]$，进一步 $x^i(1-x)^j=[0,1]$，从而 $a_{ij}x^i(1-x)^j$ 包含 0，最终结果也就是这些项之和仍然包含 0。基于这个原因我们只考虑第一种转换方法即只在一开始转换一次。

4.1.3 Horner 形式上的区间算术

多项式的 Horner 形式的特征是它包含一系列嵌套的括号用来代替幂次，多项式的高次幂的计算可以通过由内到外的一层一层的括号的运算得到。例如，单变量情形多项式函数 x^3+2x^2+3x+4 的 Horner 形式为 $x(x(x+2)+3)+4$。在双变量情形，有好几个版本的 Horner 形式：如我们可以先括 x 再括 y；或者先括 y 再括 x；再或者也可以 x,y 交错地括等。

例 4.1.1 的 Horner 形式的两个例子为

$$f(x,y)=h_x(x,y)=\frac{15}{4}+(8-16y)y+\left(8+(-112+128y)y+\left(-16+(128-128y)y\right)x\right)x$$
$$=h_y(x,y)=\frac{15}{4}+(8-16x)x+\left(8+(-112+128x)x+\left(-16+(128-128x)x\right)y\right)y$$

这里我们只考虑先括 x 再括 y 和先括 y 再括 x 这两种 Horner 形式。通常这两种 Horner 形式的图形结果是不一样的。

4.1.4　中心形式的区间算术

多项式的中心形式最早出现于 Moore(1966)的著作里，并被 Ratschek 和 Rokne (1988)证明是一种估计多项式函数值取值范围的有效工具。

一个定义在区域 $\left[\underline{x},\overline{x}\right]\times\left[\underline{y},\overline{y}\right]$ 上的二元多项式函数 $f(x,y)$ 的中心形式可以通过变量代换 $x=\tilde{x}+\left(\underline{x}+\overline{x}\right)/2$，$y=\tilde{y}+\left(\underline{y}+\overline{y}\right)/2$ 把坐标原点平移到该区域 $\left[\underline{x},\overline{x}\right]\times\left[\underline{y},\overline{y}\right]$ 的中心而得到，这里 $\tilde{x}$ 和 $\tilde{y}$ 是新的坐标变量。

不像幂基形式、Bernstein 形式或 Horner 形式上的区间算术，当使用中心形式的区间算术时，当每次细分后所考虑的区域改变成更小的子区域时，中心形式都必须根据新的子区域进行及时更新。这虽然需要一些额外的工作量，但为了使得估计更精确，这完全值得。事实上就像 4.2 节中显示的那样，这个方法有很好的效果。

4.1.5　矩阵形式的仿射算术

有关矩阵形式的仿射算术的内容已经在本书 2.1 节中详细论述，请参看 2.1 节。

4.1.6　Bernstein 系数方法

另外一种估计多项式函数在某一区间上取值范围的方法是利用 Bernstein 凸包性质(Farin, 1993)，如果多项式是用 Bernstein 基表示，那么多项式在区间 $[0,1]\times[0,1]$ 上的取值范围由 Bernstein 系数的最大值和最小值所决定。

为了利用这个特性去估计 $f(x,y)$ 在 $\left[\underline{x},\overline{x}\right]\times\left[\underline{y},\overline{y}\right]$ 上的取值范围，我们必须首先把区域 $\left[\underline{x},\overline{x}\right]\times\left[\underline{y},\overline{y}\right]$ 变换成 $[0,1]\times[0,1]$。这可以通过变量代换 $x=\underline{x}+\left(\overline{x}-\underline{x}\right)\tilde{x}$，$y=\underline{y}+\left(\overline{y}-\underline{y}\right)\tilde{y}$，达到这个目的，这里 $\tilde{x}$ 和 $\tilde{y}$ 是新的自变量。

此时 $f(x,y)=\tilde{\boldsymbol{X}}(\boldsymbol{EAR})\tilde{\boldsymbol{Y}}^{\mathrm{T}}$，这里，$\tilde{\boldsymbol{X}}=\left(1,\tilde{x},\cdots,\tilde{x}^n\right)$，$\tilde{\boldsymbol{Y}}=\left(1,\tilde{y},\cdots,\tilde{y}^n\right)$。

$$\boldsymbol{E}_{ij}=\begin{cases}\dbinom{j}{i}\underline{x}^{j-i}\left(\overline{x}-\underline{x}\right)^i, & i\leqslant j\\ 0, & i>j\end{cases},\quad i=0,1,\cdots,n;\qquad j=0,1,\cdots,n$$

$$\boldsymbol{R}_{ij}=\begin{cases}\dbinom{j}{i}\underline{y}^{j-i}\left(\overline{y}-\underline{y}\right)^i, & i\leqslant j\\ 0, & i>j\end{cases},\quad i=0,1,\cdots,m;\qquad j=0,1,\cdots,m$$

设$\boldsymbol{G}=\boldsymbol{EAR}^{\mathrm{T}}$。那么$\tilde{f}(\tilde{x},\tilde{y})=\tilde{\boldsymbol{X}}\boldsymbol{G}\tilde{\boldsymbol{Y}}^{\mathrm{T}}$，$(\tilde{x},\tilde{y})\in[0,1]\times[0,1]$，完成了区域转换。

接下来我们需要把上述幂基形式的多项式转换成 Bernstein 基形式。

设$\tilde{\boldsymbol{B}}^n(\tilde{\boldsymbol{X}})=(B_0^n(\tilde{x}),B_1^n(\tilde{x}),\cdots,B_n^n(\tilde{x}))$，　$\tilde{\boldsymbol{B}}^m(\tilde{\boldsymbol{Y}})=(B_0^m(\tilde{y}),B_1^m(\tilde{y}),\cdots,B_m^m(\tilde{y}))$，这里$B_j^i(u)=\binom{i}{j}u^j(1-u)^{i-j}$是 Bernstein 基函数。那么

$\tilde{\boldsymbol{B}}^n(\tilde{\boldsymbol{X}})=\tilde{\boldsymbol{X}}\boldsymbol{H}$，　$\tilde{\boldsymbol{B}}^m(\tilde{\boldsymbol{Y}})=\tilde{\boldsymbol{Y}}\boldsymbol{P}$，这里

$$\boldsymbol{H}_{ij}=\begin{cases}0, & i<j\\ (-1)^{i-j}\binom{n}{j}\binom{n-j}{i-j}, & i\geqslant j\end{cases},\qquad i=0,1,\cdots,n;\qquad j=0,1,\cdots,n$$

$$\boldsymbol{P}_{ij}=\begin{cases}0, & i<j\\ (-1)^{i-j}\binom{m}{j}\binom{m-j}{i-j}, & i\geqslant j\end{cases},\qquad i=0,1,\cdots,m;\qquad j=0,1,\cdots,m$$

那么

$$\tilde{f}(\tilde{x},\tilde{y})=\tilde{\boldsymbol{B}}^n(\tilde{\boldsymbol{X}})\boldsymbol{H}^{-1}\boldsymbol{G}(\boldsymbol{P}^{\mathrm{T}})^{-1}\tilde{\boldsymbol{B}}^m(\tilde{\boldsymbol{Y}})^{\mathrm{T}}$$

如果设$\boldsymbol{Q}=\boldsymbol{H}^{-1}\boldsymbol{G}(\boldsymbol{P}^{\mathrm{T}})^{-1}$，我们得到$\tilde{f}(\tilde{x},\tilde{y})=\tilde{\boldsymbol{B}}^n(\tilde{\boldsymbol{X}})\boldsymbol{Q}\tilde{\boldsymbol{B}}^m(\tilde{\boldsymbol{Y}})^{\mathrm{T}}$，$(\tilde{x},\tilde{y})\in[0,1]\times[0,1]$。这样就完成了从幂基到 Bernstein 基的转换。

令$\underline{F}=\min\limits_{i,j}\{\boldsymbol{Q}_{ij}\}$，$\overline{F}=\max\limits_{i,j}\{\boldsymbol{Q}_{ij}\}$，$i\in\{0,1,\cdots,n\}$，$j\in\{0,1,\cdots,m\}$。

由 Bernstein 凸包性质(Farin, 1993)我们得到$\underline{F}\leqslant\tilde{f}(\tilde{x},\tilde{y})\leqslant\overline{F}$，$(\tilde{x},\tilde{y})\in[0,1]\times[0,1]$，这样$\underline{F}\leqslant f(x,y)\leqslant\overline{F}$，$(x,y)\in[\underline{x},\overline{x}]\times[\underline{y},\overline{y}]$，给出了我们想要的$f(x,y)$在区域$[\underline{x},\overline{x}]\times[\underline{y},\overline{y}]$上的界。

为了使得$\tilde{f}(\tilde{x},\tilde{y})$在$[0,1]\times[0,1]$上的界更精确，我们可以考虑对 Bernstein 多项式$\tilde{f}(\tilde{x},\tilde{y})$进行升阶，即从$(n,m)$次升到$(n+1,m+1)$次。同一多项式如果用更高次的 Bernstein 多项式来表示将会得到更紧的 Bernstein 凸包，但这会导致额外的计算负担，这不但是因为转换过程带来了额外的计算花费而且往往是由于高次 Bernstein 多项式具有更多的项数的缘故。因为

$$\tilde{\boldsymbol{B}}^n(\tilde{\boldsymbol{X}})=\tilde{\boldsymbol{B}}^{n+1}(\tilde{\boldsymbol{X}})\boldsymbol{W},\quad \tilde{\boldsymbol{B}}^m(\tilde{\boldsymbol{Y}})=\tilde{\boldsymbol{B}}^{m+1}(\tilde{\boldsymbol{Y}})\boldsymbol{V}$$

这里

$$\boldsymbol{W}_{ij}=\begin{cases}\dfrac{n-i+1}{n+1}, & i=j\\ \dfrac{i}{n+1}, & i=j+1,\quad i=0,1,\cdots,n+1;\quad j=0,1,\cdots,n\\ 0, & \text{其他}\end{cases}$$

$$\boldsymbol{V}_{ij}=\begin{cases}\dfrac{m-i+1}{m+1}, & i=j\\ \dfrac{i}{m+1}, & i=j+1,\quad i=0,1,\cdots,m+1;\quad j=0,1,\cdots,m\\ 0, & \text{其他}\end{cases}$$

那么 $\tilde{f}(\tilde{x},\tilde{y})=\tilde{\boldsymbol{B}}^{n+1}(\tilde{\boldsymbol{X}})\boldsymbol{WQV}^{\mathrm{T}}\tilde{\boldsymbol{B}}^{m+1}(\tilde{\boldsymbol{Y}})^{\mathrm{T}}$，如果设 $\boldsymbol{S}=\boldsymbol{WQV}^{\mathrm{T}}$，我们得到 $\tilde{f}(\tilde{x},\tilde{y})=\tilde{\boldsymbol{B}}^{n+1}(\tilde{\boldsymbol{X}})\boldsymbol{S}\tilde{\boldsymbol{B}}^{m+1}(\tilde{\boldsymbol{Y}})^{\mathrm{T}}$，$(\tilde{x},\tilde{y})\in[0,1]\times[0,1]$，而且 $\underline{F}=\min\limits_{i,j}\{\boldsymbol{S}_{ij}\}$，$\overline{F}=\max\limits_{i,j}\{\boldsymbol{S}_{ij}\}$，$i\in\{0,1,\cdots,n+1\}$，$j\in\{0,1,\cdots,m+1\}$。

这个升阶过程可以重复多次。表 4.1.1 给出了升阶 5 次对在 $[0,1]\times[0,1]$ 上绘制代数曲线 $\frac{15}{4}+8x-16x^2+8y-112xy+128x^2y-16y^2+128xy^2-128x^2y^2=0$ 的影响情况。

表 4.1.1　Bernstein 多项式升阶对绘制代数曲线的影响

升阶次数	绘制像素	细分次数	加法次数	乘法次数
1	522	535	508720	265660
2	522	535	680164	402700
3	522	535	911618	616820
4	522	535	1211654	925148
5	522	535	1588844	1344812

我们从表 4.1.1 中可以看到，升阶并没有进一步改善代数曲线绘制的质量，只是增加了运算次数。这很可能是由于没有升阶前的 Bernstein 系数法已经达到了最好的图形效果，从而升阶并不能够进一步提高图形的质量。在其他代数曲线的绘制上我们观察到同样的现象，从而我们得出结论就是升阶并不值得，在以后我们将不再考虑升阶。

4.1.7 Taubin 的方法

虽然 Taubin 没有在他的论文(Taubin, 1994b)里明确地说明，Taubin 的方法实际上也可以看成一种有关估计多项式函数值的区间方法。事实上 Taubin 在他的论文(Taubin, 1994b)里证明了多项式函数：

$$f(x,y)=\sum_{i=0}^{n}\sum_{j=0}^{m}a_{ij}x^iy^j$$

在区域$[-\delta,\delta]\times[-\delta,\delta]$上的界是

$$\underline{F}=a_{00}-\sum_{h=1}^{n+m}F_h\delta^h\ ,\ \ \overline{F}=a_{00}+\sum_{h=1}^{n+m}F_h\delta^h$$

其中，$F_h=\sum_{i+j=h}\left|a_{ij}\right|$。

由于以上公式只在区域$[-\delta,\delta]\times[-\delta,\delta]$上有效，所以为了在一般的区域$[\underline{x},\overline{x}]\times[\underline{y},\overline{y}]$上应用该方法，就像在中心形式的区间算术方法(见 4.1.4 节)中那样，我们必须首先通过变量代换把坐标原点移到区域$[\underline{x},\overline{x}]\times[\underline{y},\overline{y}]$的中心，并且令$\delta=\max\left\{(\overline{x}-\underline{x})/2,(\overline{y}-\underline{y})/2\right\}$。

4.1.8 Rivlin 的方法

Rivlin(1970)提出了一种通过计算单变量多项式函数在区间$[0,1]$上几个点处的函数值来估计单变量多项式在区间$[0,1]$上界的方法。Garloff(1985)把该方法推广到了双变量情形。

给定一个整数k，定义$\boldsymbol{K}=\{(i,j),i=0,1,\cdots,k;j=0,1,\cdots,k\}$。多项式函数$f(x,y)$在单位正方形区域$[0,1]\times[0,1]$上的界$[\underline{F},\overline{F}]$可以通过计算函数在正方形区域$[0,1]\times[0,1]$上的均匀分割网格点$\left(\frac{i}{k},\frac{j}{k}\right)$，$(i,j)\in\boldsymbol{K}$处的函数值得到。Garloff (1985)证明了：

$$\underline{F}=\min_{(i,j)\in\boldsymbol{K}}f\left(\frac{i}{k},\frac{j}{k}\right)-\alpha_k\ ,\ \ \overline{F}=\max_{(i,j)\in\boldsymbol{K}}f\left(\frac{i}{k},\frac{j}{k}\right)+\alpha_k$$

其中，$\alpha_k=\frac{1}{8k^2}\sum_{i=0}^{n}\sum_{j=0}^{m}(i+j)(i+j-1)\left|a_{ij}\right|$。

由于以上公式只在区域$[0,1]\times[0,1]$上有效，为了在一般的区域$[\underline{x},\overline{x}]\times[\underline{y},\overline{y}]$上应用以上方法，我们必须首先像在 Bernstein 系数方法(见 4.1.6 节)中那样通过变量代换把区域$[\underline{x},\overline{x}]\times[\underline{y},\overline{y}]$转换为$[0,1]\times[0,1]$。

k 可以取的最小数值为 1。为了提高估计的精度我们可以取更大的 k，但这会导致计算量的增加。表 4.1.2 给出了 k 分别取值 1, 2, 3, 4, 5 时对在 $[0,1]\times[0,1]$ 上绘制代数曲线 $\frac{15}{4}+8x-16x^2+8y-112xy+128x^2y-16y^2+128xy^2-128x^2y^2=0$ 的影响情况。

表 4.1.2　不同 k 的取值对绘制代数曲线的影响

k 的值	绘制像素	细分次数	加法次数	乘法次数
1	534	585	669849	427489
2	526	541	796379	545808
3	522	539	1038289	753681
4	522	535	1342021	1016180
5	522	535	1721557	1343661

我们从表 4.1.2 中可以看到，增加 k 的值只是细微地改善了代数曲线绘制的质量，但运算次数却增加很快。在其他代数曲线的绘制上我们也观察到同样的现象，从而我们在用 Rivlin 的方法时始终取 k 的值为 1。

4.1.9　Gopalsamy 的方法

Gopalsamy(1991)提出了一种通过对多项式函数取样来估计 n 次双变量多项式函数在区域 $[0,1]\times[0,1]$ 上界的方法。最优取样位置只取决于多项式的次数而与具体多项式无关，它们可以通过数值计算的方法预先对各种不同次的多项式一劳永逸地加以计算好，Gopalsamy 在文章中只给出次数 $2\leqslant n\leqslant 9$ 时的情形。

Gopalsamy 的关于 n 次双变量多项式函数在区域 $[0,1]\times[0,1]$ 上的界是按如下公式计算的：

$$\underline{F}=T-U_g,\ \overline{F}=T+U_g$$

其中，$T=\frac{1}{(n+1)^2}\sum_{i=0}^{n}\sum_{j=0}^{n}f\left(u_i,v_j\right)$，而且 $U_g=\left[\sum_{i=0}^{n}\sum_{j=0}^{n}g^2\left(u_i,v_j\right)\right]^{1/2}$，这里 $g\left(u_i,v_j\right)=f\left(u_i,v_j\right)-T$。这里 u_i 和 v_i，$0\leqslant i\leqslant n$，是取样用的最优参数值，它们对多项式次数 $2\leqslant n\leqslant 9$ 而言已经预先被计算好了。

与以前的一些方法不同的是，直接应用 Gopalsamy 的方法除了用到四则基本运算还需要用到开根号运算。当然开根号运算可以用如下方法加以避免：首先计算 T^2 和 U^2 使得 $\underline{f}=T-U$ 和 $\overline{f}=T+U$，从而检测 $\underline{f}\,\overline{f}\leqslant 0$ 可以用检测等价的不等式 $T^2\leqslant U^2$ 来代替，这样就可以避免用到开根号运算。但是我们在 Gopalsamy 方法的导数版本里无法避免用到开根号运算，基于这个原因我们在这里没有采用这个改进。事实上 Gopalsamy 方法里所包含的开根号运算次数与四则基本运算次数相比是很少的，可以忽略不计。

4.1.10 导数版本

使用双变量多项式函数 $f(x,y)$ 的导数信息可以使得估计 $f(x,y)$ 在区域 $[\underline{x},\overline{x}]\times[\underline{y},\overline{y}]$ 上的界变得更精确。

基本思想是在用某种以上提到的范围分析方法(如区间算术或仿射算术)估计 $f(x,y)$ 在区域 $[\underline{x},\overline{x}]\times[\underline{y},\overline{y}]$ 上的界之前，我们首先用同样的范围分析方法估计 $f(x,y)$ 的两个导函数 $\frac{\partial f}{\partial x}$ 和 $\frac{\partial f}{\partial y}$ 在区域 $[\underline{x},\overline{x}]\times[\underline{y},\overline{y}]$ 上的界。如果得到的两个导函数的界都不包含 0，那么函数 $f(x,y)$ 在区域 $[\underline{x},\overline{x}]\times[\underline{y},\overline{y}]$ 上分别关于 x 和 y 是单调增加或者单调减少的，从而此时函数 $f(x,y)$ 在区域 $[\underline{x},\overline{x}]\times[\underline{y},\overline{y}]$ 上的界(注意此时的界是精确的界)可以得到以下几种情况。

(1) 如果 $\frac{\partial f}{\partial x}>0$ 而且 $\frac{\partial f}{\partial y}>0$，那么 $\underline{F}=f(\underline{x},\underline{y})$，$\overline{F}=f(\overline{x},\overline{y})$。

(2) 如果 $\frac{\partial f}{\partial x}>0$ 而且 $\frac{\partial f}{\partial y}<0$，那么 $\underline{F}=f(\underline{x},\overline{y})$，$\overline{F}=f(\overline{x},\underline{y})$。

(3) 如果 $\frac{\partial f}{\partial x}<0$ 而且 $\frac{\partial f}{\partial y}>0$，那么 $\underline{F}=f(\overline{x},\underline{y})$，$\overline{F}=f(\underline{x},\overline{y})$。

(4) 如果 $\frac{\partial f}{\partial x}<0$ 而且 $\frac{\partial f}{\partial y}<0$，那么 $\underline{F}=f(\overline{x},\overline{y})$，$\overline{F}=f(\underline{x},\underline{y})$。

同样的思想方法可以被递归地使用，为了得到一阶导函数 $\frac{\partial f}{\partial x}$ 在区域 $[\underline{x},\overline{x}]\times[\underline{y},\overline{y}]$ 上的界，我们可以进一步利用 $\frac{\partial f}{\partial x}$ 的两个导函数 $\frac{\partial^2 f}{\partial x^2}$ 和 $\frac{\partial^2 f}{\partial x\partial y}$ 在区域 $[\underline{x},\overline{x}]\times[\underline{y},\overline{y}]$ 上的界，这个过程可以一直进行下去，直到导函数变成一个常数时停止。

递归导数方法在估计 $f(x,y)$ 在区域 $[\underline{x},\overline{x}]\times[\underline{y},\overline{y}]$ 上界时不只用到了 $f(x,y)$ 的一阶导数信息，事实上用到了 $f(x,y)$ 的所有高阶导数信息，从而可以想象递归导数方法比只用一阶导数信息方法要精确。由于递归导数方法需要计算高阶导数，人们可能会以为递归导数方法比只用一阶导数信息方法需要更多的运算次数，然而事实上我们的实验结果显示递归导数方法不但比只用一阶导数信息方法更精确，而且在大多数情况下总运算次数也比只用一阶导数信息方法要少。这是因为利用所有高阶导数信息所带来的更精确的界，所以很多区域很早就可以被排除而不需要进行进一步的细分，从而会在总体上减少运算次数。当然递归导数方法也有一个缺点，那就是它需要用到堆栈运算，这会增加运行时间。

4.2　各种区间方法的比较

4.1 节描述了估计多项式函数 $f(x,y)$ 在区域 $[\underline{x},\overline{x}]\times[\underline{y},\overline{y}]$ 上界的各种区间方法。本节我们将通过基于场细分的代数曲线绘制算法绘制一系列代数曲线的实例来考察 4.1 节提到的各种区间方法，目的是希望能找到一种精度和效率表现最好的方法。

首先我们将描述一下用来比较各种区间方法的精度和效率的代数曲线实例。这些实例都用来在分辨率为 256 像素×256 像素的网格上用基于场细分的代数曲线绘制算法绘制代数曲线。我们用 Mathematica 4.1 软件作为绘制工具。

例 4.2.1～例 4.2.10 分别与 2.2 节中的十个代数曲线例子相同。例 4.2.1 用各种不同的区间方法所绘制的图形如图 4.2.1～图 4.2.16 所示。注意到用中心形式的区间算术、矩阵形式的仿射算术、Bernstein 系数方法、Taubin 的方法和 Rivlin 方法这些比较好的方法(以及它们的导数版本)所得到的图形差别很小，基本上是一样的，为了节省篇幅我们只用一幅图来作为代表(图 4.2.13)。

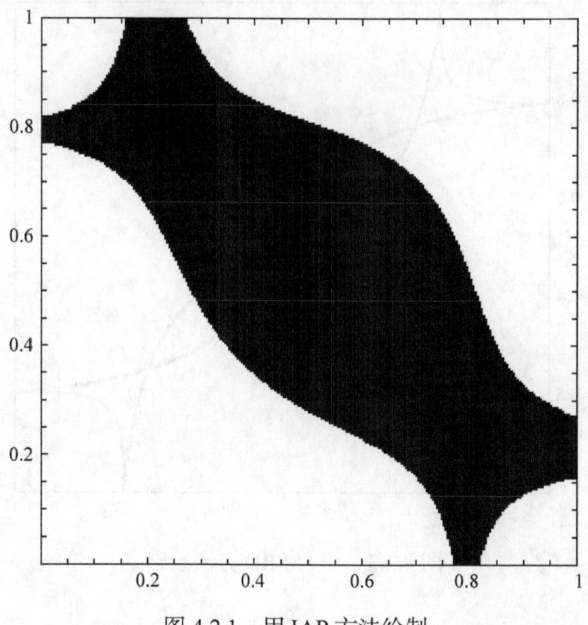

图 4.2.1　用 IAP 方法绘制

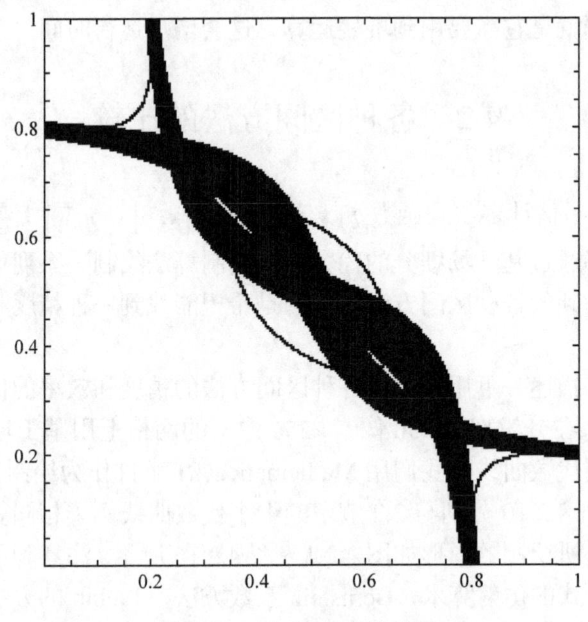

图 4.2.2　用 IAPD 方法绘制

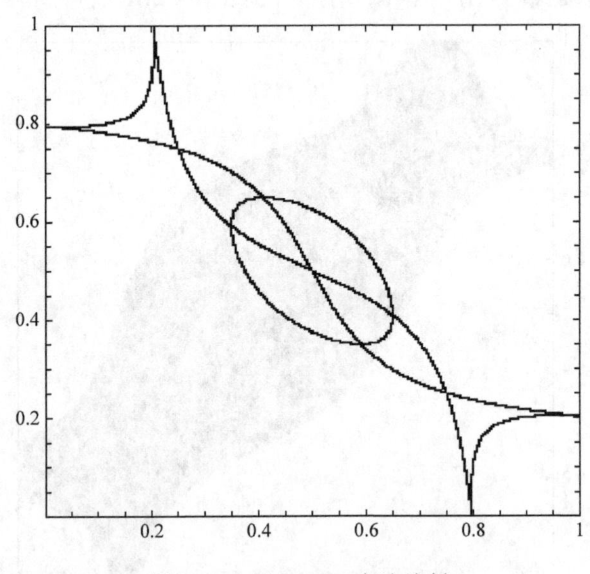

图 4.2.3　用 IAPRD 方法绘制

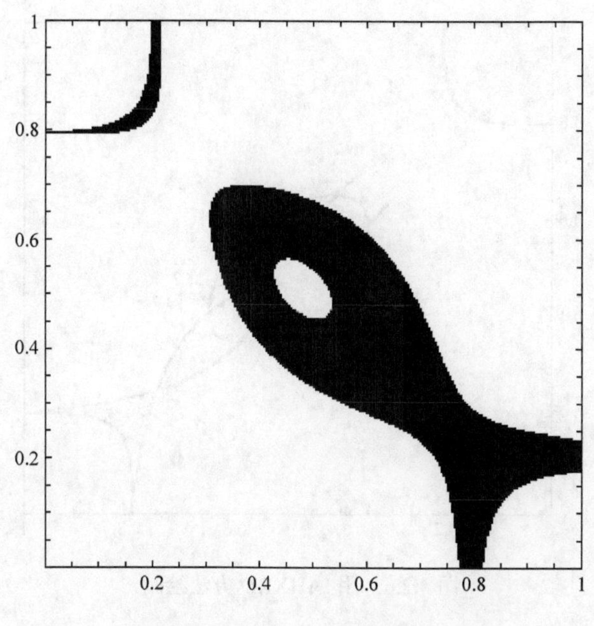

图 4.2.4　用 IAHX 方法绘制

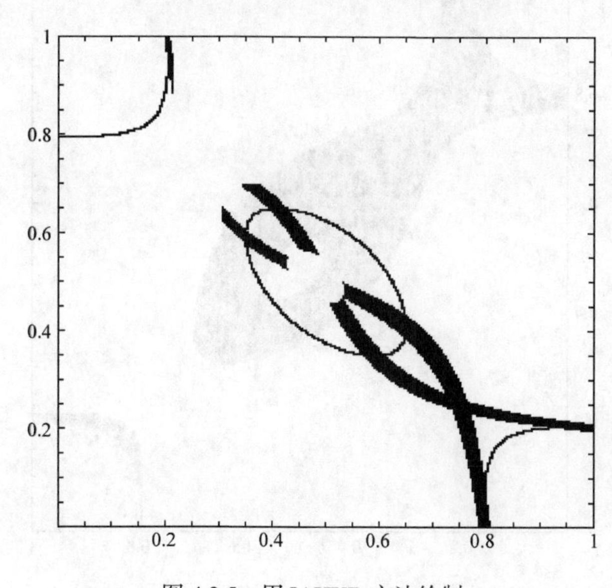

图 4.2.5　用 IAHXD 方法绘制

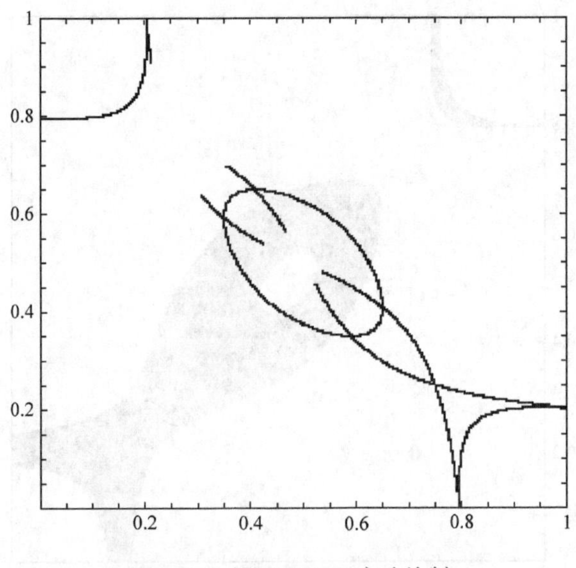

图 4.2.6　用 IAHXRD 方法绘制

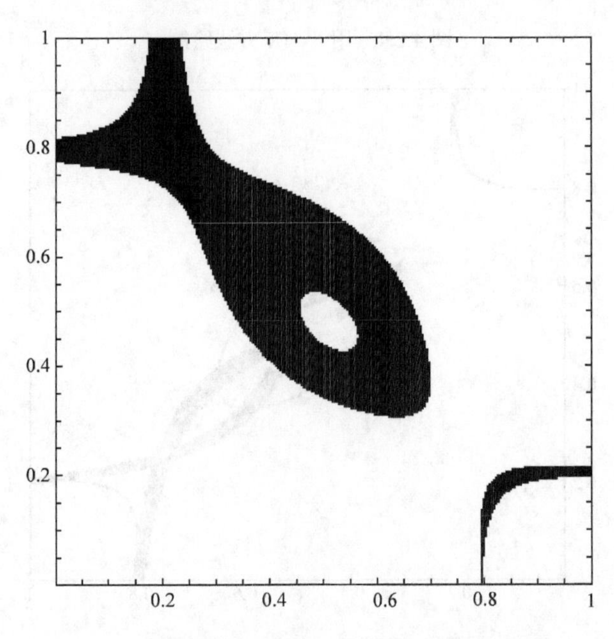

图 4.2.7　用 IAHY 方法绘制

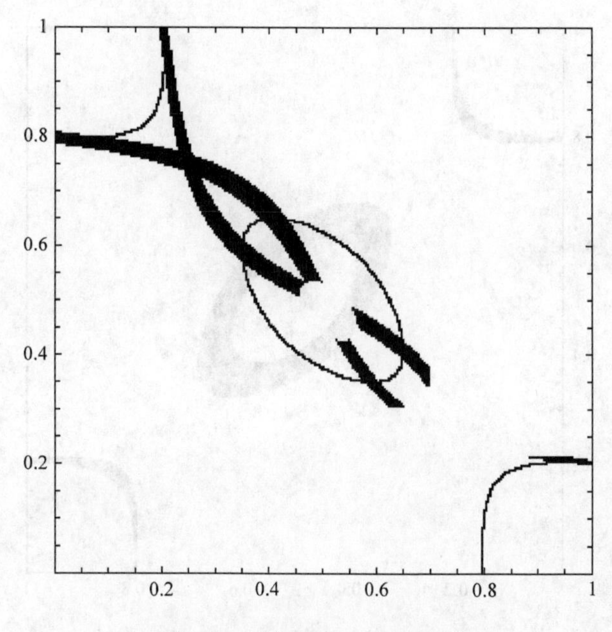

图 4.2.8　用 IAHYD 方法绘制

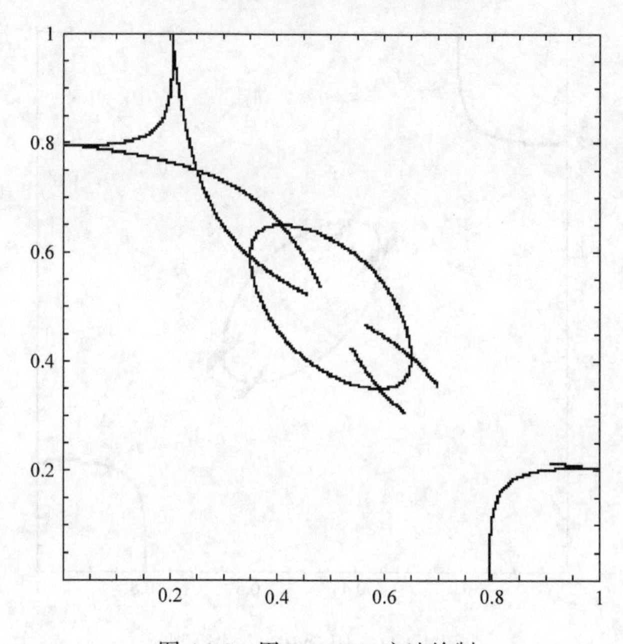

图 4.2.9　用 IAHYRD 方法绘制

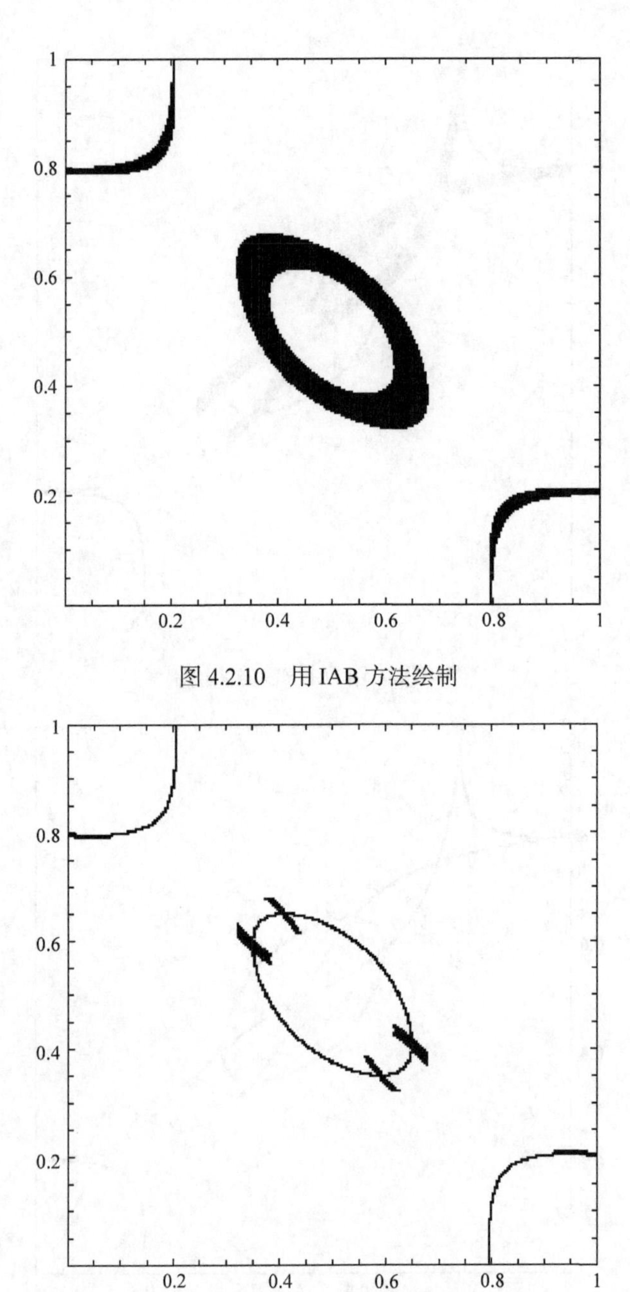

图 4.2.10　用 IAB 方法绘制

图 4.2.11　用 IABD 方法绘制

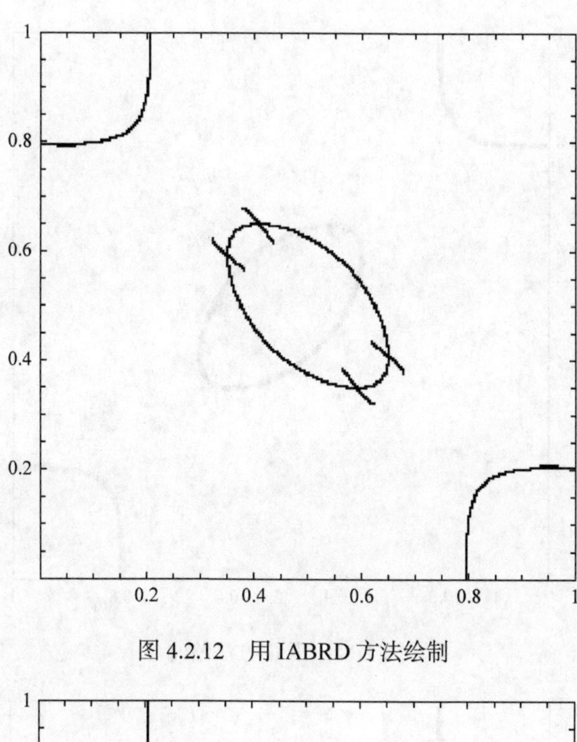

图 4.2.12　用 IABRD 方法绘制

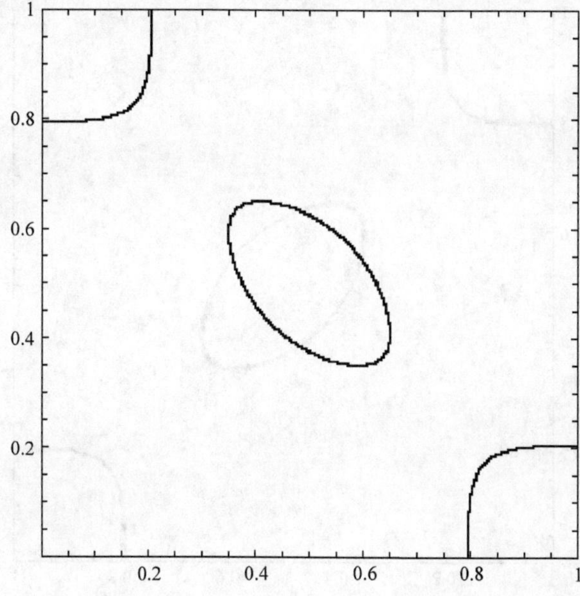

图 4.2.13　所有“好方法”生成图形的代表

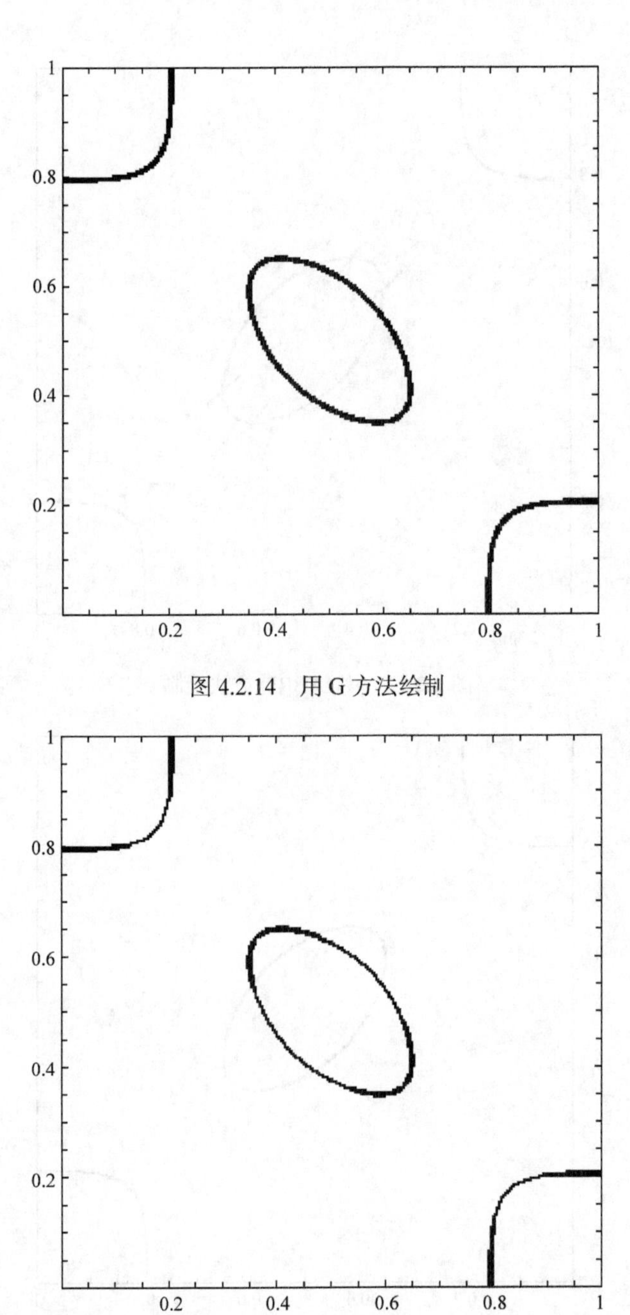

图 4.2.14　用 G 方法绘制

图 4.2.15　用 GD 方法绘制

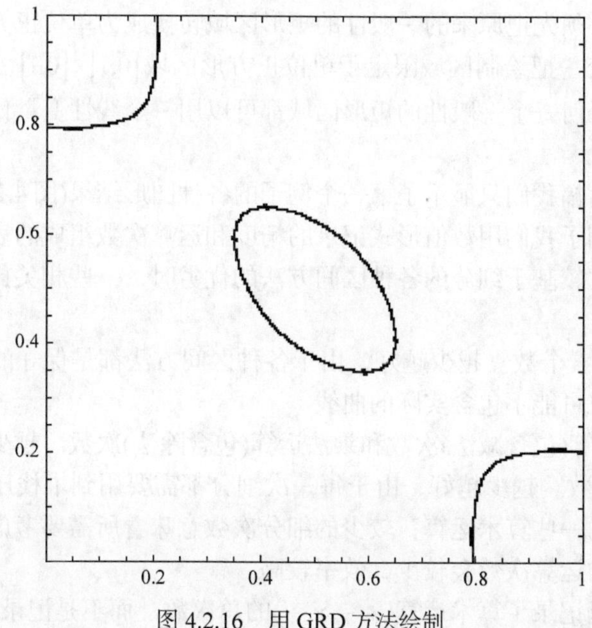

图 4.2.16　用 GRD 方法绘制

人们对其中某些图的第一印象可能会感到奇怪，因为有些图形不只是胖曲线而已，还有一些胖线段穿过实际的曲线，特别是如图 4.2.12 中的那些孤立的短线段。对这些现象我们可以这样来理解：我们所看到的图形实际上可以看成两幅图形的交集，一幅是只用某种区间方法本身生成的图形，另一幅是只用导数信息生成的图形，这两幅图形本身都是连续的，但它们的交集就未必是连续的了。那些穿过实际曲线的线段实际上是由一些使得 $f(x,y)$ 的两个一阶偏导数 $\frac{\partial f}{\partial x}$ 和 $\frac{\partial f}{\partial y}$ 中的某一个等于零的点组成的。

这些例子之所以被选取是因为它们代表了各种不同的多项式次数，它们所表示的代数曲线包含了各个开或闭的不同部分，并且包含了尖点、自相交点和相切点等特殊情况。显然从一些数目有限的几个例子并不能推出一般性成立的结论，但我们的目的是用这些例子遍历各种不同的曲线形态，并且包含那些众所周知的在用其他各种隐式曲线绘制方法如连续跟踪方法(正负法、TN 法)绘制时容易出问题的病态情形。这至少给我们一些希望，那就是我们从这些例子得到的结论并不只是局限于某一个特别的情形。

虽然我们的程序可以处理各种不同的一般性矩形区域并不只是局限于只能处理单位正方形区域，但是为了比较的目的我们需要一个对各种方法都是相同的绘制区域。由于许多方法如 Bernstein 基上的区间算术方法、Bernstein 系数方法、Rivlin 的方法和 Gopalsamy 的方法只是定义在单位正方形区域上的，当这些方法被使用时我们必须先把原来的一般性的矩形区域转换成为单位正方形区域。基于以上理由我们统一把绘制区域限定于单位正方形区域$[0,1]\times[0,1]$。这并没有失去一般性，因为任何一个一般性的矩形区域都可以用一个线性变量代换映射到单位正方形区域。

为了节省篇幅我们只显示了第一个例子的各种图形结果(图 4.2.1～图 4.2.16)，对于其他各个例子我们用数值形式记录的精度和运算次数组成的表格形式给出。当用这些例子比较基于细分的各种区间方法的优劣时，一些相关比较重要的量被记录下来。

(1) 绘制像素个数。越少越好，由于各种区间方法都是保守的，从而绘制的像素可能包含也可能不包含实际的曲线。

(2) 加法运算(包含减法)次数和乘法运算(包含除法)次数。越少越好。

(3) 细分次数。越少越好，由于每一次细分都需要用到堆栈压入和弹出操作以及随之而来的一些算术运算，较少的细分次数意味着所需要考虑的矩形总数较少，从而相应的运算次数会较少，效率较高。

我们在这里记录了算术运算$(+,-,\times,\div)$的总次数，而不是记录 CPU 的运行时间，这是由于我们认为算术运算次数独立于处理器，相对于 CPU 的运行时间而言显得更为客观一点。为完整起见在 Gopalsamy 的方法以及它的导数版本中包含的平方根运算次数也被记录了下来。但是我们可以发现这些平方根运算次数相对于算术运算次数而言是很少的，可以忽略不计。

注意到有些方法如 Bernstein 系数方法、矩阵形式的仿射算术方法等使用了矩阵的乘法运算和求逆运算，而且涉及的矩阵有很多是三角矩阵，即矩阵中有几乎一半的元素是零，在这种情况下，我们用“缩短了的矩阵乘法”来作矩阵之间的乘法运算以避免作加零的累赘运算，目的是减少运算次数。同样道理，在计算三角矩阵的逆矩阵时，算术运算次数也可以被削减。在计算矩阵的逆矩阵时选择不同的算法会导致不同的运算次数，在这里我们假设是用 Gauss 消元法求矩阵的逆矩阵。而矩阵的转置不需要任何算术运算。

表 4.2.1～表 4.2.10 分别记录了对应于例 4.2.1～例 4.2.10 用各种 4.1 节所描述的区间方法进行基于场细分的代数曲线绘制算法绘制代数曲线时所包含的算术运算次数。

表 4.2.1　例 4.2.1 中各种方法的详细比较

方法	绘制像素	细分次数	加法次数	乘法次数	开方次数
IAP	25567	15332	4916592	6010240	
IAPD	8891	8652	4354562	5406276	
IAPRD	1282	1662	1439351	924556	

续表

方法	绘制像素	细分次数	加法次数	乘法次数	开方次数
IAHX	10733	6852	1372266	1315630	
IAHXD	3112	3225	1149422	1099988	
IAHXRD	1011	1187	955775	453688	
IAHY	10733	6852	1372266	1315630	
IAHYD	3112	3225	1148630	1099988	
IAHYRD	1011	1187	955633	453688	
IAB	3946	3467	1742472	1969396	
IABD	888	1535	1671154	1919602	
IABRD	662	974	916045	638662	
IAC	526	563	435790	378420	
IACD	522	545	644162	542603	
IACRD	522	545	487349	301389	
MAA	526	563	404262	171226	
MAAD	522	545	575822	283096	
MAARD	522	545	478337	264396	
BC	522	535	388714	188572	
BCD	522	535	1175398	807960	
BCRD	522	535	538651	327622	
T	530	587	473100	143287	
TD	522	545	723215	243205	
TRD	522	545	492432	258433	
R	534	585	669849	427489	
RD	522	553	1025493	614414	
RRD	522	553	543568	316112	
G	1072	1031	1430258	1368583	4125
GD	630	723	1764041	1435000	6627
GRD	574	609	647386	433080	609

表 4.2.2　例 4.2.2 中各种方法的详细比较

方法	绘制像素	细分次数	加法次数	乘法次数	开方次数
IAP	17680	11458	3485276	4308300	
IAPD	9057	8220	3646732	4511428	
IAPRD	726	1216	503413	490700	
IAHX	2643	2530	400228	384596	

续表

方法	绘制像素	细分次数	加法次数	乘法次数	开方次数
IAHXD	626	1108	486772	462324	
IAHXRD	463	621	387027	336266	
IAHY	2643	2530	400228	384596	
IAHYD	626	1108	486772	462324	
IAHYRD	463	621	387027	336266	
IAB	3087	2933	4077830	4998256	
IABD	837	1728	4150256	5274376	
IABRD	494	799	624347	826794	
IAC	433	459	656630	624578	
IACD	432	447	426520	392894	
IACRD	432	445	187933	172769	
MAA	433	459	601510	407812	
MAAD	432	447	314856	266244	
MAARD	432	445	179407	156053	
BC	432	444	621548	448530	
BCD	432	444	1026684	1061312	
BCRD	432	444	263595	261641	
T	435	471	671867	350608	
TD	432	449	443947	235496	
TRD	432	447	191515	152692	
R	434	470	864116	697857	
RD	432	456	619102	458333	
RRD	432	454	226630	194686	
G	1581	1605	6147408	9387500	6421
GD	473	656	2065355	2742316	5913
GRD	446	510	444176	553800	414

表 4.2.3　例 4.2.3 中各种方法的详细比较

方法	绘制像素	细分次数	加法次数	乘法次数	开方次数
IAP	4026	3909	1493798	1876438	
IAPD	821	1840	1140246	1542534	
IAPRD	623	951	1390208	1037968	
IAHX	2537	2468	646954	789838	
IAHXD	690	1131	668336	860594	

续表

方法	绘制像素	细分次数	加法次数	乘法次数	开方次数
IAHXRD	610	792	1281666	1065100	
IAHY	2672	2609	621250	751462	
IAHYD	673	1108	687886	867346	
IAHYRD	610	798	1322760	1130234	
IAB	1579	1564	2149336	2615424	
IABD	613	780	2729162	3447920	
IABRD	599	708	4114797	3103070	
IAC	608	631	1546481	1573073	
IACD	593	594	1916664	1837020	
IACRD	592	589	1169674	896039	
MAA	608	634	1178329	646933	
MAAD	593	596	1549458	817927	
MAARD	592	591	1103553	687932	
BC	592	585	1101958	738022	
BCD	592	585	3044980	2651225	
BCRD	592	585	1415699	1056651	
T	609	638	1193422	543787	
TD	593	597	1680410	688301	
TRD	592	592	1153440	661934	
R	610	640	1850213	1590386	
RD	593	604	2486531	1938248	
RRD	592	598	1371473	958173	
G	1799	1755	10858163	17110175	7021
GD	643	755	5695524	7547702	6587
GRD	606	669	2219246	2327926	2074

表 4.2.4　例 4.2.4 中各种方法的详细比较

方法	绘制像素	细分次数	加法次数	乘法次数	开方次数
IAP	2560	2430	2367580	3032950	
IAPD	801	1027	1620456	2298498	
IAPRD	778	886	5909984	5078928	
IAHX	1538	1496	930832	1137148	
IAHXD	784	865	1843724	2373058	
IAHXRD	776	822	7069814	8552740	

续表

方法	绘制像素	细分次数	加法次数	乘法次数	开方次数
IAHY	1417	1370	852480	1052350	
IAHYD	773	808	1322608	1720094	
IAHYRD	772	791	8559296	10299586	
IAB	2156	2107	21860804	27933704	
IABD	798	1040	30356562	40904380	
IABRD	780	879	7305730	8824128	
IAC	816	857	9324996	11168193	
IACD	787	805	13491137	15508341	
IACRD	778	795	8094666	7467202	
MAA	816	857	6773822	6302500	
MAAD	787	805	10281617	8838443	
MAARD	778	795	7421194	5923621	
BC	770	756	6701649	7001260	
BCD	770	756	21970123	28303068	
BCRD	770	756	8579701	8391015	
T	819	880	6508351	5510363	
TD	790	813	10091322	7698515	
TRD	782	798	7516455	5700579	
R	826	894	10642248	11835093	
RD	790	821	15869922	16651905	
RRD	779	807	9228983	8084017	
G	4586	4458	173931656	468575967	17833
GD	1305	2112	132033458	313476478	20266
GRD	889	1178	34030133	64049202	9873

表 4.2.5 例 4.2.5 中各种方法的详细比较

方法	绘制像素	细分次数	加法次数	乘法次数	开方次数
IAP	55158	19562	9336638	11580850	
IAPD	47223	18431	16553602	20607928	
IAPRD	1813	1601	1731156	1534894	
IAHX	45896	17601	3316604	3097818	
IAHXD	33889	14603	9031358	8757640	
IAHXRD	1667	1522	2159716	1743454	
IAHY	43259	17442	4533596	4325676	

续表

方法	绘制像素	细分次数	加法次数	乘法次数	开方次数
IAHYD	33192	14386	10791388	10403372	
IAHYRD	1718	1599	2346688	1857032	
IAB	30212	12735	11862746	14161596	
IABD	25604	11191	19972916	23964246	
IABRD	850	985	1032154	999998	
IAC	464	611	736514	686915	
IACD	456	535	997286	877847	
IACRD	456	477	479671	403475	
MAA	464	611	599656	339853	
MAAD	456	535	813646	518040	
MAARD	456	477	465475	368272	
BC	456	465	483439	294463	
BCD	456	465	1776552	1701900	
BCRD	456	465	519443	440263	
T	470	659	720470	303253	
TD	456	589	1114931	496031	
TRD	456	477	478283	362330	
R	470	690	1014447	785072	
RD	456	598	1478852	1075782	
RRD	456	497	557549	442373	
G	1378	1973	6458419	9777212	7893
GD	485	1215	6099441	7626677	11188
GRD	464	583	879911	941563	640

表 4.2.6　例 4.2.6 中各种方法的详细比较

方法	绘制像素	细分次数	加法次数	乘法次数	开方次数
IAP	48088	19132	11403848	14234392	
IAPD	29321	14039	13391336	16830580	
IAPRD	2819	2525	3007275	2539108	
IAHX	31099	14399	4415370	4262176	
IAHXD	19521	9617	8160076	7896454	
IAHXRD	2435	2417	3047763	2080756	
IAHY	31008	14373	4407258	4254480	
IAHYD	19179	9449	8014434	7758502	

续表

方法	绘制像素	细分次数	加法次数	乘法次数	开方次数
IAHYRD	2461	2384	3005033	2051422	
IAB	14131	8315	22291500	27207496	
IABD	8535	6978	54778878	67714114	
IABRD	1979	2206	5090611	5848074	
IAC	460	558	1463312	1464788	
IACD	455	501	1346822	1244627	
IACRD	455	482	731951	605886	
MAA	460	560	1329630	788830	
MAAD	455	502	1266280	700824	
MAARD	455	483	706751	468204	
BC	454	454	1104452	789386	
BCD	454	454	2209336	1916862	
BCRD	454	454	889325	747434	
T	466	596	1395910	694033	
TD	455	514	1422903	609968	
TRD	455	488	742887	447188	
R	472	601	2053509	1678435	
RD	457	525	2027672	1465521	
RRD	457	504	945500	699666	
G	1291	1596	8350370	11824383	6385
GD	512	779	4795051	5427360	7207
GRD	486	607	1525807	1650371	1314

表 4.2.7　例 4.2.7 中各种方法的详细比较

方法	绘制像素	细分次数	加法次数	乘法次数	开方次数
IAP	25875	13140	4860268	5991952	
IAPD	11415	8326	4682586	5885352	
IAPRD	1257	1295	1159615	771280	
IAHX	14588	8358	1880448	1939112	
IAHXD	5453	4251	2283366	2421118	
IAHXRD	1114	1135	1072335	622900	
IAHY	11375	6538	1470836	1412260	
IAHYD	4025	3222	1618706	1595296	
IAHYRD	1074	1097	1023799	580636	

续表

方法	绘制像素	细分次数	加法次数	乘法次数	开方次数
IAB	9042	5065	7421300	8955360	
IABD	3488	2619	9804078	12066954	
IABRD	1011	1014	1378353	1318774	
IAC	512	625	926157	860294	
IACD	450	499	975782	841732	
IACRD	450	497	536422	361290	
MAA	512	627	873923	476708	
MAAD	450	501	932182	479614	
MAARD	450	497	523494	296746	
BC	426	437	623874	394011	
BCD	426	437	1575655	1270938	
BCRD	426	437	574694	416959	
T	532	675	983951	421354	
TD	456	521	1122203	423094	
TRD	456	513	562111	294457	
R	510	624	1243219	919788	
RD	456	521	1514864	990452	
RRD	456	513	629178	397463	
G	1414	1689	6419333	8270251	6757
GD	503	721	3269620	3387019	6795
GRD	472	609	1103949	1067172	729

表 4.2.8　例 4.2.8 中各种方法的详细比较

方法	绘制像素	细分次数	加法次数	乘法次数	开方次数
IAP	17223	10744	2583044	3094342	
IAPD	2444	3793	1106100	1328828	
IAPRD	967	1175	501229	309466	
IAHX	7512	5493	919952	878918	
IAHXD	1242	1707	515150	479292	
IAHXRD	878	991	460279	227248	
IAHY	7429	5483	918000	877318	
IAHYD	1220	1699	484126	462154	
IAHYRD	881	1001	433011	213700	
IAB	5292	4055	3695222	4347226	

续表

方法	绘制像素	细分次数	加法次数	乘法次数	开方次数
IABD	1228	1671	3404828	4131398	
IABRD	862	960	564873	523404	
IAC	818	827	842101	727934	
IACD	808	813	864027	711250	
IACRD	806	803	347400	209274	
MAA	818	827	855337	397078	
MAAD	808	813	875785	429406	
MAARD	806	803	347386	197538	
BC	804	791	827964	456045	
BCD	804	791	1652898	1135417	
BCRD	804	791	364427	222577	
T	838	853	947054	337885	
TD	808	817	1084939	366272	
TRD	806	805	353928	195778	
R	832	851	1277816	830144	
RD	808	817	1463993	846534	
RRD	806	807	369676	216376	
G	1888	1871	4016062	3997209	7485
GD	822	886	1612136	1269898	7455
GRD	812	843	439705	294257	230

表 4.2.9　例 4.2.9 中各种方法的详细比较

方法	绘制像素	细分次数	加法次数	乘法次数	开方次数
IAP	49971	19545	11653398	14541664	
IAPD	33761	15283	14845250	18578276	
IAPRD	3284	2705	3024465	2524648	
IAHX	33026	14807	4544662	4382944	
IAHXD	22026	10832	9563102	9263614	
IAHXRD	2805	2635	3530831	2477374	
IAHY	33026	14807	4544662	4382944	
IAHYD	22026	10832	9474452	9176956	
IAHYRD	2805	2635	3446441	2393046	
IAB	18860	9629	25824052	31506904	
IABD	12956	8389	66581950	82125622	

续表

方法	绘制像素	细分次数	加法次数	乘法次数	开方次数
IABRD	1710	1522	2597999	3065494	
IAC	1144	1261	4154102	4379058	
IACD	1080	1053	3303970	3184889	
IACRD	1080	1033	1571521	1361269	
MAA	1144	1269	3012696	1787102	
MAAD	1080	1057	2696170	1490676	
MAARD	1080	1037	1397061	964716	
BC	1073	1000	2431524	1737242	
BCD	1073	1000	4983432	4336576	
BCRD	1073	1000	1785391	1545664	
T	1208	1373	3215504	1598461	
TD	1080	1085	3035159	1299883	
TRD	1080	1037	1413728	915445	
R	1208	1393	5028905	4653463	
RD	1080	1119	4572173	3584474	
RRD	1080	1099	1885110	1538142	
G	3160	3237	24751718	46111387	12949
GD	1120	1541	12396588	17507303	14326
GRD	1112	1305	3788300	5547762	1707

表 4.2.10　例 4.2.10 中各种方法的详细比较

方法	绘制像素	细分次数	加法次数	乘法次数	开方次数
IAP	45865	18727	11157626	13483618	
IAPD	30651	14329	13858740	17001158	
IAPRD	1696	1553	1644149	1320658	
IAHX	28159	13157	3822978	3894544	
IAHXD	19496	9724	8000502	8184954	
IAHXRD	1514	1553	1865047	1294114	
IAHY	28077	13075	3799526	3870272	
IAHYD	19158	9610	7897612	8082810	
IAHYRD	1508	1533	1844109	1280858	
IAB	12680	7605	16493268	20138700	
IABD	8672	6461	42295318	51683386	
IABRD	920	1263	1813369	1937956	

续表

方法	绘制像素	细分次数	加法次数	乘法次数	开方次数
IAC	784	841	2205466	2193876	
IACD	772	793	2144124	1962977	
IACRD	772	781	832283	657657	
MAA	784	845	2006376	1190110	
MAAD	772	797	2024514	1103620	
MAARD	772	785	826231	600604	
BC	772	773	1879618	1343170	
BCD	772	773	3525360	3015788	
BCRD	772	773	923947	749912	
T	812	905	2119736	1053709	
TD	776	817	2290543	964535	
TRD	776	801	859980	604001	
R	804	890	3039295	2484151	
RD	780	827	3174385	2277012	
RRD	776	806	937889	714606	
G	2316	2385	12449158	17654749	9541
GD	860	1175	6944787	7798088	10713
GRD	792	875	1281869	1264587	488

为方便起见，我们使用了如下的简化记号。

IAP 表示幂基上的区间算术；

IAPD 表示幂基上的区间算术加上一阶导数信息；

IAPRD 表示幂基上的区间算术加上递归导数信息；

IAHX 表示先括 x 的 Horner 形式上的区间算术；

IAHXD 表示先括 x 的 Horner 形式上的区间算术加上一阶导数信息；

IAHXRD 表示先括 x 的 Horner 形式上的区间算术加上递归导数信息；

IAHY 表示先括 y 的 Horner 形式上的区间算术；

IAHYD 表示先括 y 的 Horner 形式上的区间算术加上一阶导数信息；

IAHYRD 表示先括 y 的 Horner 形式上的区间算术加上递归导数信息；

IAB 表示 Bernstein 基上的区间算术；

IABD 表示 Bernstein 基上的区间算术加上一阶导数信息；

IABRD 表示 Bernstein 基上的区间算术加上递归导数信息；

IAC 表示中心形式的区间算术；

IACD 表示中心形式的区间算术加上一阶导数信息；

IACRD 表示中心形式的区间算术加上递归导数信息；

MAA 表示矩阵形式的仿射算术；

MAAD 表示矩阵形式的仿射算术加上一阶导数信息；

MAARD 表示矩阵形式的仿射算术加上递归导数信息；

BC 表示 Bernstein 系数方法；

BCD 表示 Bernstein 系数方法加上一阶导数信息；

BCRD 表示 Bernstein 系数方法加上递归导数信息；

T 表示 Taubin 的方法；

TD 表示 Taubin 的方法加上一阶导数信息；

TRD 表示 Taubin 的方法加上递归导数信息；

R 表示 Rivlin 的方法；

RD 表示 Rivlin 的方法加上一阶导数信息；

RRD 表示 Rivlin 的方法加上递归导数信息；

G 表示 Gopalsamy 的方法；

GD 表示 Gopalsamy 的方法加上一阶导数信息；

GRD 表示 Gopalsamy 的方法加上递归导数信息。

从表 4.2.1～表 4.2.10 中有关反映各种区间方法的精度和效率的数据我们可以得到以下结果。

(1) 一般地来讲，IAP、IAB、IAHX、IAHY 比 IAC、MAA、BC、T、R、G 误差要大。

(2) 一般地来讲，但也不是绝对地，IAP、IAB、IAHX、IAHY 比 IAC、MAA、BC、T、R 需要更多的算术运算(表 4.2.4 是一个反例)。

(3) IAHX 和 IAHY 一般地比 IAP 或 IAB 需要较少的算术运算；一般地来讲，但也不是绝对地，它们比 IAP 更精确，但比 IAB 误差要大。

(4) IACRD、MAARD、BCRD、TRD 和 RRD 的精度非常类似，但 BCRD 通常总是更精确一点。

(5) IACRD、MAARD、BCRD、TRD 和 RRD 的算术运算次数也非常类似，但 MAARD 通常需要较少的那么一点运算次数。

(6) G 比 IAC、MAA、BC、T、R 误差要大，但它通常比 IAP、IAB、IAHX、IAHY 要精确。

(7) G 比 IAC、MAA、BC、T、R 需要更多的算术运算，而且通常地但不是绝对地比 IAP、IAB、IAHX、IAHY 需要更多的算术运算。

(8) 加上一阶导数信息后使得 IAP、IAB、IAHX、IAHY 和 G 变得更精确，但算术运算次数并没有减少。

(9) 加上一阶导数信息后轻微地提高了 IAC、MAA、T、R 的精度，但算术运算次数并没有减少。

(10) 加上一阶导数信息后并没有提高 BC 的精度,只是增加了算术运算次数。

(11) 加上递归导数信息后极大地提高了 IAP、IAB、IAHX、IAHY 和 G 的精度，而且通常同时大大地减少了算术运算次数。

(12) 加上递归导数信息后轻微地提高了 IAC、MAA、T、R 的精度，而且通常同时减少了算术运算次数。

(13) 加上递归导数信息后并没有提高 BC 的精度，但通常减少了算术运算次数。

(14) 不像连续跟踪方法，基于场细分和各种区间方法的代数曲线绘制算法对尖点、切点、自相交点和多重闭环的处理没有特别的困难。

当然，从一个小范围的几个例子出发并不能得到关于每一个区间方法在所有情况下精度和效率的绝对的结论。事实上我们也可以从这些例子中看到对不同的具体实例而言最好的方法是不一样的。不管怎么样，我们相信从这些仔细挑出来的例子总可以得到一些虽然不是绝对成立但至少是一般性成立的有用结论。

总结以上的实验观察结果，我们注意到 IAC、MAA、BC、T、R 以及它们各自的导数版本在精度和效率方面表现差不多，一般地来讲比 G、IAP、IAB、IAHX、IAHY 要好。

作为我们的推荐也许 MAARD(矩阵形式的仿射算术加上递归导数信息)就精度和效率总体而言是最好的选择，但 IACRD、BCRD、TRD、RRD 就精度和效率总体而言与 MAARD 差别不大非常接近，而且 IACRD 概念上非常简单，最容易编程实现，MAARD、BCRD、TRD、RRD 编程实现稍微麻烦一点。

第 5 章　代数曲线曲面绘制的递归 Taylor 方法

本章给出一种基于场细分的隐式曲线绘制的 Taylor 方法，并与点取样技术和子像素技术相结合，使得该方法不仅能可靠地，而且能高效和高质量地绘制出隐式曲线，该方法的主要缺点是需要人工估计二阶导数的界。然而当曲线为代数曲线时，又进一步给出了一种递归的 Taylor 方法，该方法利用递归技术彻底解决了高阶导数的界的估计问题，从而实现了代数曲线绘制的完全自动化，试验结果表明，该递归 Taylor 方法能达到比矩阵形式的仿射算术方法更好的图形效果，而且在大多数情况下只需要较少的计算量。该方法的另外一个优点是比较容易编程实现，而且很容易推广到 3 维甚至 n 维情形。本章内容取材于(Shou et al., 2004, 2005).

5.1　隐式曲线曲面绘制的 Taylor 方法

假设 $f(x,y)$ 在 $[\underline{x},\overline{x}]\times[\underline{y},\overline{y}]$ 上具有二阶连续导数。为了估计 $f(x,y)$ 在 $[\underline{x},\overline{x}]\times[\underline{y},\overline{y}]$ 上的界，我们将 $f(x,y)$ 在区域 $[\underline{x},\overline{x}]\times[\underline{y},\overline{y}]$ 上的中点 (x_0,y_0) 处，一阶 Taylor 展开得

$$f(x,y)=f(x_0,y_0)+hf_x(x_0,y_0)+kf_y(x_0,y_0)+\frac{1}{2}h^2 f_{xx}(x_0+\theta h,y_0+\theta k)$$
$$+\frac{1}{2}k^2 f_{yy}(x_0+\theta h,y_0+\theta k)+hkf_{xy}(x_0+\theta h,y_0+\theta k)$$

其中，$(x,y)\in[\underline{x},\overline{x}]\times[\underline{y},\overline{y}]$，$x_0=\dfrac{\underline{x}+\overline{x}}{2}$，$y_0=\dfrac{\underline{y}+\overline{y}}{2}$，$0<\theta<1$。

$$h=x-x_0\in\left[-\frac{\overline{x}-\underline{x}}{2},\frac{\overline{x}-\underline{x}}{2}\right]=\frac{\overline{x}-\underline{x}}{2}[-1,1]$$

$$k=y-y_0\in\left[-\frac{\overline{y}-\underline{y}}{2},\frac{\overline{y}-\underline{y}}{2}\right]=\frac{\overline{y}-\underline{y}}{2}[-1,1]$$

如果已知函数 $f(x,y)$ 的三个二阶导数 $f_{xx}(x,y)$、$f_{yy}(x,y)$、$f_{xy}(x,y)$ 在区域 $[\underline{x},\overline{x}]\times[\underline{y},\overline{y}]$ 上的三个区间界 B_{xx}、B_{yy}、B_{xy}，使得 $f_{xx}(x,y)\in B_{xx}$，$f_{yy}(x,y)\in B_{yy}$，$f_{xy}(x,y)\in B_{xy}$，并记 $x_1=\dfrac{\overline{x}-\underline{x}}{2}$，$y_1=\dfrac{\overline{y}-\underline{y}}{2}$，则 $f(x,y)$ 在区域 $[\underline{x},\overline{x}]\times[\underline{y},\overline{y}]$ 上的

界$\left[\underline{f},\overline{f}\right]$可以表示为

$$\left[\underline{f},\overline{f}\right]=f\left(x_0,y_0\right)+x_1f_x\left(x_0,y_0\right)[-1,1]+y_1f_y\left(x_0,y_0\right)[-1,1]$$
$$+\frac{1}{2}x_1^2B_{xx}[0,1]+\frac{1}{2}y_1^2B_{yy}[0,1]+x_1y_1B_{xy}[-1,1]$$

该方法的主要缺点是需要人工预先估计函数$f(x,y)$的三个二阶导数$f_{xx}(x,y)$、$f_{yy}(x,y)$、$f_{xy}(x,y)$在区域$[\underline{x},\overline{x}]\times\left[\underline{y},\overline{y}\right]$上的三个界$B_{xx}$、$B_{yy}$、$B_{xy}$。对于一般函数而言估计这三个界是比较困难的，但是对于多项式函数我们可以用递归技术解决这个问题。此外由于该估计只是一个保守的估计，从而会导致一些不在曲线上的像素因为无法排除而被画出来，这会使得所绘制的曲线发“胖”。

为了提高绘制的质量，保留那些与曲线相交的像素，而尽可能多地将与曲线不相交的像素排除，我们可以对那些用 Taylor 方法排除不掉的，所剩不多的像素逐一进行点取样检测。所谓点取样(Taubin, 1994a)就是计算函数$f(x,y)$在需要检测的像素的四个角点上的函数值，只要这四个函数值中有两个异号(或只要有一个为零)，则曲线必然通过该像素，从而保留该像素，否则如果这四个函数值同号，则该像素可能在曲线上，也有可能不在曲线上。这样整个绘制区域中的像素被分为了三类，第一类是已被 Taylor 方法排除了肯定不在曲线上的大量像素；第二类是已被点取样方法接受的肯定在曲线上的像素；第三类是至今情况不明的像素。为了提高绘制的质量，需要尽可能多地并且可靠地将第三类像素中与曲线不相交的像素排除。为了达到这个目的，我们对这些像素使用子像素技术(Tupper, 2001)，即把所需要考察的像素一分为四个子像素，如果用 Taylor 方法可以把这四个子像素排除，则可以把这整个像素排除，否则保留该像素。从我们所做的实例(见 5.3 节)来看，子像素技术的确达到了排除多余像素的目的。

与 2 维的情形类似，为了估计$f(x,y,z)$在$[\underline{x},\overline{x}]\times\left[\underline{y},\overline{y}\right]\times[\underline{z},\overline{z}]$上的界，我们将$f(x,y,z)$在区域$[\underline{x},\overline{x}]\times\left[\underline{y},\overline{y}\right]\times[\underline{z},\overline{z}]$上的中点$(x_0,y_0,z_0)$处，一阶 Taylor 展开得

$$f(x,y,z)=f\left(x_0,y_0,z_0\right)+hf_x\left(x_0,y_0,z_0\right)+kf_y\left(x_0,y_0,z_0\right)+lf_z\left(x_0,y_0,z_0\right)$$
$$+\frac{1}{2}h^2f_{xx}\left(x_0+\theta h,y_0+\theta k,z_0+\theta l\right)+\frac{1}{2}k^2f_{yy}\left(x_0+\theta h,y_0+\theta k,z_0+\theta l\right)$$
$$+\frac{1}{2}l^2f_{zz}\left(x_0+\theta h,y_0+\theta k,z_0+\theta l\right)+hkf_{xy}\left(x_0+\theta h,y_0+\theta k,z_0+\theta l\right)$$
$$+hlf_{xz}\left(x_0+\theta h,y_0+\theta k,z_0+\theta l\right)+klf_{yz}\left(x_0+\theta h,y_0+\theta k,z_0+\theta l\right)$$

其中，$(x,y,z)\in[\underline{x},\overline{x}]\times\left[\underline{y},\overline{y}\right]\times[\underline{z},\overline{z}]$，$x_0=\frac{\underline{x}+\overline{x}}{2}$，$y_0=\frac{\underline{y}+\overline{y}}{2}$，$z_0=\frac{\underline{z}+\overline{z}}{2}$，$0<\theta<1$。

$$h = x - x_0 \in \left[-\frac{\overline{x} - \underline{x}}{2}, \frac{\overline{x} - \underline{x}}{2} \right] = \frac{\overline{x} - \underline{x}}{2}[-1,1]$$

$$k = y - y_0 \in \left[-\frac{\overline{y} - \underline{y}}{2}, \frac{\overline{y} - \underline{y}}{2} \right] = \frac{\overline{y} - \underline{y}}{2}[-1,1]$$

$$l = z - z_0 \in \left[-\frac{\overline{z} - \underline{z}}{2}, \frac{\overline{z} - \underline{z}}{2} \right] = \frac{\overline{z} - \underline{z}}{2}[-1,1]$$

如果已知函数 $f(x,y,z)$ 的六个二阶导数 $f_{xx}(x,y,z)$、$f_{yy}(x,y,z)$、$f_{zz}(x,y,z)$、$f_{xy}(x,y,z)$、$f_{xz}(x,y,z)$、$f_{yz}(x,y,z)$ 在区域 $[\underline{x},\overline{x}]\times[\underline{y},\overline{y}]\times[\underline{z},\overline{z}]$ 上的六个区间界 B_{xx}、B_{yy}、B_{zz}、B_{xy}、B_{xz}、B_{yz} 使得 $f_{xx}(x,y,z)\in B_{xx}$，$f_{yy}(x,y,z)\in B_{yy}$，$f_{zz}(x,y,z) \in B_{zz}$，$f_{xy}(x,y,z)\in B_{xy}$，$f_{xz}(x,y,z)\in B_{xz}$，$f_{yz}(x,y,z)\in B_{yz}$。并记 $x_1 = \frac{\overline{x} - \underline{x}}{2}$，$y_1 = \frac{\overline{y} - \underline{y}}{2}$，$z_1 = \frac{\overline{z} - \underline{z}}{2}$，则 $f(x,y,z)$ 在区域 $[\underline{x},\overline{x}]\times[\underline{y},\overline{y}]\times[\underline{z},\overline{z}]$ 上的界 $\left[\underline{f},\overline{f}\right]$ 可以表示为

$$\begin{aligned}\left[\underline{f},\overline{f}\right] &= f(x_0,y_0,z_0) + x_1 f_x(x_0,y_0,z_0)[-1,1] + y_1 f_y(x_0,y_0,z_0)[-1,1] \\ &\quad + z_1 f_z(x_0,y_0,z_0)[-1,1] + \frac{1}{2}x_1^2 B_{xx}[0,1] + \frac{1}{2}y_1^2 B_{yy}[0,1] + \frac{1}{2}z_1^2 B_{zz}[0,1] \\ &\quad + x_1 y_1 B_{xy}[-1,1] + x_1 z_1 B_{xz}[-1,1] + y_1 z_1 B_{yz}[-1,1]\end{aligned}$$

同样该方法的主要缺点是需要人工预先估计函数 $f(x,y,z)$ 的六个二阶导数 $f_{xx}(x,y,z)$、$f_{yy}(x,y,z)$、$f_{zz}(x,y,z)$、$f_{xy}(x,y,z)$、$f_{xz}(x,y,z)$、$f_{yz}(x,y,z)$ 在区域 $[\underline{x},\overline{x}]\times[\underline{y},\overline{y}]\times[\underline{z},\overline{z}]$ 上的六个界 B_{xx}、B_{yy}、B_{zz}、B_{xy}、B_{xz}、B_{yz}。对于一般函数而言，估计这六个界是比较困难的，但是对于多项式函数，我们可以用递归技术解决这个问题。此外由于该估计只是一个保守的估计，从而会导致一些不在曲面上的体素因为无法排除而被画将出来，这会使得所绘制的曲面发"胖"。

例 5.1.1　函数 $f(x,y) = x^2 + y^2 + \cos(2\pi x) + \sin(2\pi y) + \sin(2\pi x^2)\cos(2\pi y^2) - 1$，来源于(Snyder, 1992)，绘制区域 $[-1.1,1.1]\times[-1.1,1.1]$，分辨率为 256 像素 ×256 像素。容易验证 $B_{xx} = B_{yy} = (2 + 4\pi + 23.36\pi^2)[-1,1]$，$B_{xy} = 19.36\pi^2[-1,1]$。

我们用 Mathematica 4.1 软件作为绘制工具。图 5.1.1 是例 5.1.1 用 Taylor 方法绘制的隐式曲线，没有加点取样和子像素技术，用了 3486 个像素。图 5.1.2 是例 5.1.1 用 Taylor 方法加点取样和子像素技术绘制的隐式曲线，像素减少为 3072 个，减少了大约 12%。

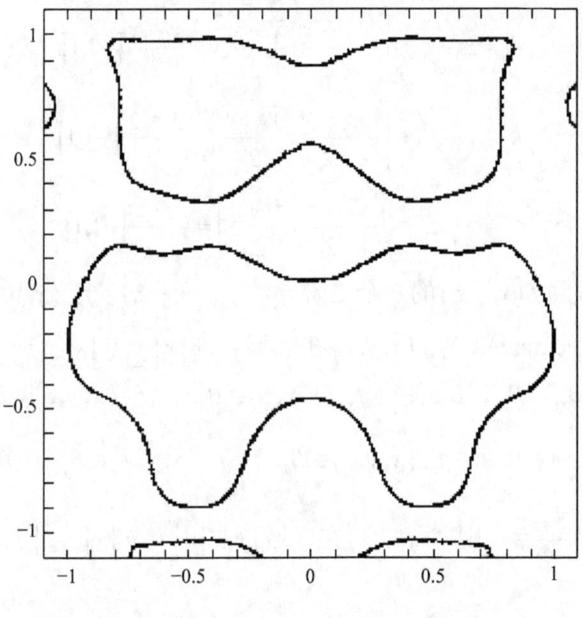

图 5.1.1　例 5.1.1 用 Taylor 方法绘制(3486 个像素)

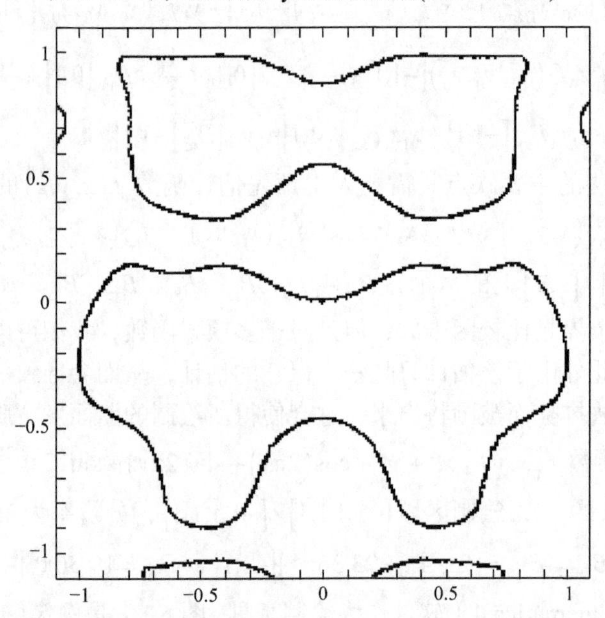

图 5.1.2　例 5.1.1 用 Taylor 方法并加点取样和子像素技术绘制(3072 个像素)

从以上实例我们可以看出，基于场细分的隐式曲线绘制的 Taylor 方法与点取样和子像素技术相结合，确实达到了可靠、高效和高质量地绘制出隐式曲线的目的，然而其主要缺点是需要预先用人工估计三个二阶导数的界。

然而当曲线是代数曲线时，我们在 5.2 节将提出一种递归 Taylor 方法，该方法利用递归技术估计高阶导数的界，从而不再需要预先用人工估计三个二阶导数的界，实现了代数曲线绘制的完全自动化。

5.2　代数曲线曲面绘制的递归 Taylor 方法原理

当函数 $f(x,y)$ 是二元多项式时，$\{(x,y):f(x,y)=0\}$ 所表示的隐式曲线称为代数曲线。由于此时函数 $f(x,y)$ 的三个二阶导数 $f_{xx}(x,y)$、$f_{yy}(x,y)$、$f_{xy}(x,y)$ 仍然是二元多项式，而且其关于 x 或 y 的次数比函数 $f(x,y)$ 关于 x 或 y 的次数要低，所以我们可以利用递归技术来估计这三个二阶导数的界。该递归技术的应用彻底解决了二阶导数的界的估计问题，使得不再需要像在一般隐式曲线绘制的 Taylor 方法中那样，用人工估计这三个二阶导数的界，从而实现了代数曲线绘制的完全自动化。该递归算法的程序如下：

$\text{Bound}\left(f, \underline{x}, \overline{x}, \underline{y}, \overline{y}\right)$:

IF $f \equiv c$　RETURN　$\text{Interval}[c, c]$,

ELSE　$x_0 = \dfrac{\overline{x}+\underline{x}}{2}$; $y_0 = \dfrac{\overline{y}+\underline{y}}{2}$; $x_1 = \dfrac{\overline{x}-\underline{x}}{2}$; $y_1 = \dfrac{\overline{y}-\underline{y}}{2}$;

$$\begin{aligned}\left[\underline{f}, \overline{f}\right] = {} & f(x_0, y_0) + x_1 f_x(x_0, y_0)[-1,1] + y_1 f_y(x_0, y_0)[-1,1] \\ & + \frac{1}{2}x_1^2[0,1]\,\text{Bound}\left(f_{xx}, \underline{x}, \overline{x}, \underline{y}, \overline{y}\right) \\ & + \frac{1}{2}y_1^2[0,1]\,\text{Bound}\left(f_{yy}, \underline{x}, \overline{x}, \underline{y}, \overline{y}\right) \\ & + 2x_1 y_1[-1,1]\,\text{Bound}\left(f_{xy}, \underline{x}, \overline{x}, \underline{y}, \overline{y}\right);\end{aligned}$$

RETURN　$\text{Interval}\left[\underline{f}, \overline{f}\right]$

其中，“当 $f \equiv c$ (常数)时返回区间 $[c,c]$ ”是一个递归出口语句。只有当 f 为多项式函数时才能保证递归过程会停止，这是由于对多项式函数一次一次地求导最终必然会得到一个常数，对其他函数而言没有这个性质。

同样的道理，当函数 $f(x,y,z)$ 是三元多项式时，$\{(x,y,z):f(x,y,z)=0\}$ 所表示的隐式曲面称为代数曲面。由于此时函数 $f(x,y,z)$ 的六个二阶导数 $f_{xx}(x,y,z)$、$f_{yy}(x,y,z)$、$f_{zz}(x,y,z)$、$f_{xy}(x,y,z)$、$f_{xz}(x,y,z)$、$f_{yz}(x,y,z)$ 仍然是三元多项式，而且其关于 x、y 或 z 的次数比函数 $f(x,y,z)$ 关于 x、y 或 z 的次数要低，所

以我们可以利用递归技术来估计这六个二阶导数的界。该递归技术的应用彻底解决了二阶导数的界的估计问题，使得不再需要像在一般隐式曲面绘制的 Taylor 方法中那样，用人工估计这六个二阶导数的界，从而实现了代数曲面绘制的完全自动化。该递归算法的程序如下：

$$\text{Bound}\left(f, \underline{x}, \overline{x}, \underline{y}, \overline{y}, \underline{z}, \overline{z}\right):$$

$$\text{IF } f \equiv c \quad \text{RETURN} \quad \text{Interval}[c, c],$$

$$\text{ELSE} \quad x_0 = \frac{\overline{x}+\underline{x}}{2};\ y_0 = \frac{\overline{y}+\underline{y}}{2};\ z_0 = \frac{\overline{z}+\underline{z}}{2};$$

$$x_1 = \frac{\overline{x}-\underline{x}}{2};\ y_1 = \frac{\overline{y}-\underline{y}}{2};\ z_1 = \frac{\overline{z}-\underline{z}}{2};$$

$$\begin{aligned}\left[\underline{f}, \overline{f}\right] = {} & f(x_0, y_0, z_0) + x_1 f_x(x_0, y_0, z_0)[-1,1] + y_1 f_y(x_0, y_0, z_0)[-1,1] \\ & + z_1 f_z(x_0, y_0, z_0)[-1,1] + \frac{1}{2}x_1^2[0,1]\,\text{Bound}\left(f_{xx}, \underline{x}, \overline{x}, \underline{y}, \overline{y}, \underline{z}, \overline{z}\right) \\ & + \frac{1}{2}y_1^2[0,1]\,\text{Bound}\left(f_{yy}, \underline{x}, \overline{x}, \underline{y}, \overline{y}, \underline{z}, \overline{z}\right) \\ & + \frac{1}{2}z_1^2[0,1]\,\text{Bound}\left(f_{zz}, \underline{x}, \overline{x}, \underline{y}, \overline{y}, \underline{z}, \overline{z}\right) \\ & + x_1 y_1[-1,1]\,\text{Bound}\left(f_{xy}, \underline{x}, \overline{x}, \underline{y}, \overline{y}, \underline{z}, \overline{z}\right) \\ & + x_1 z_1[-1,1]\,\text{Bound}\left(f_{xz}, \underline{x}, \overline{x}, \underline{y}, \overline{y}, \underline{z}, \overline{z}\right) \\ & + y_1 z_1[-1,1]\,\text{Bound}\left(f_{yz}, \underline{x}, \overline{x}, \underline{y}, \overline{y}, \underline{z}, \overline{z}\right);\end{aligned}$$

$$\text{RETURN} \quad \text{Interval}\left[\underline{f}, \overline{f}\right]$$

同样，这里语句“当 $f \equiv c$ (常数)时返回区间 $[c,c]$ ”是一个递归出口语句。只有当 f 为多项式函数时才能保证递归过程会停止，这是由于对多项式函数一次一次地求导最终必然会得到一个常数，对其他函数而言没有这个性质。

5.3　递归 Taylor 方法与修正仿射算术的比较

在本节中我们将用实例对递归 Taylor 方法和修正仿射算术(包括矩阵形式的仿射算术和张量形式的仿射算术)以及它们各自结合点取样技术与子像素技术后在代数曲线曲面绘制中的效果和效率做一个量化比较。

我们首先就递归 Taylor 方法和修正(矩阵形式)仿射算术以及它们各自结合点取样技术和子像素技术后，在代数曲线绘制中的效果和效率做了一个比较。

例 5.3.1～例 5.3.10 分别与 2.2 节中的 10 个代数曲线例子相同。绘制区域都为

$[0,1]\times[0,1]$，分辨率为 256 像素×256 像素，用 Mathematica 4.1 软件作为绘制工具。我们用递归 Taylor 方法并加点取样和子像素技术绘制的这 10 个代数曲线的图形结果如图 5.3.1～图 5.3.10 所示。在第 4 章中我们已经说明了矩阵形式的仿射算术是绘制代数曲线的最好方法之一，所以我们在这里用矩阵形式的仿射算术与递归 Taylor 方法进行比较，详细的比较结果在表 5.3.1 中给出。

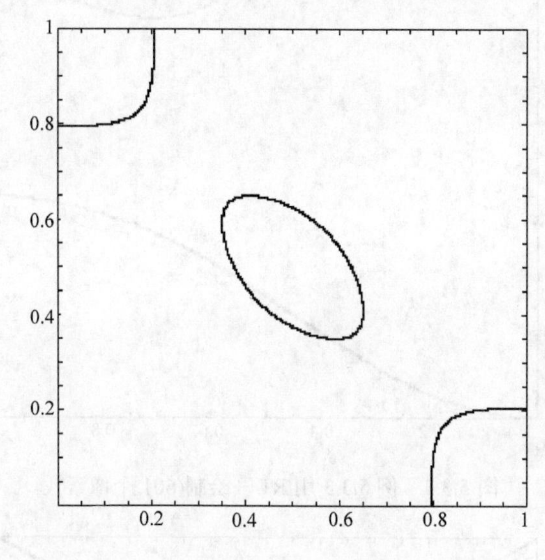

图 5.3.1　例 5.3.1 用 RT++绘制(522 个像素)

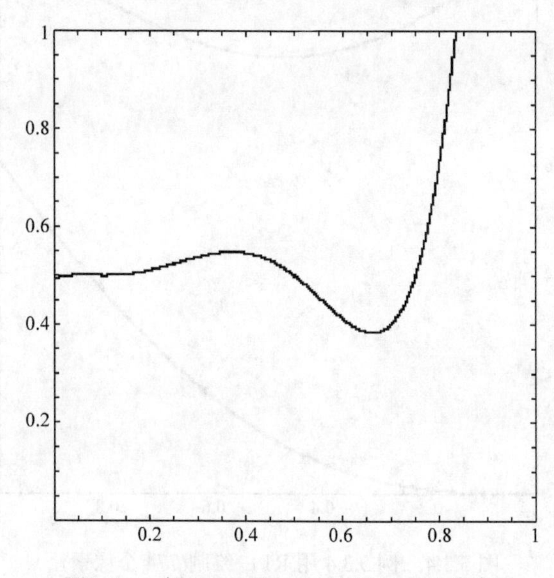

图 5.3.2　例 5.3.2 用 RT++绘制(432 个像素)

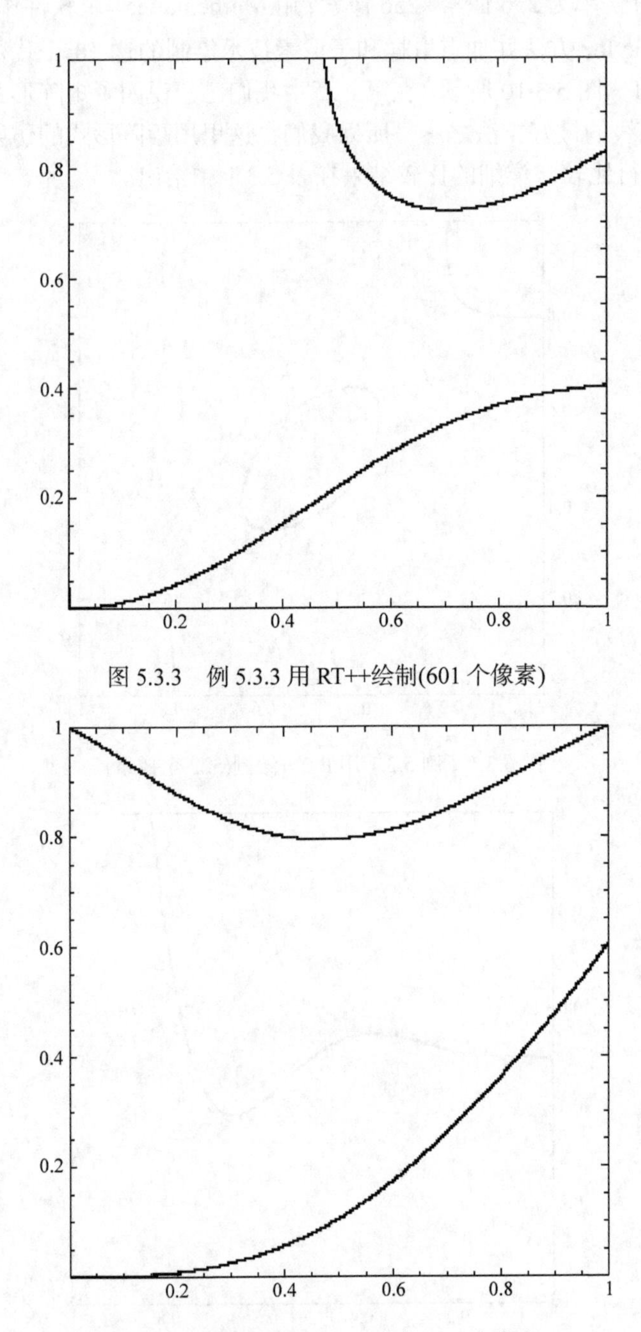

图 5.3.3　例 5.3.3 用 RT++绘制(601 个像素)

图 5.3.4　例 5.3.4 用 RT++绘制(774 个像素)

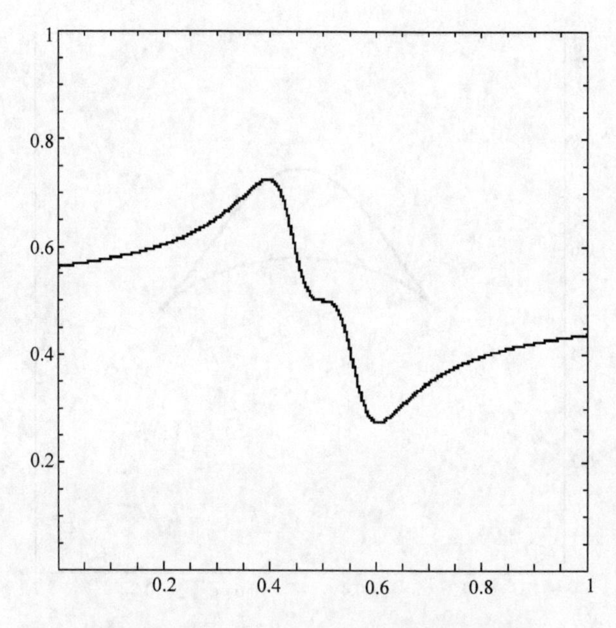

图 5.3.5　例 5.3.5 用 RT++绘制(456 个像素)

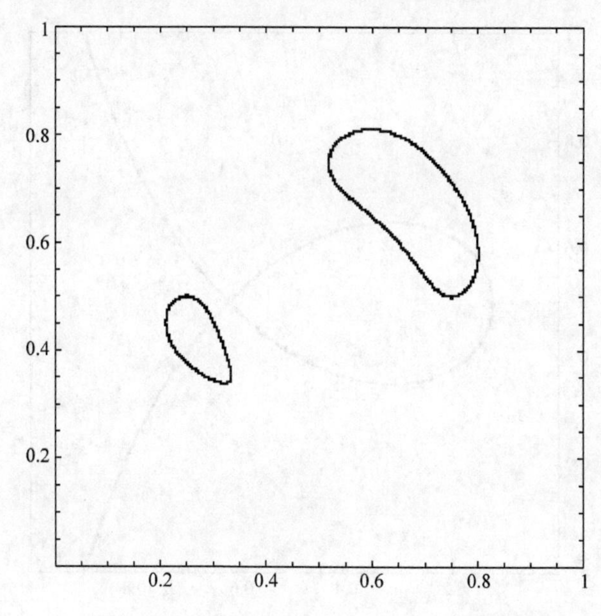

图 5.3.6　例 5.3.6 用 RT++绘制(456 个像素)

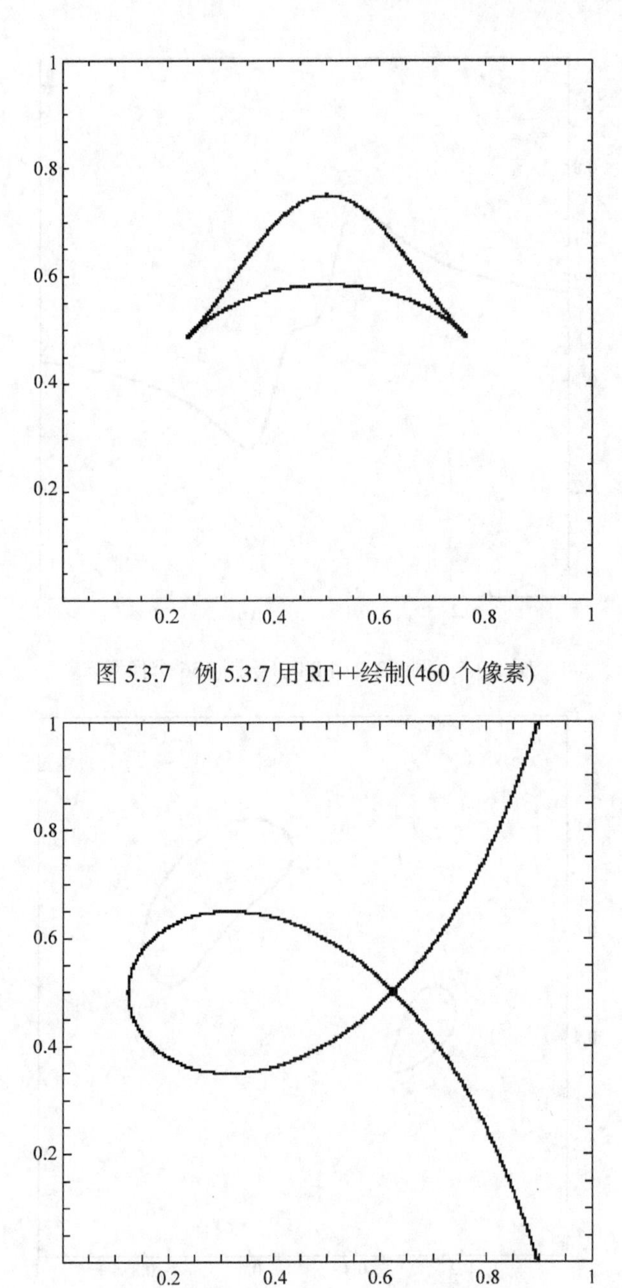

图 5.3.7　例 5.3.7 用 RT++绘制(460 个像素)

图 5.3.8　例 5.3.8 用 RT++绘制(808 个像素)

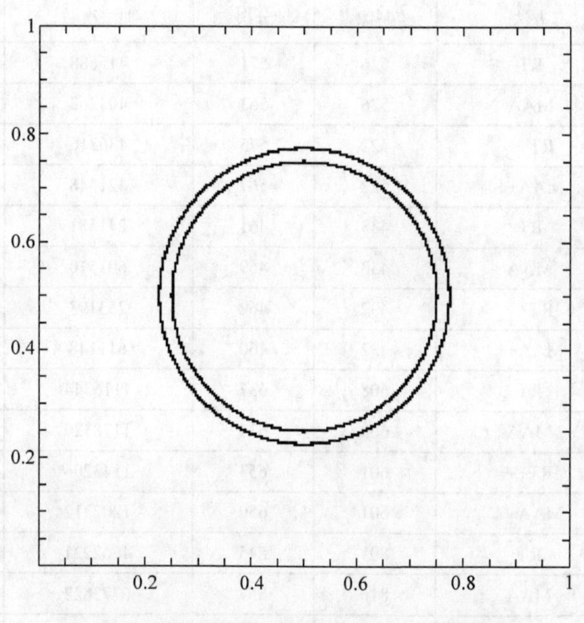

图 5.3.9　例 5.3.9 用 RT++绘制(1088 个像素)

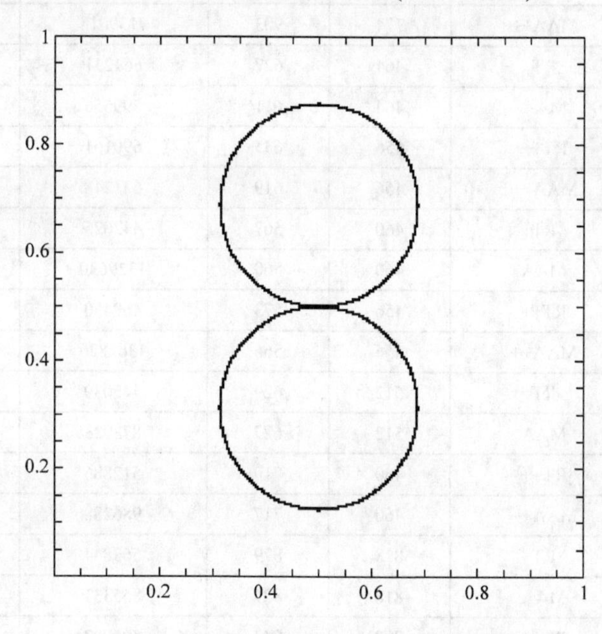

图 5.3.10　例 5.3.10 用 RT++绘制(772 个像素)

表 5.3.1　递归 Taylor 方法和矩阵形式的仿射算术的比较

例子	方法	绘制像素	细分次数	加法次数	乘法次数
5.3.1	RT	526	571	415688	343892
	MAA	526	563	404262	171226
	RT++	522	575	436316	385080
	MAA++	522	567	421448	207820
5.3.2	RT	433	461	241581	205717
	MAA	433	459	601510	407812
	RT++	432	462	253193	234577
	MAA++	432	460	611148	434354
5.3.3	RT	608	637	1116344	936757
	MAA	608	634	1178329	646933
	RT++	601	653	1143206	992682
	MAA++	601	650	1202312	694836
5.3.4	RT	801	845	4662221	4461229
	MAA	816	857	6773822	6302500
	RT++	774	876	4844054	4748416
	MAA++	774	903	7139018	6757864
5.3.5	RT	464	627	664231	575815
	MAA	464	611	599656	339853
	RT++	456	635	690161	630353
	MAA++	456	619	621248	387781
5.3.6	RT	460	567	442025	414092
	MAA	460	560	1329630	788830
	RT++	456	573	469450	478064
	MAA++	456	566	1362826	853306
5.3.7	RT	512	629	445039	386359
	MAA	512	627	873923	476708
	RT++	460	719	512886	472534
	MAA++	460	717	986288	569061
5.3.8	RT	818	829	563844	422917
	MAA	818	827	855337	397078
	RT++	808	843	595997	476088
	MAA++	808	841	886530	444873

续表

例子	方法	绘制像素	细分次数	加法次数	乘法次数
5.3.9	RT	1144	1281	998825	935312
	MAA	1144	1269	3012696	1787102
	RT++	1088	1351	1106039	1131219
	MAA++	1088	1339	3214325	2018571
5.3.10	RT	784	849	662153	609761
	MAA	784	845	2006376	1190110
	RT++	772	861	710484	710732
	MAA++	772	857	2068693	1294219

为了方便起见我们用了如下简化记号。

RT 表示递归 Taylor 方法没有加点取样和子像素技术。

RT++表示递归 Taylor 方法并加点取样和子像素技术。

MAA 表示修正(矩阵形式或张量形式)的仿射算术没有加点取样和子像素技术。

MAA++表示修正(矩阵形式或张量形式)的仿射算术并加点取样和子像素技术。

需要指出的是表 5.3.1 中记录的关于递归 Taylor 方法的运算次数并不包含用来求导数的运算，这是因为在用 Mathematica 4.1 编制的程序中，多项式函数的所有阶导数在一开始就求好了，并被保存在一个数组里，这使得以后在每一次的细分过程中用到导数时只要直接在该数组里取出即可，没有必要重复求导数。导数只要求一次即可，这使得有关求导数的运算相对比较少，从而可以忽略不计。

从表 5.3.1 我们可以看出在例 5.3.4 中用递归 Taylor 方法得到比矩阵形式的仿射算术更好的图形效果(较少的绘制像素)，例 5.3.4 用递归 Taylor 方法绘制的图形见图 5.3.12(共 801 个像素)，例 5.3.4 用矩阵形式的仿射算术绘制的图形见图 5.3.11(共 816 个像素)，我们可以在这两幅图形的左下角看到它们之间的细微区别。在其余的 9 个代数曲线例子中，递归 Taylor 方法与矩阵形式的仿射算术的图形效果相同(一样的绘制像素)。

10 个例子中有 7 个例子(例 5.3.2、例 5.3.4、例 5.3.6、例 5.3.7、例 5.3.8、例 5.3.9、例 5.3.10)中递归 Taylor 方法只需要比矩阵形式的仿射算术更少的算术运算次数(加减乘除总次数)。特别是在例 5.3.2、例 5.3.6、例 5.3.9、例 5.3.10 中，递归 Taylor 方法的运算次数要比矩阵形式的仿射算术的运算次数要少得多(要少一半多)。

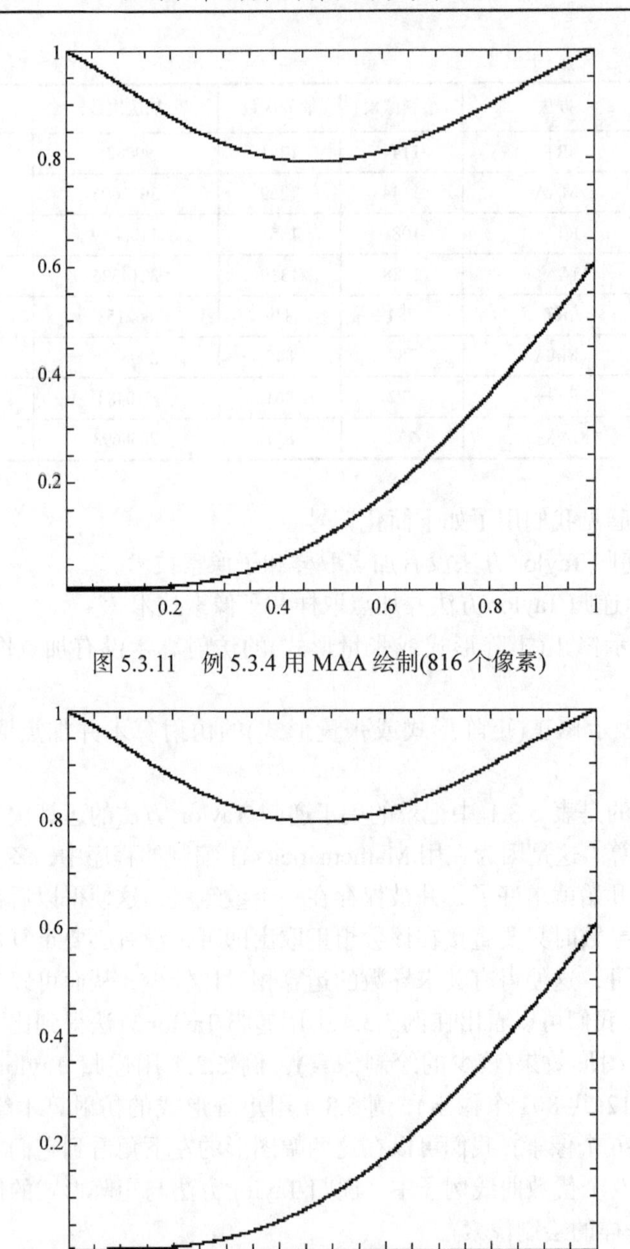

图 5.3.11　例 5.3.4 用 MAA 绘制(816 个像素)

图 5.3.12　例 5.3.4 用 RT 绘制(801 个像素)

虽然在其余的 3 个例子(例 5.3.1、例 5.3.3、例 5.3.5)中递归 Taylor 方法所需要的运算次数比矩阵形式的仿射算术的运算次数要略多一点，但我们发现此时递归 Taylor 方法所需要的运算次数和矩阵形式的仿射算术所需要的运算次数非常接近，事实上差不了多少。

点取样和子像素技术能够进一步改善递归 Taylor 方法和矩阵形式的仿射算术方法的图形效果，这在例 5.3.4、例 5.3.7、例 5.3.9 中改进效果特别明显。然而在例 5.3.1、例 5.3.2、例 5.3.3、例 5.3.5、例 5.3.6、例 5.3.8、例 5.3.10 中这种改进只影响了几个像素从而效果不是很明显。当然这种改进的代价是增加了一定的运算次数，这是由于每个不能被递归 Taylor 方法或矩阵形式的仿射算术方法排除的像素都需要用点取样或子像素技术做进一步的检测。但我们从表 5.3.1 也可以看到，加了点取样和子像素技术后运算次数并没有大量的增加，这是由于递归 Taylor 方法或矩阵形式的仿射算术方法本身已经是比较好的方法，几乎达到了在给定分辨率下的最好图形效果，从而留下来需要用点取样或子像素技术做进一步的检测的像素并不是很多。

接下来我们将就递归 Taylor 方法和修正(张量形式)仿射算术，以及结合点取样技术和子像素技术后在代数曲面绘制中的效果和效率也做一番详细的比较。

例 5.3.11　绘制一个平面 $f(x,y,z)=x+2y+3z-2$，绘制区域为 $[-1,1]\times[-1,1]\times[-1,1]$，分辨率为 $32\times32\times32$ 体素，图 5.3.13 显示了用 3 维递归 Taylor 方法加点取样或子像素技术后绘制的该平面，总共用了 1791 个体素。

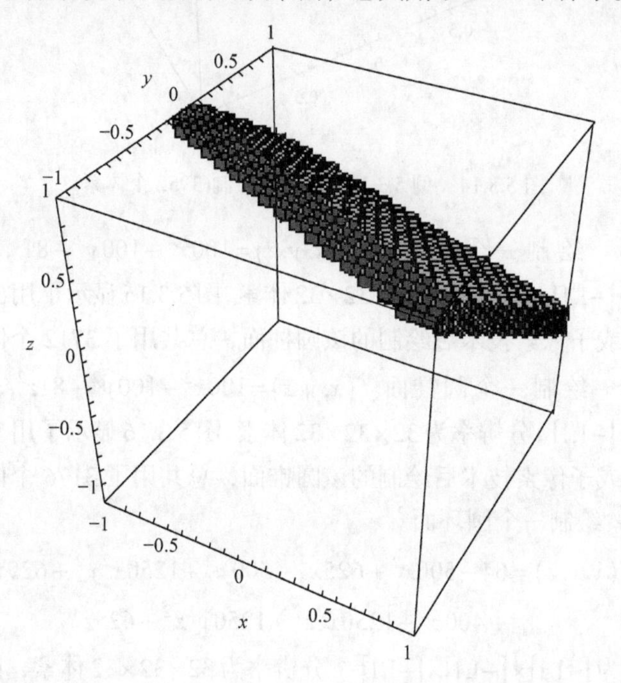

图 5.3.13　例 5.3.11 用 RT++绘制(1791 个体素)

例 5.3.12　绘制一个球面 $f(x,y,z)=100x^2+100y^2+100z^2-81$，绘制区域为 $[-1,1]\times[-1,1]\times[-1,1]$，分辨率为 $32\times32\times32$ 体素，图 5.3.14 显示了用 3 维递归 Taylor 方法加点取样或子像素技术后绘制的该球面，总共用了 3952 个体素。

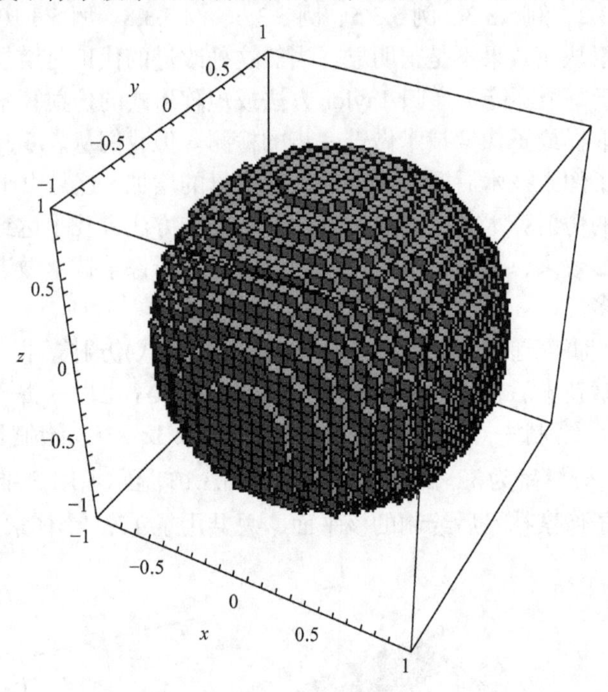

图 5.3.14　例 5.3.12 用 RT++绘制(3952 个体素)

例 5.3.13　绘制一个圆柱面 $f(x,y,z)=100x^2+100y^2-81$，绘制区域为 $[-1,1]\times[-1,1]\times[-1,1]$，分辨率为 $32\times32\times32$ 体素，图 5.3.15 显示了用 3 维递归 Taylor 方法加点取样或子像素技术后绘制的该圆柱面，总共用了 3712 个体素。

例 5.3.14　绘制一个圆锥面 $f(x,y,z)=100x^2+100y^2-81z^2$，绘制区域为 $[-1,1]\times[-1,1]\times[-1,1]$，分辨率为 $32\times32\times32$ 体素，图 5.3.16 显示了用 3 维递归 Taylor 方法加点取样或子像素技术后绘制的该圆锥面，总共用了 3176 个体素。

例 5.3.15　绘制一个圆环面

$$f(x,y,z)=64-500x^2+625x^4-500y^2+1250x^2y^2+625y^4$$
$$+400z^2+1250x^2z^2+1250y^2z^2+625z^4$$

绘制区域为 $[-1,1]\times[-1,1]\times[-1,1]$，分辨率为 $32\times32\times32$ 体素，图 5.3.17 显示了用 3 维递归 Taylor 方法加点取样或子像素技术后绘制的该圆环面，总共用了 1904 个体素。

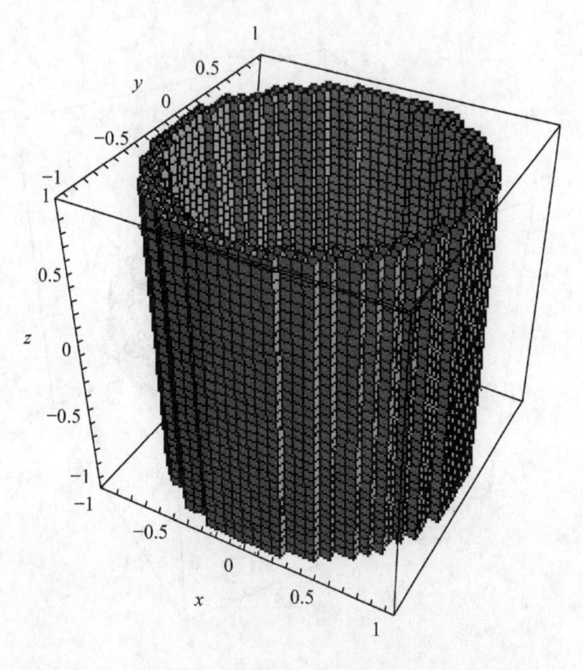

图 5.3.15　例 5.3.13 用 RT++绘制(3712 个体素)

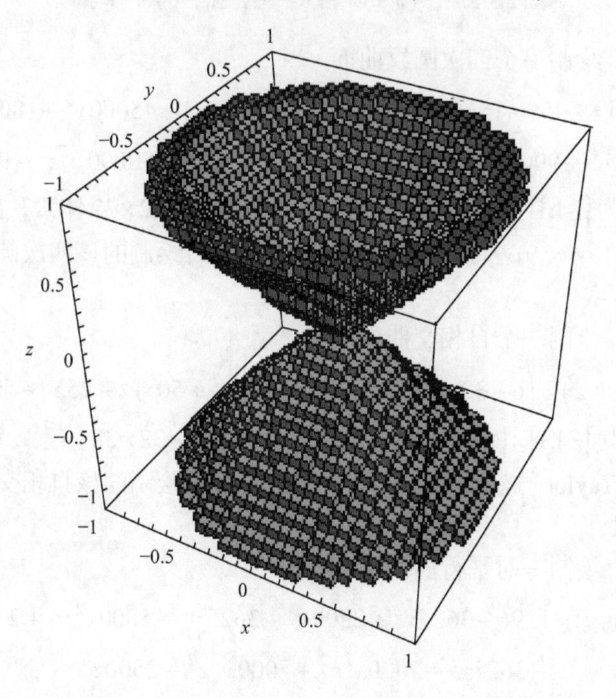

图 5.3.16　例 5.3.14 用 RT++绘制(3176 个体素)

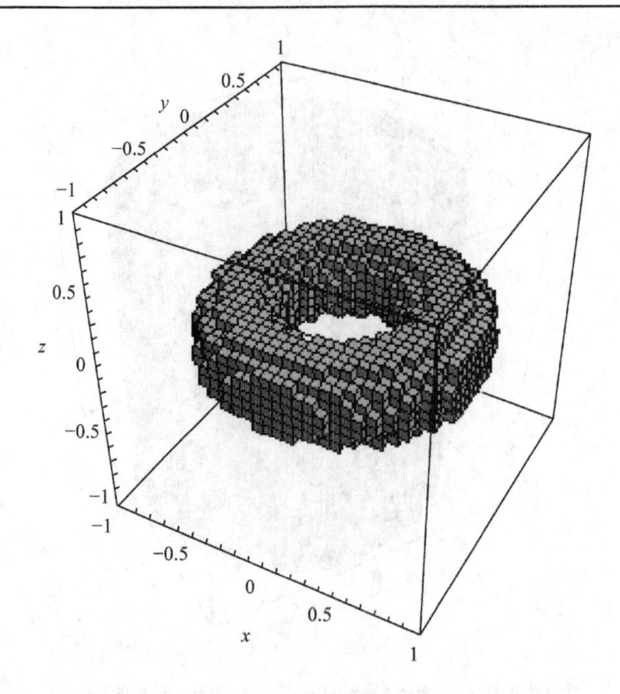

图 5.3.17 例 5.3.15 用 RT++绘制(1904 个体素)

例 5.3.16 绘制一个四次圆纹曲面

$$f(x,y,z) = -459 + 15600x - 55000x^2 + 90000x^4 - 45000y^2 + 180000x^2y^2 + 90000y^4 + 12600z^2 + 180000x^2z^2 + 180000y^2z^2 + 90000z^4$$

绘制区域为$[-1,1]\times[-1,1]\times[-1,1]$，分辨率为$32\times32\times32$体素，图 5.3.18 显示了用 3 维递归 Taylor 方法加点取样或子像素技术后绘制的该四次圆纹曲面，总共用了 2148 个体素。

例 5.3.17 绘制一个自相交曲面

$$f(x,y,z) = 16 - 32x - 25x^2 + 50x^3 - 25y^2 + 50xy^2 - 25z^2 + 50xz^2$$

绘制区域为$[-1,1]\times[-1,1]\times[-1,1]$，分辨率为$32\times32\times32$体素，图 5.3.19 显示了用 3 维递归 Taylor 方法加点取样或子像素技术后绘制的该自相交曲面，总共用了 4896 个体素。

例 5.3.18 绘制一对平行曲面

$$f(x,y,z) = 1296 - 3625x^2 + 2500x^4 - 3625y^2 + 5000x^2y^2 + 2500y^4 - 3625z^2 + 5000x^2z^2 + 5000y^2z^2 + 2500z^4$$

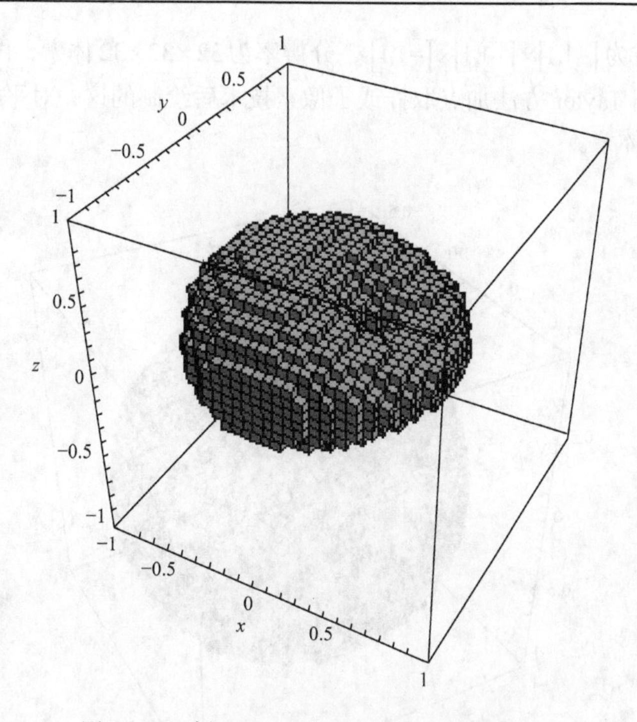

图 5.3.18　例 5.3.16 用 RT++绘制(2148 个体素)

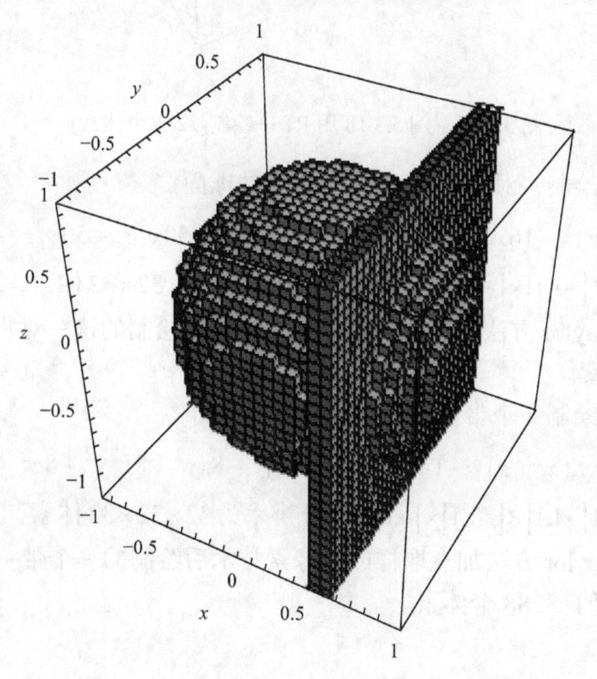

图 5.3.19　例 5.3.17 用 RT++绘制(4896 个体素)

绘制区域为$[-1,1]\times[-1,1]\times[-1,1]$，分辨率为$32\times32\times32$体素，图 5.3.20 显示了用 3 维递归 Taylor 方法加点取样或子像素技术后绘制的这一对平行曲面，总共用了 7236 个体素。

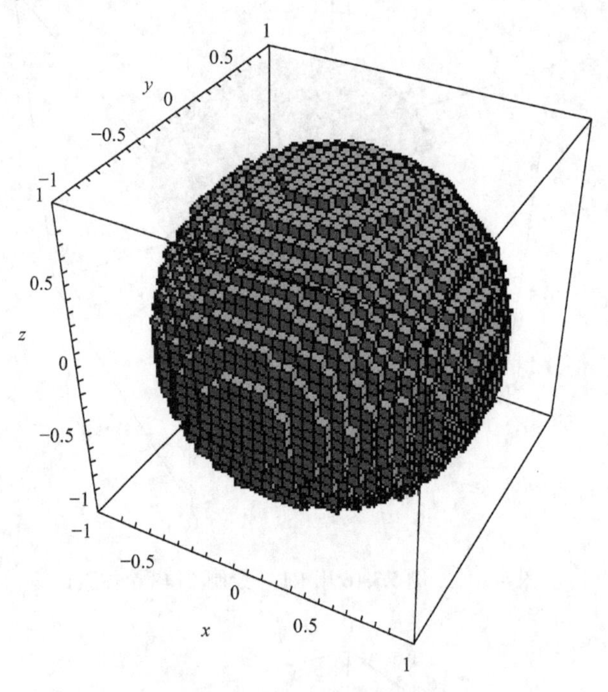

图 5.3.20 例 5.3.18 用 RT++绘制(7236 个体素)

例 5.3.19 绘制一对相切曲面(两个相切的球面)

$$f(x,y,z)=-16x^2+25x^4+50x^2y^2+25y^4+50x^2z^2+50y^2z^2+25z^4$$

绘制区域为$[-1,1]\times[-1,1]\times[-1,1]$，分辨率为$32\times32\times32$体素，图 5.3.21 显示了用 3 维递归 Taylor 方法加点取样或子像素技术后绘制的这一对相切球面，总共用了 1572 个体素。

例 5.3.20 绘制一个带一条奇异线的锥形曲面

$$f(x,y,z)=-1+4x-4x^2+2y^2-8xy^2+8x^2y^2+8z^2$$

绘制区域为$[-1,1]\times[-1,1]\times[-1,1]$，分辨率为$32\times32\times32$体素，图 5.3.22 显示了用 3 维递归 Taylor 方法加点取样或子像素技术后绘制的一个带一条奇异线的锥形曲面，总共用了 3288 个体素。

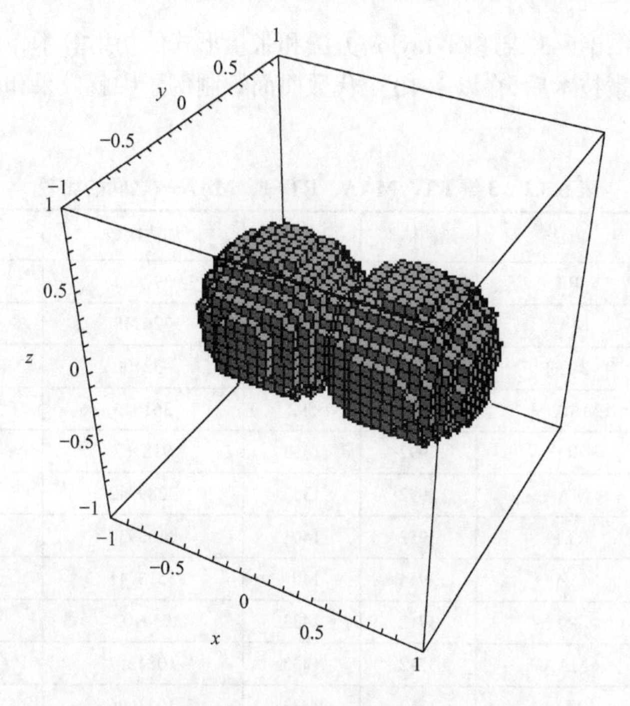

图 5.3.21　例 5.3.19 用 RT++绘制(1572 个体素)

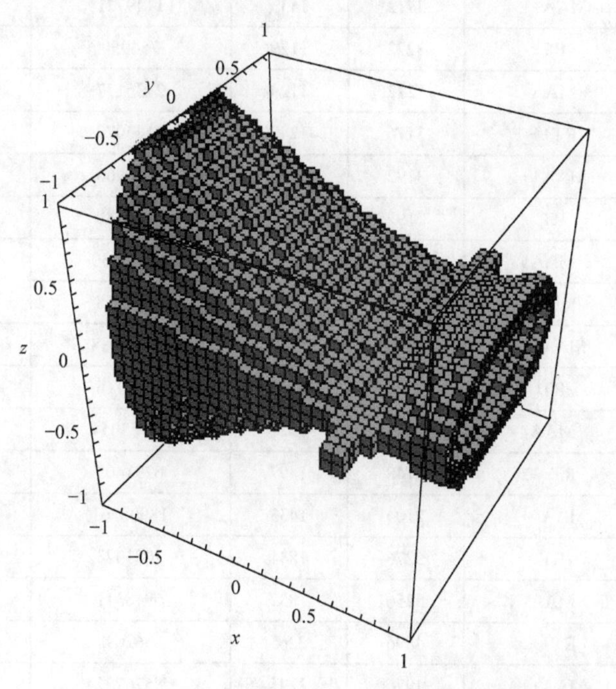

图 5.3.22　例 5.3.20 用 RT++绘制(3288 个体素)

表 5.3.2 给出了 3 维递归 Taylor 方法和张量形式的仿射算术，以及各自加了点取样和子像素技术后，在以上 10 个代数曲面绘制例子中就效果和效率而言的详细比较结果。

表 5.3.2　3 维 RT、MAA、RT++、MAA++之间的比较

例子	方法	绘制体素	细分次数	加法次数	乘法次数
5.3.11	RT	1791	592	397403	229152
	MAA	1791	592	326348	110727
	RT++	1791	592	432100	278177
	MAA++	1791	592	361045	159752
5.3.12	RT	3992	1353	918367	588609
	MAA	3992	1353	3289042	1476259
	RT++	3952	1401	1163930	953372
	MAA++	3944	1401	3513741	1733406
5.3.13	RT	3712	1433	958102	589014
	MAA	3712	1433	1084217	692199
	RT++	3712	1433	1023606	713910
	MAA++	3712	1433	1149721	817095
5.3.14	RT	3272	1129	756950	491169
	MAA	3272	1129	2735177	1231875
	RT++	3176	1249	1145079	1038878
	MAA++	3192	1249	3048966	1515888
5.3.15	RT	2192	985	4455080	3265689
	MAA	2144	985	13108130	11792931
	RT++	1904	1337	5603358	4948007
	MAA++	1920	1289	16804088	15499281
5.3.16	RT	2376	1153	5232146	3831834
	MAA	2344	1121	14953054	13456863
	RT++	2148	1497	6291409	5435377
	MAA++	2104	1433	18908261	17434612
5.3.17	RT	5276	1841	7081323	4483139
	MAA	5256	1837	6948311	5854917
	RT++	4896	2265	8662097	6658461
	MAA++	4976	2241	8576707	7662017

续表

例子	方法	绘制体素	细分次数	加法次数	乘法次数
5.3.18	RT	9424	2865	12975392	9497889
	MAA	9376	2769	36866234	33149195
	RT++	7236	5313	21000658	20340451
	MAA++	7792	5169	64451180	59649509
5.3.19	RT	1832	961	4290881	3139995
	MAA	1816	961	12656417	11259579
	RT++	1572	1249	5248699	4536725
	MAA++	1624	1233	15851779	14407101
5.3.20	RT	3428	1197	3139078	2100954
	MAA	3416	1169	3739482	4352652
	RT++	3288	1425	3913112	3195292
	MAA++	3288	1385	4474204	5400382

从表 5.3.2 我们可以得出以下结论。

(1) 10 个例子中有 4 个例子(例 5.3.11、例 5.3.12、例 5.3.13、例 5.3.14)RT 方法与 MAA 方法绘制的体素数目一样。在其余的 6 个例子中(例 5.3.15、例 5.3.16、例 5.3.17、例 5.3.18、例 5.3.19、例 5.3.20)RT 方法绘制的体素数目比 MAA 方法绘制的体素数目要稍微多一点。

(2) 10 个例子中有 9 个例子(例 5.3.11 除外)RT 方法绘制的运算次数比 MAA 方法绘制的运算次数要少。

(3) 10 个例子中有 5 个例子(例 5.3.14、例 5.3.15、例 5.3.17、例 5.3.18、例 5.3.19)RT++方法绘制的体素数目比 MAA++方法绘制的体素数目要少。在 3 个例子中(例 5.3.11、例 5.3.13、例 5.3.20)RT++方法绘制的体素数目与 MAA++方法绘制的体素数目相同。在其余的 2 个例子中(例 5.3.12、例 5.3.16)RT++方法绘制的体素数目比 MAA++方法绘制的体素数目要稍微多一点。

(4) 10 个例子中有 9 个例子(例 5.3.11 除外)RT++方法绘制的运算次数比 MAA++方法绘制的运算次数要少。

总之我们可以得出结论：3 维 RT++方法就效果和效率而言是最好的选择。

5.4　采用二阶递归 Taylor 方法进行估计的理由

在 5.2 节提出了一种估计多项式函数值的二阶递归 Taylor 方法，并用一些实例说明了二阶递归 Taylor 方法比修正仿射算术要好。现在的问题是我们为什么要选用二阶的递归 Taylor 方法而不用一阶、三阶或四阶的递归 Taylor 方法？也许一阶递归 Taylor 方法就能很好地解决问题，而三阶或四阶递归 Taylor 方法很有可能比二阶递归 Taylor 方法要精确。为了解决这些问题我们需要对一阶、二阶、三阶和四阶递归 Taylor 方法做一个比较。

我们首先给出估计二元多项式函数 $f(x,y)$ 函数值的一阶、三阶和四阶递归 Taylor 方法的算法。

一阶递归 Taylor 方法的算法：

$\text{Bound}\left(f, \underline{x}, \overline{x}, \underline{y}, \overline{y}\right)$:

IF $f \equiv c$ RETURN Interval$[c, c]$,

ELSE $x_0 = \dfrac{\overline{x} + \underline{x}}{2}$; $y_0 = \dfrac{\overline{y} + \underline{y}}{2}$; $x_1 = \dfrac{\overline{x} - \underline{x}}{2}$; $y_1 = \dfrac{\overline{y} - \underline{y}}{2}$;

$$\begin{aligned}\left[\underline{f}, \overline{f}\right] = {} & f\left(x_0, y_0\right) + x_1\text{Bound}\left(f_x, \underline{x}, \overline{x}, \underline{y}, \overline{y}\right)[-1, 1] \\ & + y_1\text{Bound}\left(f_y, \underline{x}, \overline{x}, \underline{y}, \overline{y}\right)[-1, 1];\end{aligned}$$

RETURN Interval$\left[\underline{f}, \overline{f}\right]$

三阶递归 Taylor 方法的算法:

$\text{Bound}\left(f, \underline{x}, \overline{x}, \underline{y}, \overline{y}\right)$:

IF $f \equiv c$ RETURN Interval$[c, c]$,

ELSE $x_0 = \dfrac{\overline{x} + \underline{x}}{2}$; $y_0 = \dfrac{\overline{y} + \underline{y}}{2}$; $x_1 = \dfrac{\overline{x} - \underline{x}}{2}$; $y_1 = \dfrac{\overline{y} - \underline{y}}{2}$;

$$\begin{aligned}\left[\underline{f}, \overline{f}\right] = {} & f\left(x_0, y_0\right) + x_1 f_x\left(x_0, y_0\right)[-1, 1] + y_1 f_y\left(x_0, y_0\right)[-1, 1] \\ & + \frac{1}{2}x_1^2[0, 1] f_{xx}\left(x_0, y_0\right) + \frac{1}{2}y_1^2[0, 1] f_{yy}\left(x_0, y_0\right) \\ & + x_1 y_1[-1, 1] f_{xy}\left(x_0, y_0\right) + \frac{1}{6}x_1^3[-1, 1]\text{Bound}\left(f_{xxx}, \underline{x}, \overline{x}, \underline{y}, \overline{y}\right) \\ & + \frac{1}{6}y_1^3[-1, 1]\text{Bound}\left(f_{yyy}, \underline{x}, \overline{x}, \underline{y}, \overline{y}\right) \\ & + \frac{1}{2}x_1^2 y_1[-1, 1]\text{Bound}\left(f_{xxy}, \underline{x}, \overline{x}, \underline{y}, \overline{y}\right) \\ & + \frac{1}{2}x_1 y_1^2[-1, 1]\text{Bound}\left(f_{xyy}, \underline{x}, \overline{x}, \underline{y}, \overline{y}\right);\end{aligned}$$

RETURN Interval$\left[\underline{f}, \overline{f}\right]$

四阶递归 Taylor 方法的算法：

$\text{Bound}\left(f, \underline{x}, \overline{x}, \underline{y}, \overline{y}\right)$：

IF $f \equiv c$　RETURN　$\text{Interval}\left[c, c\right]$，

ELSE　$x_0 = \dfrac{\overline{x} + \underline{x}}{2}$；$y_0 = \dfrac{\overline{y} + \underline{y}}{2}$；$x_1 = \dfrac{\overline{x} - \underline{x}}{2}$；$y_1 = \dfrac{\overline{y} - \underline{y}}{2}$；

$$\begin{aligned}\left[\underline{f}, \overline{f}\right] = & f\left(x_0, y_0\right) + x_1 f_x\left(x_0, y_0\right)[-1, 1] + y_1 f_y\left(x_0, y_0\right)[-1, 1] \\ & + \frac{1}{2} x_1^2 [0, 1] f_{xx}\left(x_0, y_0\right) + \frac{1}{2} y_1^2 [0, 1] f_{yy}\left(x_0, y_0\right) \\ & + x_1 y_1 [-1, 1] f_{xy}\left(x_0, y_0\right) + \frac{1}{6} x_1^3 [-1, 1] f_{xxx}\left(x_0, y_0\right) \\ & + \frac{1}{6} y_1^3 [-1, 1] f_{yyy}\left(x_0, y_0\right) + \frac{1}{2} x_1^2 y_1 [-1, 1] f_{xxy}\left(x_0, y_0\right) \\ & + \frac{1}{2} x_1 y_1^2 [-1, 1] f_{xyy}\left(x_0, y_0\right) + \frac{1}{24} x_1^4 [0, 1] \text{Bound}\left(f_{xxxx}, \underline{x}, \overline{x}, \underline{y}, \overline{y}\right) \\ & + \frac{1}{24} y_1^4 [0, 1] \text{Bound}\left(f_{yyyy}, \underline{x}, \overline{x}, \underline{y}, \overline{y}\right) \\ & + \frac{1}{6} x_1^3 y_1 [-1, 1] \text{Bound}\left(f_{xxxy}, \underline{x}, \overline{x}, \underline{y}, \overline{y}\right) \\ & + \frac{1}{6} x_1 y_1^3 [-1, 1] \text{Bound}\left(f_{xyyy}, \underline{x}, \overline{x}, \underline{y}, \overline{y}\right) \\ & + \frac{1}{4} x_1^2 y_1^2 [0, 1] \text{Bound}\left(f_{xxyy}, \underline{x}, \overline{x}, \underline{y}, \overline{y}\right);\end{aligned}$$

RETURN　$\text{Interval}\left[\underline{f}, \overline{f}\right]$

接下来我们用与 2.2 节中相同的 10 个代数曲线例子(例 5.4.1～例 5.4.10)来比较一阶、二阶、三阶和四阶递归 Taylor 方法的精度和效率。表 5.4.1 记录了试验结果。

表 5.4.1　一阶、二阶、三阶和四阶递归 Taylor 方法之间的比较

例子	阶	绘制像素	细分次数	加法次数	乘法次数
5.4.1	1	550	631	795049	536562
	2	526	571	415688	343892
	3	526	567	460441	429975
	4	526	563	252186	287257
5.4.2	1	438	497	248387	191938
	2	433	461	241581	205717
	3	433	460	246584	240250
	4	433	459	334228	357296

续表

例子	阶	绘制像素	细分次数	加法次数	乘法次数
5.4.3	1	619	681	1771000	1265762
	2	608	637	1116344	936757
	3	608	636	793926	808037
	4	608	634	887844	1000846
5.4.4	1	843	952	12534981	9330145
	2	801	845	4662221	4461229
	3	816	860	3767717	4179094
	4	816	857	2149817	3043237
5.4.5	1	484	803	1171467	869116
	2	464	627	664231	575815
	3	464	615	518665	535267
	4	464	611	691345	764062
5.4.6	1	492	710	1053137	762808
	2	460	567	442025	414092
	3	460	560	743610	707035
	4	460	560	281964	357439
5.4.7	1	562	755	990114	684256
	2	512	629	445039	386359
	3	512	627	644351	600905
	4	512	627	273019	327424
5.4.8	1	846	895	612153	402862
	2	818	829	563844	422917
	3	818	827	258064	246520
	4	818	827	337480	352408
5.4.9	1	1336	1625	2410713	1745518
	2	1144	1281	998825	935312
	3	1144	1269	1685062	1601793
	4	1144	1269	639200	809781
5.4.10	1	844	997	1479305	1059079
	2	784	849	662153	609761
	3	784	845	1122246	1056562
	4	784	845	425760	529126

从表 5.4.1 我们可以看出以下结论。

(1) 一阶递归 Taylor 方法没有二阶、三阶或四阶递归 Taylor 方法精确。

(2) 通常但不是绝对地(例 5.4.2 是一个反例)一阶递归 Taylor 方法比二阶、三阶或四阶递归 Taylor 方法需要更多的运算次数(加法次数与乘法次数的总和)。

(3) 10 个例子当中有 9 个例子二阶递归 Taylor 方法与三阶和四阶递归 Taylor 方法有相同的精度。在例 5.4.4 中二阶递归 Taylor 方法比三阶或四阶递归 Taylor 方法要精确。

(4) 10 个例子当中有 6 个例子(例 5.4.1、例 5.4.2、例 5.4.6、例 5.4.9、例 5.4.10)二阶递归 Taylor 方法比三阶递归 Taylor 方法需要较少的运算次数。

(5) 在所有的例子中四阶递归 Taylor 方法与三阶递归 Taylor 方法的精度一样。

(6) 10 个例子当中有 6 个例子(例 5.4.1、例 5.4.4、例 5.4.6、例 5.4.7、例 5.4.9、例 5.4.10)四阶递归 Taylor 方法比三阶递归 Taylor 方法需要较少的运算次数。

显然一阶递归 Taylor 方法就精度和效率而言比二阶、三阶或四阶递归 Taylor 方法要差。另外，我们注意到三阶或四阶递归 Taylor 方法并不总是比二阶递归 Taylor 方法精确(例 5.4.4)，或者更有效(例 5.4.2)。总之我们可以观察到这样一个结论：二阶递归 Taylor 方法就精度和效率而言是最好的选择。

5.5　Taylor 方法与修正仿射算术的联系

本节我们将给出 Taylor 方法与修正(矩阵形式或张量形式)仿射算术之间的理论联系。事实上此时我们只关注分别用直接的 Taylor 方法(非递归)和修正仿射算术运算后得到的输出区间，此外我们也没有对每个方法中所包含的运算次数进行详细分析。

定理 5.5.1　给定一个 n 次多项式，假设 $m>n$，如果我们对该多项式使用 m 阶 Taylor 方法，那么所得到的输出区间与使用修正仿射算术时所得到的输出区间相同。

证明　我们在这里只证明单变量情形。多变量情形下的证明完全类似。假设 $f(x)=\sum_{i=0}^{n}a_i x^i$ 是给定的单变量 n 次多项式，我们的目的是要去估计它在区间 $[\underline{x},\overline{x}]$ 上的取值范围。令 $x_0=\dfrac{\underline{x}+\overline{x}}{2}$，$x_1=\dfrac{\overline{x}-\underline{x}}{2}>0$，那么 $f(x)$ 在区间 $[\underline{x},\overline{x}]$ 上的中心形式为

$$f(x)=f(x_0)+\sum_{i=1}^{n}\frac{f^{(i)}(x_0)}{i!}(x-x_0)^i$$

我们在 2.1 节中已经证明了修正仿射算术等于中心形式的区间算术加上对多项式

奇偶项的进一步考虑。所以如果我们对 $f(x)$ 在区间 $[\underline{x},\overline{x}]$ 上使用修正仿射算术我们得到

$$f_{\mathrm{MAA}}[\underline{x},\overline{x}]=f(x_0)+\sum_{i=1}^{n}\frac{f^{(i)}(x_0)}{i!}x_1^i\times\begin{cases}[0,1], & i\text{是偶数}\\ [-1,1], & i\text{是奇数}\end{cases}$$

另外，当 $m>n$ 时，$f(x)$ 在区间 $[\underline{x},\overline{x}]$ 上的 m 阶 Taylor 形式与中心形式完全相同，这是由于对任何正整数 $i>n$，当 $f(x)$ 是一个 n 次多项式时，必有 $f^{(i)}(x)=0$。这样如果我们对 $f(x)$ 在区间 $[\underline{x},\overline{x}]$ 上使用 m 阶 Taylor 方法，我们得到与修正仿射算术完全相同的区间。证毕。

对分别用递归 Taylor 方法和修正仿射算术所得到的区间，以及各自所包含的运算次数进行理论分析还需要进一步的探索。

第6章　区间自动微分与隐式曲线曲面绘制

自动微分是一种计算技术，理论上可以计算任意变量任意阶的导数和偏导数，并非常容易用计算机编程实现。我们把自动微分推广到区间自动微分，并利用区间自动微分的易编程、高效率及高计算精度等特点来实现计算机图形学里的隐式曲线绘制，既可以降低算法的时间复杂性，又能提高图形绘制的质量。

绘制隐式曲线的细分算法中最关键的一步是估计二元函数在矩形区域内的取值范围，常用的方法是自然区间法、Taylor 展开法等。多变量函数的 Taylor 表达式展开中需要对导数和偏导数进行计算，这为区间自动微分方法与 Taylor 展开法相结合用于绘制代数曲线提供了条件。在未使用区间自动微分之前，常规 Taylor 展开法对二元函数 Taylor 展开式余项中偏导数取值范围的估计是靠人工完成的，而现在结合区间自动微分方法就可以通过计算机程序代码高效、精确地估计出 Taylor 展开式余项中偏导数的取值范围。我们将把应用区间自动微分的方法与自然区间法及手动的 Taylor 展开法对绘制曲线的效果进行比较和分析，以揭示区间自动微分在隐式曲线绘制中的应用价值。

本章内容取材于(寿华好等, 2010a；何苹等, 2011)。

6.1　区间自动微分

区间自动微分是自动微分的一种区间推广形式，为了更好地理解区间自动微分我们先回顾一下经典的自动微分。

6.1.1　自动微分和区间自动微分

自动微分方法 AD(automatic differentiation)(Griewank, 1989；Bartholomew-Biggs, 2000)是一系列基于链式求导法则的代码转换技术，通过分析原程序对象的数据相关性，以及各种预编译手段，可以把一个函数值程序代码转换成对应的计算微分的程序代码(陈晓宇等, 2009)。

自动微分实现的基本出发点是：一个数据相对独立的程序对象(模式、过程、程序段、数值语句乃至数值表达式)，无论多么复杂，总可以分解为一系列有限数目的基本函数(如 sin、exp、log)和基本运算操作(加、减、乘、除、乘方)的有序复合；对所有这些基本函数及基本运算操作，重复使用链式求导法则，将得到的中间结果自上而下地做正向积分就可以建立起对应的切线性模式，而自下而上地做反向积分就可以建立起对应的伴随模式(Griewank, 1989)。这里提到的正向积分(forward accumulation)和反向积分(backward accumulation)是两种最基本的计算微分方法(Griewank, 2000)，正向积分沿着程序运行的自然顺序“自上而下地”计算函数的导数，而反向积分沿着与程序运行相反的顺序“自下而上地”计算函数的导数(张海斌, 2005)。

对于一个给定的函数，首先将其分解为若干个基本操作的组合，每个基本操作中至多有两个操作数，然后再通过对这些基本操作进行求导，从而得出目标函数的梯度。

如对于函数 $y=\cos x_1x_2+\sin x_1^2$ 其梯度计算过程可表示如下，首先进行运算分解，令

$$x_1=x_1,\ x_2=x_2,\ x_3=f_3=x_1x_2,\ x_4=f_4=\cos x_3$$

$$x_5=f_5=x_1^2,\ x_6=f_6=\sin x_5,\ y=x_7=f_7=x_4+x_6$$

则 y 对于 x_1 的偏导数利用链式法则得到

$$\frac{\partial y}{\partial x_1}=\frac{\partial f_7}{\partial x_4}\frac{\partial f_4}{\partial x_3}\frac{\partial f_3}{\partial x_1}+\frac{\partial f_7}{\partial x_6}\frac{\partial f_6}{\partial x_5}\frac{\partial f_5}{\partial x_1}$$

其中，$\partial f_i/\partial x_j$ 可利用简单求导法则得到。例如，$f_7=x_4+x_6$，$\partial f_7/\partial x_4=\partial f_7/\partial x_6=1$，$\partial f_4/\partial x_3=-\sin x_3$，$\partial f_3/\partial x_1=x_2$，$\partial f_6/\partial x_5=\cos x_5$，$\partial f_5/\partial x_1=2x_1$，利用简单求导规则和链式法则即可求得函数的导数。

以上讨论的是单值函数，计算的一阶导数是函数的梯度向量。对于多值函数，用同样的方法可计算它的 Jacobia 矩阵。在 AD 的实现过程中，通常是先记录目标函数 $y=f(x)$ 的执行过程，再按照上述过程进行目标函数的梯度信息计算(潘雷等, 2007)。

所以自动微分可以实现任意变量任意阶导数和偏导数值的计算，使用切线性模式计算 Jacobia 矩阵-向量乘积的计算精度较高；而使用伴随模式在计算函数的梯度时具有理想的计算代价(程强等, 2009)。当自变量个数较大时，自动微分所需的计算量比通常方法所需的计算量小很多，可以提高科学计算的效率。与符号微分、差分近似等微分方法相比，自动微分具有代码简练、计算精度高、投入人力少及适用范围广等优点，在科学计算、工程计算及其应用领域中有着广泛的应用。

在利用自动微分技术计算偏导数时，只要将原来变量 x 与 y 分别换成区间 $[\underline{x},\overline{x}]$ 和 $[\underline{y},\overline{y}]$，那么原来自动微分过程中的数值运算就变成了区间运算，原来的计算结果即偏导数的值就变成了偏导数的界。我们称这种传统自动微分技术的改进为区间自动微分技术。

6.1.2 隐式曲线绘制的细分算法

平面曲线既可以用参数式 $\{(x(t),y(t)):t\in\mathbf{R}\}$ 表示，也可以用隐式 $\{(x,y): f(x,y)=0\}$ 表示。隐式曲线在几何造型特别在 CSG 和在以参数表示的形状的裁剪运算中非常有用。举例来说，它们能够表示 3 维空间中两张参数曲面的交，或者一张参数曲面对于某一给定视点的轮廓线(Snyder, 1992)。

关于参数曲线的绘制已有不少非常有效的方法，然而隐式曲线的绘制却并不那么简单。历史上关于隐式曲线的绘制方法大致可以分为两类：一类是连续跟踪法，从曲线上某些起始点开始借助于一定规则连续跟踪绘制曲线。如 TN 法(金通洸和沈炎, 1979)、正负法(蔡耀志, 1990)等。由于隐式曲线通常比较复杂，它可能包含互不相连的几个部分，而且可能包含奇点(如尖点、切点、自交点等)，这类方法最根本的困难在于完整的起始点集的选取，而且需要对奇点进行特别的处理。另一类是基于细分的方法(Snyder, 1992; Taubin, 1994a; Tupper, 2001)。通常先考虑整个绘制区域，通过估计函数 $f(x,y)$ 在该区域的界，排除无关区域和将有关区域不断细分，进一步不断排除无关区域，直到有关区域到达一个像素的大小，如果还是排除不了则把这个像素画出来。该类方法的优点是能可靠地绘制出隐式曲线，不会丢失隐式曲线的任何部分，而且不需要对奇点进行特别的处理。其缺点是如果估计方法过于保守会导致“胖”曲线的出现，原因是它有可能将不在曲线上的像素由于无法排除而画出来。

隐式曲线绘制的细分算法的基本思想是先考虑整个绘制区域 $[\underline{x},\overline{x}]\times[\underline{y},\overline{y}]$，通过保守地估计函数 $f(x,y)$ 在该区域的界 $[\underline{f},\overline{f}]$，如果 $0\notin[\underline{f},\overline{f}]$，则说明曲线 $f(x,y)=0$ 不通过该区域，可以将该区域排除，否则将该区域在其中点处用处于水平方向和垂直方向的两条直线一分为四，再逐个考虑所产生的四个小区域，该细分过程可以一直进行下去，直到所考虑的区域到达一个像素的大小，如果还是排除不了则把这个像素画出来。该算法的程序如下：

```
PROCEDURE  Quadtree(x̲, x̄, y̲, ȳ):
[f̲, f̄]  =  Bound of f on (x̲, x̄, y̲, ȳ);
IF f̲ ⩽ 0 ⩽ f̄ THEN
IF x̄ − x̲ ⩽ Pixel size  AND  ȳ − y̲ ⩽ Pixel size  THEN
Plot Pixel (x̲, x̄, y̲, ȳ),
ELSE  Subdivide(x̲, x̄, y̲, ȳ)

PROCEDURE  Subdivide(x̲, x̄, y̲, ȳ):
```

$\hat{x} = (\underline{x} + \overline{x}) / 2$;

$\hat{y} = (\underline{y} + \overline{y}) / 2$;

$\text{Quadtree}(\underline{x}, \hat{x}, \underline{y}, \hat{y})$;

$\text{Quadtree}(\underline{x}, \hat{x}, \hat{y}, \overline{y})$;

$\text{Quadtree}(\hat{x}, \overline{x}, \hat{y}, \overline{y})$;

$\text{Quadtree}(\hat{x}, \overline{x}, \underline{y}, \hat{y})$

其中，$(\hat{x},\hat{y})$是区域$[\underline{x},\overline{x}]\times[\underline{y},\overline{y}]$的中点。

6.1.3　区间自动微分结合到隐式曲线绘制的细分算法中

隐式曲线绘制的细分算法中最关键的一步是估计函数$f(x,y)$在区域$[\underline{x},\overline{x}]\times[\underline{y},\overline{y}]$上的界$[\underline{f},\overline{f}]$，不同的估计方法就绘制的效果和绘制的效率而言有差异。一般情况下估计越精确，则绘制效果越好，而要使估计更精确，往往需要更大的计算量，从而会降低算法的效率。显然，效果和效率是一对矛盾。

估计二元函数$f(x,y)$在区域$[\underline{x},\overline{x}]\times[\underline{y},\overline{y}]$上的界$[\underline{f},\overline{f}]$，通常的方法有如下几种。

1. 自然区间法

当估计$f(x,y)$在$[\underline{x},\overline{x}]\times[\underline{y},\overline{y}]$中的取值范围时，分别以区间$[\underline{x},\overline{x}]$与$[\underline{y},\overline{y}]$代替$f(x,y)$中的$x$和$y$作区间运算最终得到一个估值区间$[\underline{f},\overline{f}]$的方法。用这种方法得到的估值区间$[\underline{f},\overline{f}]$往往过于保守。

2. Taylor 展开法

1) 零阶 Taylor 展开

假设$f(x,y)$在$[\underline{x},\overline{x}]\times[\underline{y},\overline{y}]$上具有一阶连续偏导数。为了估计$f(x,y)$在$[\underline{x},\overline{x}]\times[\underline{y},\overline{y}]$的界，我们将$f(x,y)$在区域$[\underline{x},\overline{x}]\times[\underline{y},\overline{y}]$的中点$(x_0,y_0)$处零阶Taylor 展开得

$$f(x,y)=f(x_0,y_0)+hf_x(x_0+\theta h,y_0+\theta k)+kf_y(x_0+\theta h,y_0+\theta k)$$

其中，$(x,y)\in[\underline{x},\overline{x}]\times[\underline{y},\overline{y}]$，$x_0=\frac{\underline{x},\overline{x}}{2}$，$y_0=\frac{\underline{y}+\overline{y}}{2}$，$0<\theta<1$。

$$h=x-x_0\in\left[-\frac{\overline{x}-\underline{x}}{2},\frac{\overline{x}-\underline{x}}{2}\right]=\frac{\overline{x}-\underline{x}}{2}[-1,1]$$

$$k = y - y_0 \in \left[-\frac{\overline{y}-\underline{y}}{2}, \frac{\overline{y}-\underline{y}}{2}\right] = \frac{\overline{y}-\underline{y}}{2}[-1,1]$$

如果已知函数 $f(x,y)$ 的二个一阶偏导数 $f_x(x,y)$、$f_y(x,y)$ 在区域 $[\underline{x},\overline{x}]\times[\underline{y},\overline{y}]$ 上的两个区间界 B_x、B_y 使得 $f_x(x,y)\in B_x$、$f_y(x,y)\in B_y$。并记 $x_1=\frac{\overline{x}-\underline{x}}{2}$，$y_1=\frac{\overline{y}-\underline{y}}{2}$，则 $f(x,y)$ 在区域 $[\underline{x},\overline{x}]\times[\underline{y},\overline{y}]$ 上的界 $[\underline{f},\overline{f}]$ 可以用区间运算表示为

$$[\underline{f},\overline{f}] = f(x_0,y_0) + x_1 B_x[-1,1] + y_1 B_y[-1,1]$$

该方法的主要缺点是需要人工预先估计函数 $f(x,y)$ 的两个一阶偏导数 $f_x(x,y)$、$f_y(x,y)$ 在区域 $[\underline{x},\overline{x}]\times[\underline{y},\overline{y}]$ 上的两个区间界 B_x、B_y。

2) 一阶 Taylor 展开

关于一阶 Taylor 展开方法的详细描述参见 5.1 节。

3. 区间自动微分+Taylor 展开法

无论是在零阶还是一阶 Taylor 展开，Taylor 展开法中对 B_x、B_y、B_{xx}、B_{yy}、B_{xy} 的区间范围只能人工估计，这在函数 $f(x,y)$ 的表达式比较简单时是可行的，当 $f(x,y)$ 表达式比较复杂时，人工估计会变得很困难甚至根本不可行。

在对函数 Taylor 展开的基础上，可以运用以上所述的区间自动微分方法使得在计算函数值的同时把偏导数值以及偏导数的界同时计算出来。

在利用自动微分技术计算偏导数时，只要将原来变量 x 与 y 分别换成区间 $[\underline{x},\overline{x}]$ 和 $[\underline{y},\overline{y}]$，那么原来自动微分过程中的数值运算就变成了区间运算，原来的计算结果即偏导数的值就变成了偏导数的界。我们称这种传统自动微分技术的改进为区间自动微分技术。

与手动的 Taylor 展开法相比，运用区间自动微分技术的优势在于不管 $f(x,y)$ 有多复杂，都可以由计算机程序自动高效地估计出 B_x、B_y、B_{xx}、B_{yy}、B_{xy} 的区间范围。

6.1.4　实例与结论

以函数 $f(x,y)=x^2+y^2+\cos 2\pi x+\sin 2\pi y+\sin(2\pi x^2)\cos(2\pi y^2)-1$ 为例，得到的实验结果如表 6.1.1 和图 6.1.1～图 6.1.3 所示。

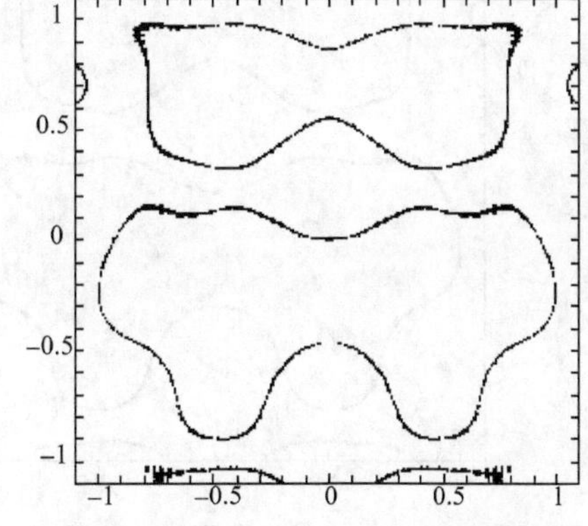

图 6.1.1　用自然区间方法绘制的曲线图

该实例取材于 1992 年的 SIGGRAPH 会议论文(Snyder, 1992)。

表 6.1.1　三种代数曲线绘制方法计算结果参数比较

参数	自然区间	Taylor 展开		自动微分+Taylor 展开	
		零阶	一阶	零阶	一阶
CPU	10.415	10.622	12.672	11.707	19.618
SUB	3023	2805	3223	2151	1991
PIX	3220	2846	2244	1884	1798
AREA	0.954163	0.958931	0.969589	0.972809	0.974121

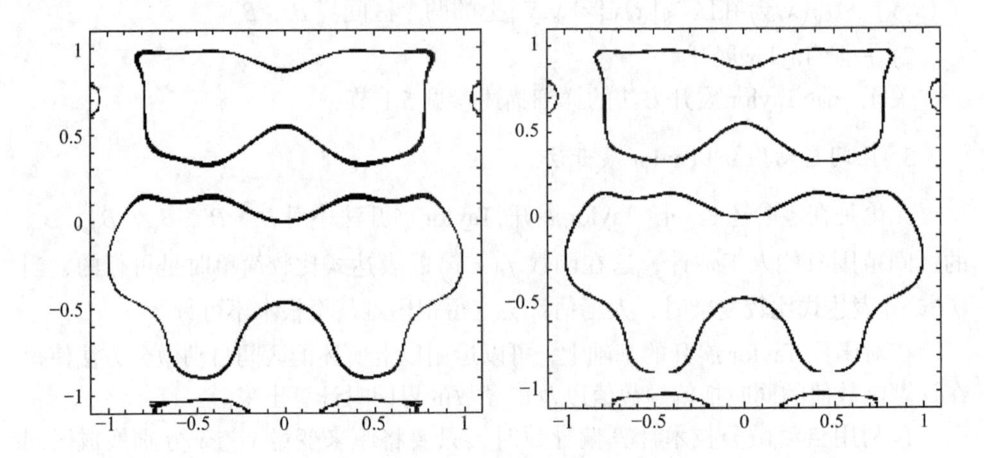

图 6.1.2　用手动 Taylor 展开法绘制的曲线图(左零阶、右一阶)

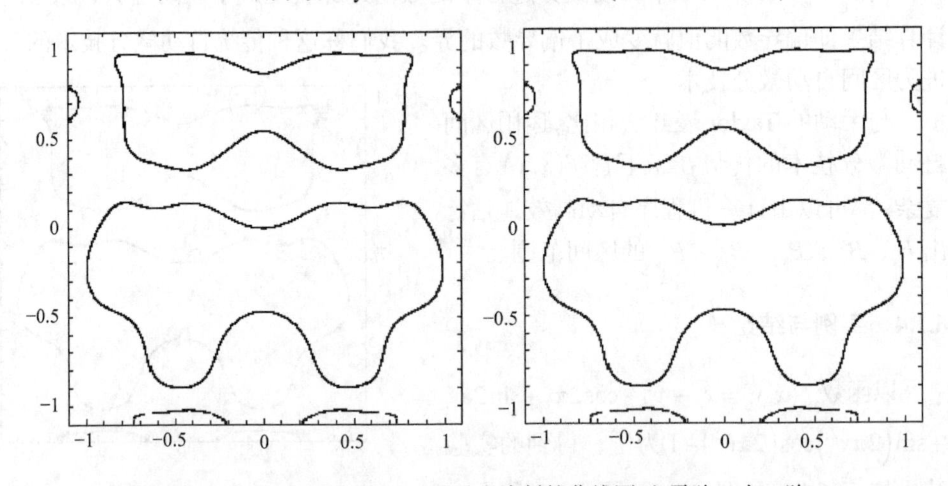

图 6.1.3　用自动微分+Taylor 展开法绘制的曲线图(左零阶、右一阶)

从实验结果对比上可以看出运用区间自动微分方法的优势有以下几方面。

(1) CPU(CPU time used)：从 CPU 的运行时间来看用自然区间方法和 Taylor 展开法稍微短一些，但是跟用区间自动微分+Taylor 展开法的差距并不是很大。

(2) SUB(Number of subdivisions)：细分的次数。好的方法细分的次数少，这便于节约时间和空间，同时还表明算法的收敛速度更快，很明显，区间自动微分+Taylor 展开法在这方面表现较好。

(3) PIX(Number of pixels)：像素数量。像素数量越少，绘制的图形质量越好；反之像素数量越多，绘制的图形质量越差。从这个指标来看也是区间自动微分+Taylor 展开法表现最好。而用自然区间方法和手动 Taylor 展开方法绘制的图形从图中(图 6.1.1 和图 6.1.2)明显可以看到所包含的像素太多，图形质量不过关。

(4) AREA(Percentage of area classified)：已探明不包含隐式曲线的空白区域面积所占有的百分比。占有百分比越大的图像质量越好，应用区间自动微分+Taylor 展开法得到的图像质量参数明显较其他两种方法更优。

从上面的比较分析可以看出：虽然从效率(CPU 占用时间)上看损失了一点，将区间自动微分与 Taylor 展开相结合应用到隐式曲线绘制的细分算法中就图形的质量而言有比较明显的优势。由于用自然区间法绘制隐式曲线通常得不到满意的图形，而当表达隐式曲线的函数表达式比较复杂时用手动 Taylor 展开法绘制隐式曲线根本不可行，从而用区间自动微分法绘制隐式曲线的最重要的意义在于使得绘制任意复杂的隐式曲线的高质量图形成为可能。我们的目的是将区间自动微分应用于计算机图形学领域隐式曲线绘制的细分算法中，区间自动微分在计算机图形学领域的其他地方仍大有用武之地，理论上讲任何用到导数的地方都可以用区间自动微分来完成，因此区间自动微分在计算机图形学中的其他应用，值得进一步探索和研究。

6.2　中心形式的区间自动微分

6.1 节用区间自动微分法绘制隐式曲线的最重要的意义在于使得绘制任意复杂的隐式曲线的高质量图形成为可能。本节提出一种新的中心形式的区间自动微分，并用实例验证应用这种中心形式的区间自动微分可以进一步提高隐式曲线绘制的质量。

6.2.1 中心形式的区间算术和中心形式的区间自动微分

设一个定义在区域$\left[\underline{x},\overline{x}\right]\times\left[\underline{y},\overline{y}\right]$上的二元多项式函数$f(x,y)$，其表达式可写为

$$f(x,y)=\sum_{i=0}^{n}\sum_{j=0}^{m}a_{ij}x^{i}y^{j},(x,y)\in\left[\underline{x},\overline{x}\right]\times\left[\underline{y},\overline{y}\right]$$

设$\tilde{x}=x_0+x_1\varepsilon_x,\tilde{y}=y_0+y_1\varepsilon_y$分别是区间$\left[\underline{x},\overline{x}\right]\times\left[\underline{y},\overline{y}\right]$上的仿射形式，这里$\varepsilon_x$和$\varepsilon_y$是噪声元，它们的值是未知的，但假定只在$[-1,1]$内变动，其中

$$x_0=\frac{\underline{x}+\overline{x}}{2}，\ y_0=\frac{\underline{y}+\overline{y}}{2}，\ x_1=\frac{\overline{x}-\underline{x}}{2}>0，\ y_1=\frac{\overline{y}-\underline{y}}{2}>0$$

所谓的中心形式是将这个二元多项式函数$f(x,y)$通过变量代换$x=\tilde{x}+\left(\underline{x}+\overline{x}\right)/2$，$y=\tilde{y}+\left(\underline{y}+\overline{y}\right)/2$，把坐标原点平移到该区域$\left[\underline{x},\overline{x}\right]\times\left[\underline{y},\overline{y}\right]$的中心而得到，这里$\tilde{x}$和$\tilde{y}$是新的坐标变量(寿华好, 2004)。

中心形式的区间算术(interval arithmetic on the centered form, IAC)是将区间算术和中心形式有效地结合在一起，是一种估计多项式函数取值范围的有效方法。在估计多项式界时中心形式的区间算术比标准的仿射算术(affine arithmetic, AA)要精确而且高效(Shou et al., 2003)。而在一般情况下，标准仿射算术比通常的区间算术要精确，所以我们可以得到中心形式的区间算术要比通常的区间算术更精确且高效。

一般地，对于一个二元多项式函数$f(x,y)$，在对其Taylor展开的基础上，可以运用以上所述的自动微分方法在计算函数值的同时把偏导数值以及偏导数的界同时计算出来。这里，在利用自动微分技术计算偏导数的界时，只要在原来变量x与y的地方分别换成区间$\left[\underline{x},\overline{x}\right]$和$\left[\underline{y},\overline{y}\right]$，那么原来自动微分过程中的数值运算就变成了区间运算，原来的计算结果即偏导数的值就变成了偏导数的界。这种传统自动微分技术的改进我们称它为区间自动微分技术。

在区间自动微分技术的运用过程中，我们做了一些实验发现其区间运算的结果往往跟所使用的区间形式有关，于是就想到了中心形式的区间算术。因为使用中心形式的区间算术时，当每次细分后所考虑的区域改变成更小的子区域时，中心形式都必须根据新的子区域进行及时更新，这样虽然需要一些额外的工作量，但是使得估计更为精确。所以考虑用中心形式的区间算术来代替通常的区间算术做区间自动微分，简称中心形式的区间自动微分。

6.2.2　中心形式的区间自动微分的应用

计算机图形学中隐式曲线的绘制并不容易，常用的方法有基于细分的方法。隐式曲线绘制的细分算法中最关键的一步是估计函数 $f(x,y)$ 在区域 $[\underline{x},\overline{x}]\times[\underline{y},\overline{y}]$ 上的界 $[\underline{f},\overline{f}]$，不同的估计方法就绘制的效果和绘制的效率而言有差异。一般情况下估计越精确，则绘制效果越好，而要使估计更精确，往往需要更大的计算量，从而会降低算法的效率。显然，效果和效率是一对矛盾。

在估计二元函数界的时候由于中心形式的区间算术比通常的区间算术要精确，所以现在我们将中心形式的区间自动微分跟 Taylor 展开法相结合应用到隐式曲线的绘制中，与以往的常用方法相比图形的质量会得到了更进一步的提高。

以函数 $f(x,y)=-13+32x-288x^2+512x^3-256x^4+64y-112y^2+256xy^2-256x^2y^2$ 为例，得到的实验结果如表 6.2.1 和图 6.2.1～图 6.2.4 所示。该实例取材于(Voiculescu, 2001)。

表 6.2.1　各种方法的比较

参数	自然区间	Taylor 展开		区间自动微分+Taylor 展开		中心形式区间自动微分+Taylor 展开	
		零阶	一阶	零阶	一阶	零阶	一阶
CPU	94.968	10.205	7.084	9.504	5.198	5.468	5.358
SUB	13140	3003	1397	1964	689	743	629
PIX	25875	4548	920	1286	534	562	512
AREA/%	60.518	93.060	98.596	98.038	99.185	99.143	99.219

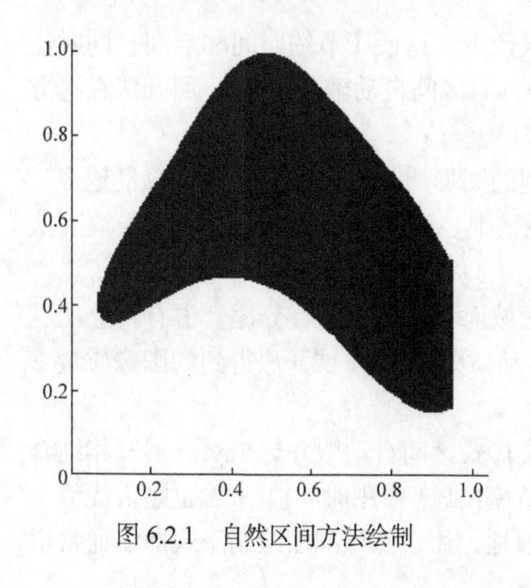

图 6.2.1　自然区间方法绘制

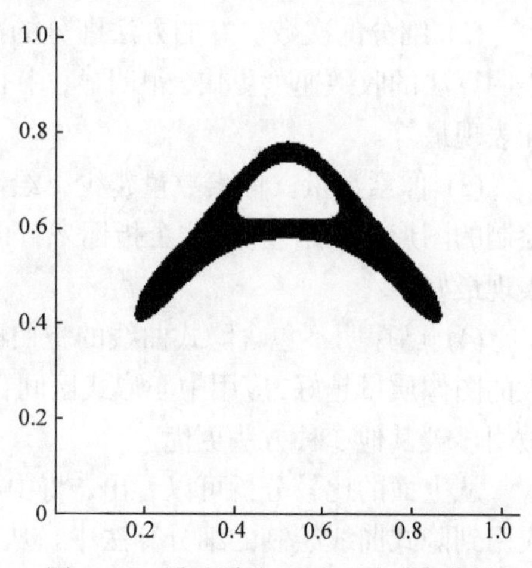

图 6.2.2　手动零阶 Taylor 展开法绘制

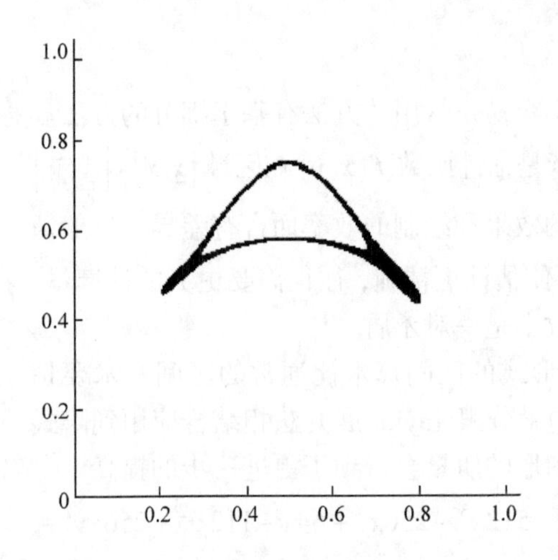

图 6.2.3　区间自动微分+零阶 Taylor 展开

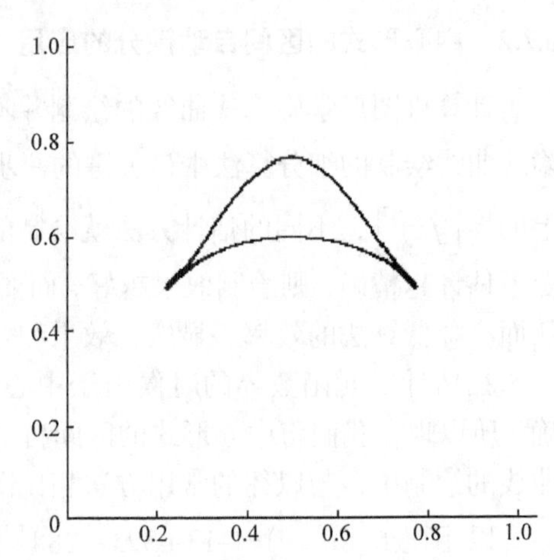

图 6.2.4　中心形式区间自动微分+零阶 Taylor 展开

因为同种方法的零阶和一阶 Taylor 展开对曲线绘制的效果区分不是很大，为使以上几种方法绘制的图形效果对比明显，现只展示自然区间法、手动 Taylor 零阶展开法、区间自动微分+零阶 Taylor 展开法以及中心形式区间自动微分+零阶 Taylor 展开法 4 种情况绘制的曲线图，其他 3 种情况的图形略。

从实验结果对比上可以看出，运用中心形式的区间自动微分方法的优势有以下几方面。

(1) 从 CPU 的运行时间来看，用自然区间方法显然不可行，与 Taylor 展开法相比，用区间自动微分+Taylor 展开法和中心形式的区间自动微分+Taylor 展开法要稍短一些。

(2) 细分的次数。好的方法细分的次数少，这便于节约时间和空间，同时还表明算法的收敛速度更快，很明显，中心形式区间自动微分+Taylor 展开法在这方面表现最好。

(3) 像素数量。像素数量越少，绘制的图形质量越好；反之像素数量越多，绘制的图形质量越差。从这个指标来看也是中心形式区间自动微分+Taylor 展开法表现最好。

(4) 已探明不包含隐式曲线的空白区域面积所占有的百分比。占有百分比越大的图像质量越好，应用中心形式区间自动微分+Taylor 展开法得到的图像质量参数明显较其他 3 种方法更优。

从上面的比较分析可以看出，将中心形式区间自动微分与 Taylor 展开相结合应用到隐式曲线绘制的细分算法中，从效率(CPU 占用时间)上来看也略占优势，而且图形的质量有了更进一步提高。一般地，用自然区间法绘制隐式曲线通常得不到满意的图形，而当隐式曲线的函数表达式比较复杂时用手动 Taylor 展开法绘制隐式曲线根本不可行。在计算机图形学领域里，经常需要绘制任意复杂且高质量的隐式曲线，用中心形式的区间自动微分法来绘制隐式曲线就具有了突出的优势。自动微分在计算机图形学领域大有用武之地，理论上讲任何用到导数的地方都可以用自动微分来完成。中心形式的区间自动微分对区间自动微分技术做了新的改进，这里将中心形式的区间算法和自动微分联系在一起，并把它应用于计算机图形学领域隐式曲线绘制中，它在计算机图形学中的其他应用，值得进一步探索和研究。

第 7 章　区间分析在计算机图形学中的其他应用

本章我们给出了区间分析在计算机图形学中的其他应用，具体来说有代数边界曲线的中轴计算、点和代数边界曲线的等分线计算、代数曲线奇点拐点数值计算、代数曲面奇点的数值计算、平面点集 Voronoi 图的细分算法、以代数曲线为边界的 2 维形体的 Voronoi 图、两条代数曲线间 Hausdorff 距离的计算、两张代数曲面之间 Hausdorff 距离的计算、基于像素的多边形等距区域子分算法、点到代数曲线最短距离的细分算法、代数曲线间最短距离的细分算法等。本章内容取材于(寿华好等, 2010b, 2011, 2013a, 2013b, 2013c; Shou et al., 2007, 2011a, 2011b; 严志刚和寿华好, 2015; 祁佳玳和寿华好, 2016a, 2016b)。

7.1　代数边界曲线的中轴计算

已有的中轴算法针对的都是参数边界曲线，近年来代数曲线曲面在几何造型和图形学中的应用越来越多，从而用代数曲线曲面构造的形体的中轴计算显得十分重要，然而由于代数曲线曲面的特殊性，其中轴的计算完全不同于参数曲线曲面，历史上未得到很好的解决。我们借助于区间分析与细分算法提出了一种新的解决方法。

以下是两条代数边界曲线的中轴算法，该算法的基本思想是通过对两条代数曲线进行采样得到两组像素点，从而两条代数曲线的中轴计算转换为求解到两组像素集合最近距离相同的像素点集合，在求解过程中借助于四叉树和区间操作进行加速。对于一个给定的函数和平面区域，区间算术是一个简单而有效的方法，能够去除那些平面内不在函数图像上的点。对于一些计算机图形学方面的问题(Barth et al., 1994; Duff, 1992)，已经通过区间算术得到了很好的解决。

7.1.1　算法描述

假设 $f_1(x,y)=0$ 和 $f_2(x,y)=0$ 是给定的两条平面代数曲线，其中 $f_1(x,y)$ 和 $f_2(x,y)$ 是二元多项式，所考虑的平面矩形区域是 $[\underline{x},\overline{x}]\times[\underline{y},\overline{y}]$，像素点大小(即像素点的长度或宽度)为 ε。计算该平面矩形区域内这两条代数曲线的中轴，相当于计算该平面矩形区域内到这两条代数曲线的等距离的像素点全体。

算法的第一个关键步骤是先将这两条代数曲线离散化，即分别找出包含这两条代数曲线的像素点的两个集合 $A_1=\bigcup_{i=1}^{n_1}\{[a_i,b_i]\times[c_i,d_i]\}$ 和 $A_2=\bigcup_{i=1}^{n_2}\{[u_i,v_i]\times[w_i,z_i]\}$。先通过中心形式的区间算术计算 $f_1(x,y)$ 在 $[\underline{x},\overline{x}]\times[\underline{y},\overline{y}]$ 上的取值范围 $[\underline{f_1},\overline{f_1}]$，然后判断 $[\underline{f_1},\overline{f_1}]$ 是否包含 0，如果 $[\underline{f_1},\overline{f_1}]$ 不包含 0，说明 $[\underline{x},\overline{x}]\times[\underline{y},\overline{y}]$ 内不包含代数曲线 $f_1(x,y)=0$，则抛弃该区域，否则如果 $[\underline{f_1},\overline{f_1}]$ 包含 0，说明 $[\underline{x},\overline{x}]\times[\underline{y},\overline{y}]$ 有可能包含代数曲线 $f_1(x,y)=0$，则将该平面矩形区域在中点处一分为四，通过不断递归的过程使得细分后的区域逐渐减小，一直细分到区域的大小即区域的长和宽都小于等于一个像素的大小 ε，如果还是排除不掉，则将该区域存入 A_1，同理可得 A_2。

算法的第二个关键步骤就是计算出平面矩形区域 $[\underline{x},\overline{x}]\times[\underline{y},\overline{y}]$ 内到这两组像素集合 A_1 和 A_2 最短距离相同的像素点集合 M。这个问题仍然是通过区间操作和四叉树解决的，先用普通区间算术逐个计算平面矩形区域 $[\underline{x},\overline{x}]\times[\underline{y},\overline{y}]$ 和像素 $[a_i,b_i]\times[c_i,d_i]$ 之间的区间距离 $[\underline{g_i},\overline{g_i}]=\sqrt{([\underline{x},\overline{x}]-[a_i,b_i])^2+([\underline{y},\overline{y}]-[c_i,d_i])^2}$，再令 $\underline{h}=\min\limits_{1\leqslant i\leqslant n_1}\{\underline{g_i}\}$，$\overline{h}=\min\limits_{1\leqslant i\leqslant n_1}\{\overline{g_i}\}$，那么区间 $[\underline{h},\overline{h}]$ 就是平面矩形区域 $[\underline{x},\overline{x}]\times[\underline{y},\overline{y}]$ 到代数曲线 A_1 的最短距离区间，同理可得平面矩形区域 $[\underline{x},\overline{x}]\times[\underline{y},\overline{y}]$ 到代数曲线 A_2 的最短距离区间 $[\underline{l},\overline{l}]$，如果 $[\underline{h},\overline{h}]$ 与 $[\underline{l},\overline{l}]$ 不相交，说明 $[\underline{x},\overline{x}]\times[\underline{y},\overline{y}]$ 到代数曲线 A_1 与代数曲线 A_2 的距离不可能相等，此时 $[\underline{x},\overline{x}]\times[\underline{y},\overline{y}]$ 不可能包含中轴点，从而可以将 $[\underline{x},\overline{x}]\times[\underline{y},\overline{y}]$ 排除，否则将 $[\underline{x},\overline{x}]\times[\underline{y},\overline{y}]$ 在中点处一分为四，通过不断递归的过程使得细分后的区域逐渐减小，一直细分到区域的大小即区域的长和宽都小于等于一个像素的大小 ε，如果还是排除不掉，则将该区域存入 M。那么 M 就是我们所要计算的两条代数曲线的中轴。下面是算法的具体实现过程。

(1) 输入两条代数曲线的函数表达式 $f_1(x,y)$ 和 $f_2(x,y)$，以及所在的平面矩形区域 $[\underline{x},\overline{x}]\times[\underline{y},\overline{y}]$ 和像素的大小 ε。

(2) 利用中心形式的区间算术计算 $f_1(x,y)$ 在区域 $[\underline{x},\overline{x}]\times[\underline{y},\overline{y}]$ 上的取值范围 $[\underline{f_1},\overline{f_1}]$，如果 $[\underline{f_1},\overline{f_1}]$ 不包含 0，则将该区域剔除，否则将该区域在中点处一分为四个小区域，对每个小区域重复步骤(2)，一直细分到区域的大小为小于等于一个像素的大小 ε，如果还是排除不掉，则将其存入 A_1，最后得到 $A_1=\bigcup_{i=1}^{n_1}\{[a_i,b_i]\times[c_i,d_i]\}$。

(3) 同理可得 $A_2=\bigcup_{i=1}^{n_2}\left\{\left[u_i,v_i\right]\times\left[w_i,z_i\right]\right\}$。

(4) 利用普通区间算术计算 $\left[\underline{g}_i,\overline{g}_i\right]=\sqrt{\left(\left[\underline{x},\overline{x}\right]-\left[a_i,b_i\right]\right)^2+\left(\left[\underline{y},\overline{y}\right]-\left[c_i,d_i\right]\right)^2}$，再令 $\left[\underline{h},\overline{h}\right]=\left[\min\limits_{1\leqslant i\leqslant n_1}\left\{\underline{g}_i\right\},\min\limits_{1\leqslant i\leqslant n_1}\left\{\overline{g}_i\right\}\right]$，同理可得 $\left[\underline{l},\overline{l}\right]$，如果 $\left[\underline{h},\overline{h}\right]$ 与 $\left[\underline{l},\overline{l}\right]$ 不相交，则将该区域剔除，否则将该区域在其中点处一分为四个小区域，对每个小区域重复步骤(4)，一直细分到区域的大小为小于等于一个像素的大小 ε，如果还是排除不掉，则将其存入 M。

(5) 作出代数曲线 A_1 和 A_2 以及中轴上所有像素点的图像 M，算法结束。

7.1.2　实例与结论

我们用 Mathematica 5.0 编程实现了以上算法，在中央处理器为 Intel Core2 CPU 6300 @ 1.86 GHz 的微机系统里运行该程序并进行了一些实例计算。

例 7.1.1　两条代数曲线分别取为圆 $f_1=-\frac{1}{4}+x^2+(y-1)^2=0$ 和抛物线 $f_2=-1+x+\left(y-\frac{2}{5}\right)^2=0$ 在平面区域 $[0,1]\times[0,1]$ 内的部分。这两条代数曲线都是二次曲线，它们的方程相对来说比较简单。图 7.1.1 是计算结果。总的 CPU 运行时间是 935.25s，总的细分次数是 2441 次，包括两条代数曲线和它们的中轴在内的总的像素是 3007 个。

例 7.1.2　两条代数曲线分别取为心脏线方程 $f_1=\left(x^2+y^2-1\right)^3-x^2y^3=0$ 作坐标平移变换 $x=x'+\frac{1}{2},\ y=y'+\frac{1}{2}$ 后，以及梨形线方程 $f_2=\left(x^2+y^2\right)(1+2x+5x^2+6x^3+6x^4+4x^5+x^6-3y^2-2xy^2+8x^2y^2+8x^3y^2+3x^4y^2+2y^4+4xy^4+3x^2y^4+y^6)-4=0$ 作坐标平移变换 $x=x'-\frac{1}{5},\ y=y'$ 后，它们所分别表示的代数曲线包含在平面区域 $[0,1]\times[0,1]$ 内的部分。其中心脏线是 6 次曲线，而梨形线是 8 次曲线，它们的方程相对例 7.1.1 来说比较复杂。图 7.1.2 是中轴计算结果。总的 CPU 运行时间是 230.25s，总的细分次数是 1283 次，包括两条代数曲线和它们的中轴在内的总的像素是 1541 个。

从以上两个实例可以看出，本算法可以有效地计算出两条平面代数曲线的中轴。然而本算法得到的是一个包含中轴的像素点的集合，由于区间算术的保守性，有些中轴邻近但不包含中轴的像素有可能会由于无法排除而被保留了下来，这会使得所得到中轴图像比实际要粗一些。解决这个问题的最好办法是：先求出所有这些有可能包含中轴的像素的中心的，组成一个点云；然后对这个点云进行最小二乘拟合，得到中轴的 B 样条表达式。此外，本算法很容易推广到以 n 条代数曲线为边界的封闭平面区域的中轴计算问题。

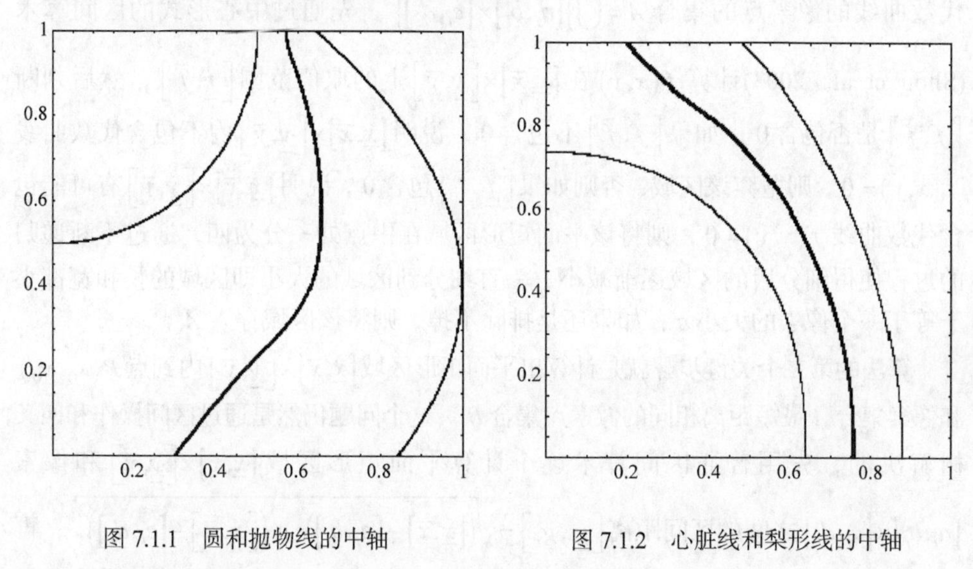

图 7.1.1　圆和抛物线的中轴　　　　图 7.1.2　心脏线和梨形线的中轴

7.2　点和代数边界曲线的等分线计算

点和代数边界曲线的等分线在形体几何分解中有很重要的作用，从某种意义上说等分线也可以看作中轴。Voronoi 图与等分线的关系比较密切，Yap(1989)曾提出用 Voronoi 图求取点、线和圆弧的等分线的算法。Farouki 和 Johnstone(1994)提出了一种针对点与参数曲线的等分线的算法，该算法建立在等距线的基础上，但是这里的等距线的距离是可变的而不是固定值，利用该算法得到的等分线是由不规则的点构成的，而且得到的等分线会产生自交的情况，因此后续需要一个裁剪的过程。我们提出了利用细分算法得到点和代数边界曲线的等分线的算法，在算法中还利用四叉树和区间分析进行加速，而且该算法还免去了复杂的裁剪过程。

7.2.1　算法描述

假设 $P(x_0,y_0)$ 与 $f(x,y)=0$ 是平面内给定的一个点和一条代数曲线，其中 $f(x,y)$ 是二元多项式，所考虑的平面矩形区域是 $[\underline{x},\overline{x}]\times[\underline{y},\overline{y}]$，像素点大小(即像素点的长度或宽度)为 ε。计算该平面矩形区域内点 $P(x_0,y_0)$ 和曲线 $f(x,y)=0$ 的等分线，相当于计算该平面矩形区域内到点 $P(x_0,y_0)$ 和曲线 $f(x,y)=0$ 的等距离的像素点全体。

算法的第一个关键步骤是先将代数曲线 $f(x,y)=0$ 离散化，即找出包含这条代数曲线的像素点的集合 $A=\bigcup_{i=1}^{n}\{[a_i,b_i]\times[c_i,d_i]\}$ 。先通过中心形式的区间算术(Shou et al., 2003)计算 $f(x,y)$ 在 $[\underline{x},\overline{x}]\times[\underline{y},\overline{y}]$ 上的取值范围 $[\underline{f},\overline{f}]$ ，然后判断 $[\underline{f},\overline{f}]$ 是否包含0，如果 $[\underline{f},\overline{f}]$ 不包含0，说明 $[\underline{x},\overline{x}]\times[\underline{y},\overline{y}]$ 内不包含代数曲线 $f(x,y)=0$ ，则抛弃该区域，否则如果 $[\underline{f},\overline{f}]$ 包含0，说明 $[\underline{x},\overline{x}]\times[\underline{y},\overline{y}]$ 有可能包含代数曲线 $f(x,y)=0$ ，则将该平面矩形区域在中点处一分为四，通过不断递归的过程使得细分后的区域逐渐减小，一直细分到区域的大小即区域的长和宽都小于等于一个像素的大小 ε ，如果还是排除不掉，则将该区域存入 A 。

算法的第二个关键步骤就是计算出平面矩形区域 $[\underline{x},\overline{x}]\times[\underline{y},\overline{y}]$ 内到点 $P(x_0,y_0)$ 和像素集合 A 最短距离相同的像素点集合 B 。这个问题仍然是通过区间操作和四叉树解决的，先用普通区间算术逐个计算平面矩形区域 $[\underline{x},\overline{x}]\times[\underline{y},\overline{y}]$ 和像素 $[a_i,b_i]\times[c_i,d_i]$ 之间的区间距离 $[\underline{g_i},\overline{g_i}]=\sqrt{([\underline{x},\overline{x}]-[a_i,b_i])^2+([\underline{y},\overline{y}]-[c_i,d_i])^2}$ ，再令 $\underline{h}=\min_{1\leqslant i\leqslant n_1}\{\underline{g_i}\}$ ， $\overline{h}=\min_{1\leqslant i\leqslant n_1}\{\overline{g_i}\}$ ，那么区间 $[\underline{h},\overline{h}]$ 就是平面矩形区域 $[\underline{x},\overline{x}]\times[\underline{y},\overline{y}]$ 到代数曲线上的点集 $A=\bigcup_{i=1}^{n}\{[a_i,b_i]\times[c_i,d_i]\}$ 的最短距离区间。由于 x_0 与 y_0 可以分别表示成区间的形式 $[x_0,x_0]$ 和 $[y_0,y_0]$ ，因此我们可以通过普通区间算法计算点 $P(x_0,y_0)$ 和平面矩形区域 $[\underline{x},\overline{x}]\times[\underline{y},\overline{y}]$ 之间的距离 $[\underline{l},\overline{l}]=\sqrt{([\underline{x},\overline{x}]-x_0)^2+([\underline{y},\overline{y}]-y_0)^2}$ 。如果 $[\underline{h},\overline{h}]$ 与 $[\underline{l},\overline{l}]$ 不相交，说明 $[\underline{x},\overline{x}]\times[\underline{y},\overline{y}]$ 到点 $P(x_0,y_0)$ 与代数曲线 $f(x,y)=0$ 的距离不可能相等，此时 $[\underline{x},\overline{x}]\times[\underline{y},\overline{y}]$ 不可能包含等分线上的点，从而可以将 $[\underline{x},\overline{x}]\times[\underline{y},\overline{y}]$ 排除，否则将 $[\underline{x},\overline{x}]\times[\underline{y},\overline{y}]$ 在中点处一分为四，通过不断递归的过程使得细分后的区域逐渐减小，一直细分到区域的大小即区域的长和宽都小于等于一个像素的大小 ε ，如果还是排除不掉，则将该区域存入 B 。那么 B 就是我们所要计算的点 $P(x_0,y_0)$ 和代数曲线 $f(x,y)=0$ 的等分线。下面是算法的具体实现过程。

(1) 输入点 $P(x_0,y_0)$ 和代数曲线的函数表达式 $f(x,y)$ ，以及所在的平面矩形区域 $[\underline{x},\overline{x}]\times[\underline{y},\overline{y}]$ 和像素的大小 ε 。

(2) 利用中心形式的区间算术计算 $f(x,y)$ 在区域 $[\underline{x},\overline{x}]\times[\underline{y},\overline{y}]$ 上的取值范围

$\left[\underline{f},\overline{f}\right]$，如果$\left[\underline{f},\overline{f}\right]$不包含 0，则将该区域剔除，否则将该区域在其中点处一分为四个小区域，对每个小区域重复步骤(2)，一直细分到区域的大小为小于等于一个像素的大小 ε，如果还是排除不掉，则将其存入 A，最后得 $A=\bigcup_{i=1}^{n}\{[a_i,b_i]\times[c_i,d_i]\}$。

(3) 利用普通区间算术计算平面矩形区域 $[\underline{x},\overline{x}]\times\left[\underline{y},\overline{y}\right]$ 和像素点 $[a_i,b_i]\times[c_i,d_i]$ 之间的距离 $\left[\underline{g}_i,\overline{g}_i\right]=\sqrt{\left([\underline{x},\overline{x}]-[a_i,b_i]\right)^2+\left(\left[\underline{y},\overline{y}\right]-[c_i,d_i]\right)^2}$，再令 $\left[\underline{h},\overline{h}\right]=\left[\min\limits_{1\leqslant i\leqslant n}\left\{\underline{g}_i\right\},\min\limits_{1\leqslant i\leqslant n}\left\{\overline{g}_i\right\}\right]$。接下来同样利用普通区间算术计算平面矩形区域 $[\underline{x},\overline{x}]\times\left[\underline{y},\overline{y}\right]$ 和点 $P(x_0,y_0)$ 之间的距离 $\left[\underline{l},\overline{l}\right]=\sqrt{\left([\underline{x},\overline{x}]-x_0\right)^2+\left(\left[\underline{y},\overline{y}\right]-y_0\right)^2}$。如果 $\left[\underline{h},\overline{h}\right]$ 与 $\left[\underline{l},\overline{l}\right]$ 不相交，则将该区域剔除，否则将该区域在其中点处一分为四个小区域，对每个小区域重复步骤(3)，一直细分到区域的大小为小于等于一个像素的大小 ε，如果还是排除不掉，则将其存入像素点集 B。

(4) 作出点 $P(x_0,y_0)$ 和代数曲线上像素点集 A 以及等分线上所有像素点的图像 B，算法结束。

7.2.2　实例与结论

我们用 Mathematica 5.0 编程实现了以上算法，在中央处理器为 Intel Core2 CPU 6300 @ 1.86 GHz 的微机系统里运行该程序并进行了一些实例计算。

例 7.2.1　给定的代数曲线是 $x^2+y^2-x-y+\frac{7}{16}=0$，表示圆心是 $\left(\frac{1}{2},\frac{1}{2}\right)$，半径等于 $\frac{1}{4}$ 的圆。另外给定点的坐标为 $(0.62,0.62)$，

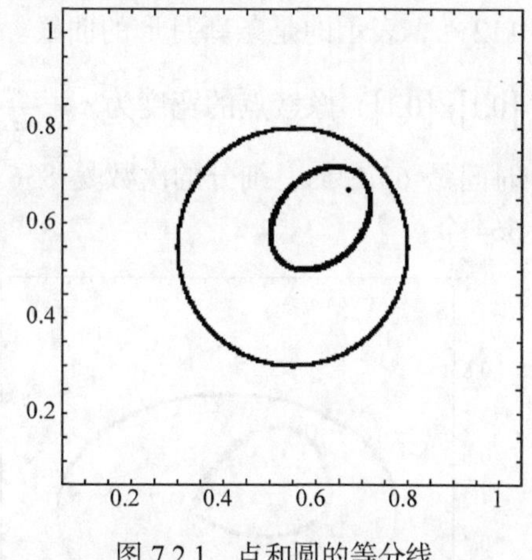

图 7.2.1　点和圆的等分线

矩形区域为 $[0,1]\times[0,1]$，像素点的宽度为 $\varepsilon=\frac{1}{256}$。图 7.2.1 给出了计算的结果，程序的运行时间是 104.375s，细分的次数是 886 次，包括代数曲线和等分线在内总的像素点是 896 个。

例 7.2.2　给定的代数曲线是 $4x^2-4x-y+\frac{9}{8}=0$，表示的是一条抛物线。另

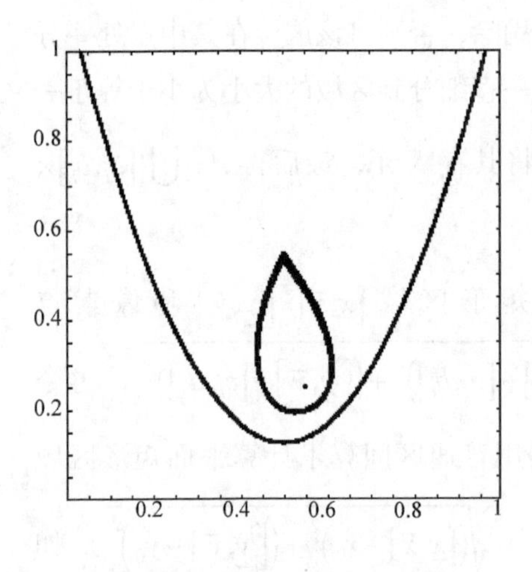

图 7.2.2　点和抛物线的等分线

外给定点的坐标为$(0.55,0.25)$，矩形区域为$[0,1]\times[0,1]$，像素点的宽度为$\varepsilon=\dfrac{1}{256}$。图 7.2.2 给出了计算的结果，程序的运行时间是 191.359s，细分的次数是 1182 次，包括代数曲线和等分线在内总的像素点是 1308 个。

例 7.2.3　给定的代数曲线是$x^2+\dfrac{9}{4}y^2-x-\dfrac{9}{4}y+\dfrac{43}{64}=0$，表示的是个椭圆。另外给定点的坐标为$\left(\dfrac{3}{8},\dfrac{5}{8}\right)$，矩形区域为$[0,1]\times[0,1]$，像素点的宽度为$\varepsilon=\dfrac{1}{256}$。图 7.2.3 给出了计算的结果，程序的运行时间是 148.578s，细分的次数是 1054 次，包括代数曲线和等分线在内总的像素点是 1135 个。

例 7.2.4　给定的代数曲线是$256x^4+256x^2y^2-512x^3-256xy^2+288x^2+112y^2$，表示的是条新月形的曲线。另外给定点的坐标为$(0.5,0.7)$，矩形区域为$[0,1]\times[0,1]$，像素点的宽度为$\varepsilon=\dfrac{1}{256}$。图 7.2.4 给出了计算的结果，程序的运行时间是 63.125s，细分的次数是 836 次，总的像素点(包括代数曲线和等分线)是 664 个。

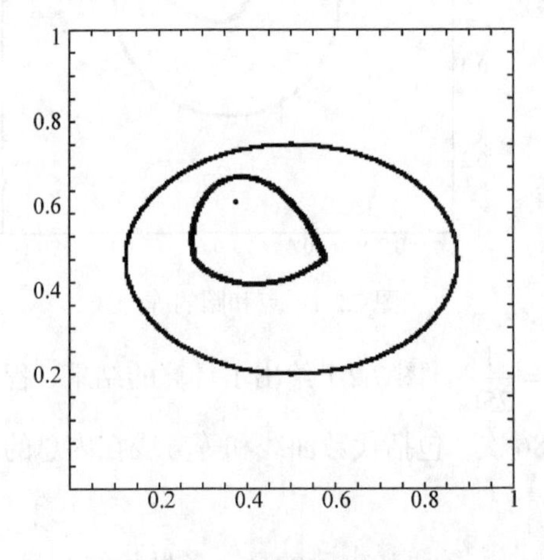

图 7.2.3　点和椭圆的等分线

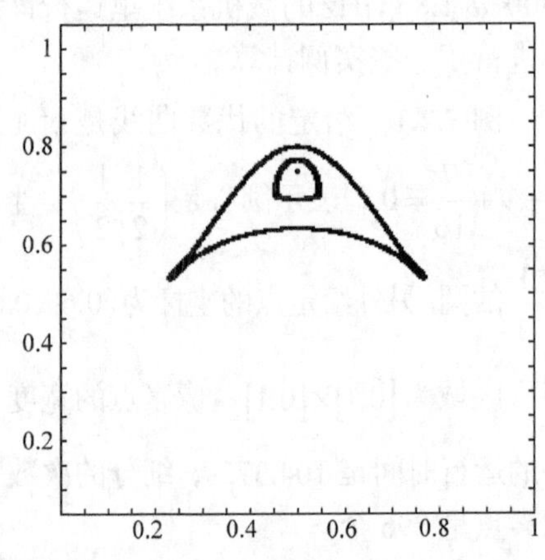

图 7.2.4　点和新月形曲线的等分线

例 7.2.5　给定的代数曲线是 $\left(\left(x+\frac{1}{2}\right)^2+\left(y+\frac{1}{2}\right)^2-1\right)^3-\left(x+\frac{1}{2}\right)^2\left(y+\frac{1}{2}\right)^3=0$，表示的是个心形的曲线。另外给定点的坐标为 $(0.24,0.3)$，矩形区域为 $[-2,1]\times[-2,1]$，像素点的宽度为 $\varepsilon=\frac{1}{256}$。图 7.2.5 给出了计算的结果，程序的运行时间是 208.094s，细分的次数是 1441 次，总的像素点(包括代数曲线和等分线)是 1355 个。

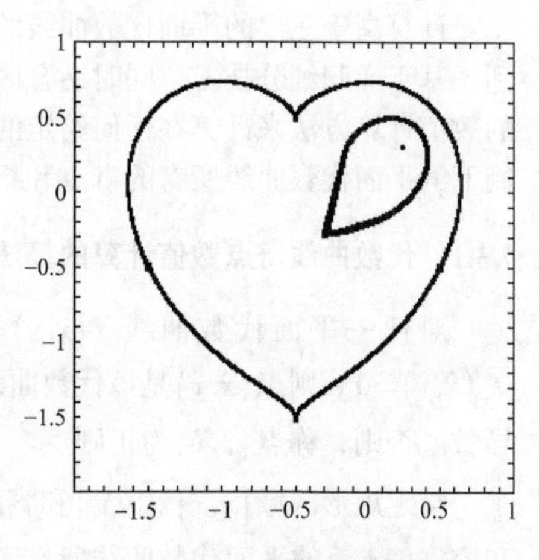

图 7.2.5　点和心形曲线的等分线

从以上实例中可以看出，我们提出的点和代数边界曲线等分线的算法是可靠的和有效的。Farouki 和 Johnstone(1994)曾在文中提出了点与平面参数边界曲线等分线的算法，利用该算法得到的等分线是需要修剪的，而利用本算法得到的等分线是不需要再修剪的，这也体现本算法的优越性。但是由于区间分析算法的保守性，某些离等分线很近的像素点没有办法删除，所以得到的等分线是会比实际等分线略粗一些。

7.3　代数曲线奇点拐点数值计算

奇点在代数曲线曲面理论中发挥着至关重要的作用，但其计算公式和算法设计却不是很简单明确的(Walker,1950; Sakkalis and Farouki,1990)。多年来，众多学者研究代数曲线曲面奇点并不仅仅局限于学术上的兴趣，更多的是因为奇点在处理几何信息，如在 CAGD、机器人运动规划以及机器视觉中的实际应用。

Sakkalis 和 Farouki (1990)给出了一个算法，利用这个算法来确定有理系数平面代数曲线的奇点，但是当代数曲线次数较高或奇点的结构较复杂时，算法会变得无比的烦琐。

Paluszny 等(2002)给出了计算三次代数曲线奇点坐标的显式表达式，其中奇点坐标可以用该三次代数曲线的系数表示为至多五次的有理函数。

平面代数曲线应用于形状建模和对这些曲线的实拐点的计算，这是因为拐点表现了曲线重要的形态特征。Chen 和 Wang (2003)提出了一种算法，计算实平面三次代数曲线的实拐点。该算法简化了 Hilbert 对计算三次代数曲线在复射影平面的拐点的解决方案，但仍然无法计算出次数高于三次的实平面代数曲线的实拐点。

计算高于三次的平面代数曲线的奇点或拐点的表达式可能过于复杂而无法得到。基于递归细分技术，同时结合区间运算技术，Shou 等(2007)提出稳定、可靠的数值计算方法来计算在任何给定的矩形区域内、任何计算机所能允许的精度限制下的平面代数曲线所有的奇点和拐点。

7.3.1　代数曲线奇点数值计算的算法原理

对任一平面代数曲线 $f(x,y)=0$ 来说，若 $f(\hat{x},\hat{y})=0$，且 $f_x(\hat{x},\hat{y})=0$ 和 $f_y(\hat{x},\hat{y})=0$，则点 $(\hat{x},\hat{y})$ 是该代数曲线的奇点。其中 f_x 和 f_y 分别表示曲线 f 的偏导数。否则，称点 $(\hat{x},\hat{y})$ 为正则点。

给定矩形区域 $[\underline{x},\overline{x}]\times[\underline{y},\overline{y}]$ 和容许偏差 ε，假设我们想要找到在此矩形区域内和容许偏差 ε 的平面代数曲线所有奇点(如果存在)，这意味着数值计算的奇点和其对应的确切奇点之间的欧氏距离应小于 ε。

平面代数曲线奇点的数值计算本质上是一个求交集问题，即求满足 $f(x,y)=0$，且它的偏导数曲线同时满足 $f_x(x,y)=0$ 和 $f_y(x,y)=0$ 的点。要找到平面代数曲线 $f(x,y)=0$ 在矩形区域 $[\underline{x},\overline{x}]\times[\underline{y},\overline{y}]$ 内的所有奇点，首先我们使用矩阵形式的仿射算术计算出三个函数 $f(x,y)$、$f_x(x,y)$ 和 $f_y(x,y)$ 在矩形区域 $[\underline{x},\overline{x}]\times[\underline{y},\overline{y}]$ 内的三个取值范围 $[\underline{f},\overline{f}]$、$[\underline{f_x},\overline{f_x}]$ 和 $[\underline{f_y},\overline{f_y}]$。若 $0\notin[\underline{f},\overline{f}]$，$0\notin[\underline{f_x},\overline{f_x}]$ 或 $0\notin[\underline{f_y},\overline{f_y}]$，那么在这个矩形区域内就没有奇点，因此该区域可以舍弃。否则，分别连接横向和纵向上的中点，把矩形区域分为四个小区域，并依次用上述方法对各区域进行计算。当任一小区域达到某一给定实数 δ 时该进程停止。通常为了简便，我们设 $\delta=10^{-k}$ (k 的初始值设为 1)。由于这个程序的结果是一系列的小矩形框，其中可能包含了奇点。而其中的一些小矩形框相互连接或非常接近，因此，下一步我们要做的是根据它们之间的联系将所有这些小矩形框分成若干组。

两个矩形框 $[\underline{a},\overline{a}]\times[\underline{b},\overline{b}]$ 和 $[\underline{c},\overline{c}]\times[\underline{d},\overline{d}]$ 邻近关系测量的标准是检验两个矩形框之间的欧氏距离的下界是否等于或小于 ε。这里的欧氏距离被定义为

$$\sqrt{\left([\underline{a},\overline{a}]-[\underline{c},\overline{c}]\right)^2+\left([\underline{b},\overline{b}]-[\underline{d},\overline{d}]\right)^2}$$

如果两个矩形框之间的欧氏距离的下界等于或小于 ε，我们就把这两个矩形框分在同一组。

下一步是找到各组矩形框的包围盒。若这些包围盒的对角线的大小都小于 2ε，我们将输出包围盒的中心作为精度为 ε 的数值计算的奇点。否则，我们将 k

的值增加 1，这意味着新一轮的细分，然后重新开始重复整个过程。当 k 值每增加 1 时，整个过程就重复一次。当 k 值增加时，$\delta=10^{-k}$ 减小，所有包围盒大小也减小。最终所有包围盒对角线的大小都将小于 2ε，进程将停止。

此处，f 的定义域为 $[\underline{x},\overline{x}]\times[\underline{y},\overline{y}]$，我们可以利用如区间运算的幂基形式、中心形式、仿射算术或修正仿射算术，获得 f 在上的 $[\underline{x},\overline{x}]\times[\underline{y},\overline{y}]$ 的取值范围。在这里我们选择使用矩阵形式的仿射算术方法(Shou et al.,2002a)。

7.3.2　代数曲线拐点数值计算的算法原理

拐点 (x_0,y_0) 定义为在该点邻近曲线 $y=g(x)$ 的凹凸性有变化(即曲率符号有变化)。点 (x_0,y_0) 是拐点的必要条件是 $g''(x_0)=0$，充分条件是需要二阶导数 $g''(x)$ 在 x_0 附近有相反的符号。

如果函数 $f(x,y)=0$ 的隐式定义曲线为 $y=g(x)$，那么 $y=g(x)$ 的二阶导数为

$$g''(x)=\frac{f_y^2 f_{xx}-2f_x f_y f_{xy}+f_x^2 f_{yy}}{-f_y^3}$$

其中，$f_y\neq 0$。

令 $h(x,y)=f_y^2 f_{xx}-2f_x f_y f_{xy}+f_x^2 f_{yy}$，则 (x_0,y_0) 是拐点的必要条件是

$$\begin{cases}f(x_0,y_0)=0\\ h(x_0,y_0)=0\end{cases}$$

我们注意到，如果 $f_x(x_0,y_0)=0$ 和 $f_y(x_0,y_0)=0$，那么必有 $h(x_0,y_0)=0$。那么，用该算法计算拐点时可能还包括所有的奇点。因此我们需要确定同时满足 $|f_x(x_0,y_0)|\leqslant\varepsilon$ 和 $|f_y(x_0,y_0)|\leqslant\varepsilon$ 的拐点 (x_0,y_0) 是否同时也是一个奇点。然后根据需要，若只对拐点感兴趣，可以忽略奇点，若对两者都有兴趣则可保存该奇点。

由于函数 $f(x,y)$ 是一个多项式，$f_y(x,y)$ 也是一个连续的多项式，只要 $f_y(x_0,y_0)\neq 0$，那么 $f_y(x,y)$ 在点 (x_0,y_0) 附近符号保持不变。因此，对于曲线 $f(x,y)=0$，接下来我们要做的是通过检验 $h(x,y)$ 在点 (x_0,y_0) 附近是否异号，来确定疑似拐点 (x_0,y_0) 是否是拐点。具体而言，我们选取点 (x_0,y_0) 左边邻近的三个点 $(x_0-\varepsilon,y_0+\varepsilon)$、$(x_0-\varepsilon,y_0)$ 和 $(x_0-\varepsilon,y_0-\varepsilon)$。然后，比较函数 $f(x_0-\varepsilon,y_0+\varepsilon)$、$f(x_0-\varepsilon,y_0)$ 和 $f(x_0-\varepsilon,y_0-\varepsilon)$，选择最接近于零点的。我们认为使函数值最接近于零相应的点 (x_l,y_l) 是平面代数曲线上疑似拐点 (x_0,y_0) 的左侧邻近点。用类似的方法我们还可以找到点 (x_0,y_0) 右侧附近的点 (x_r,y_r)。最后，通过测试

$h(x_l,y_l)h(x_r,y_r)<0$ 是否满足，判定疑似拐点 (x_0,y_0) 是否确实是拐点。

数值计算平面代数曲线拐点的算法类似于计算平面代数曲线奇点的算法，主要不同的是在四叉树程序的判断语句上。如果我们要计算出平面代数曲线在一长方形区域内所有的奇点和拐点，应该使用文献(Shou et al., 2007)中的算法 2，因为它可以在同一时间找到所有的奇点以及拐点。但对于某些应用，如果我们只需要找奇点，用文献(Shou et al., 2007)中的算法 1 更好，因为它在只寻找奇点时比文献(Shou et al., 2007)中的算法 2 更有效。具体的程序在文献(Shou et al., 2007)中已经给出。

7.3.3 实例与结论

代数曲线奇点和拐点的数值计算的实例在文献(Shou et al., 2007)中已经给出，与文献(Sakkalis and Farouki, 1990)中只适用于有理系数的平面代数曲线奇点的计算的算法相比，文献(Shou et al., 2007)的算法可以同时有效地计算有理和无理系数的平面代数曲线的奇点。文献(Paluszny et al., 2002)中提出的计算奇点的算法和文献(Chen and Wang, 2003)中拐点的算法只适用于三次平面代数曲线，因此对高于三次的平面代数曲线的奇点和拐点不能用这些算法计算。文献(Shou et al., 2007)提出的算法，可用于计算任何次数的平面代数曲线的奇点或拐点，对次数大于三次的平面代数曲线亦然。

从上面的算法和数值试验的结果可知，文献(Shou et al., 2007)提出的对平面代数曲线的奇点和拐点的算法在理论上是合理的、切实可行的。该算法保证可以找到平面代数曲线在任何特定矩形区域内、任何计算机所能允许的精度限制下的所有奇点和拐点。当然，极高的精度可能会使 CPU 计算时间增加很多。

7.4 代数曲面奇点的数值计算

因为曲面没有拐点，下面我们将文献(Shou et al., 2007)中的算法推广到 3 维的情况下，给出计算代数曲面离散奇点的算法。其中曲面可以是任意形状、任意次数，且计算所得的奇点可以满足任意计算机所能容许的精度。

7.4.1 代数曲面奇点数值计算的算法原理

在这里我们利用区间运算技术和细分技术，给出任意次数代数曲面在任何特定的立方体区域内的所有奇点的数值计算方法。

在空间解析几何里有这样的定义：曲面 $f(x,y,z)=0$ 上满足 $f_x(\hat{x},\hat{y},\hat{z})=f_y(\hat{x},\hat{y},\hat{z})=f_z(\hat{x},\hat{y},\hat{z})=0$ 的点，称为曲面的奇点，否则点 $(\hat{x},\hat{y},\hat{z})$ 为曲面的正则点。

给定区域$\left[\underline{x},\overline{x}\right]\times\left[\underline{y},\overline{y}\right]\times\left[\underline{z},\overline{z}\right]$和容差$\varepsilon$，数值计算代数曲面的奇点本质上是一个求交集问题，即要满足$f(x,y,z)=0$，同时它的偏导数满足$f_x(x,y,z)=0$、$f_y(x,y,z)=0$和$f_z(x,y,z)=0$。要找到代数曲面在此区域内和容差ε内的所有奇点，首先我们使用修正仿射算术分别计算出$f(x,y,z)$、$f_x(x,y,z)$、$f_y(x,y,z)$和$f_z(x,y,z)$在区域$[\underline{x},\overline{x}]\times[\underline{y},\overline{y}]\times[\underline{z},\overline{z}]$内的四个取值范围$\left[\underline{f},\overline{f}\right]$、$\left[\underline{f_x},\overline{f_x}\right]$、$\left[\underline{f_y},\overline{f_y}\right]$和$\left[\underline{f_z},\overline{f_z}\right]$。

若$0\notin\left[\underline{f},\overline{f}\right]$、$0\notin\left[\underline{f_x},\overline{f_x}\right]$、$0\notin\left[\underline{f_y},\overline{f_y}\right]$或$0\notin\left[\underline{f_z},\overline{f_z}\right]$中只要有一个满足，那么在这个区域内就没有奇点，于是可以不考虑这个区域。否则，将该区域分为八个小立方体区域(以各边中点连接将立方体以上下、左右、前后的形式切分)，并对各区域依次用上述方法计算。当不断细分的小区域达到某一实数给定δ时，该算法停止。我们可以近似地认为这些立方体的中心点就是该曲面的奇点。通常为了运算简便，设$\delta=10^{-k}$(设置k的初始值为 1)。

7.4.2　代数曲面奇点数值计算的算法程序

根据 7.4.1 节中的算法原理描述，我们进一步给出以下的具体算法程序：

PROCEDURE Octree$\left(\underline{x},\overline{x},\underline{y},\overline{y},\underline{z},\overline{z}\right)$:

$\left[\underline{f},\overline{f}\right]$=Bound of f on $[\underline{x},\overline{x}]\times\left[\underline{y},\overline{y}\right]\times[\underline{z},\overline{z}]$;

$\left[\underline{f_x},\overline{f_x}\right]$=Bound of f_x on $[\underline{x},\overline{x}]\times\left[\underline{y},\overline{y}\right]\times[\underline{z},\overline{z}]$;

$\left[\underline{f_y},\overline{f_y}\right]$=Bound of f_y on $[\underline{x},\overline{x}]\times\left[\underline{y},\overline{y}\right]\times[\underline{z},\overline{z}]$;

$\left[\underline{f_z},\overline{f_z}\right]$=Bound of f_z on $[\underline{x},\overline{x}]\times\left[\underline{y},\overline{y}\right]\times[\underline{z},\overline{z}]$;

IF $\underline{f}\leqslant 0\leqslant\overline{f}$ AND $\underline{f_x}\leqslant 0\leqslant\overline{f_x}$ AND
$\underline{f_y}\leqslant 0\leqslant\overline{f_y}$ AND $\underline{f_z}\leqslant 0\leqslant\overline{f_z}$ THEN
IF $\overline{x}-\underline{x}\leqslant\delta$ AND $\overline{y}-\underline{y}\leqslant\delta$ AND $\overline{z}-\underline{z}\leqslant\delta$ THEN
　ADD Cuboid $[\underline{x},\overline{x}]\times\left[\underline{y},\overline{y}\right]\times[\underline{z},\overline{z}]$ to Result
ELSE Subdivide$\left(\underline{x},\overline{x},\underline{y},\overline{y},\underline{z},\overline{z}\right)$

PROCEDURE Subdivide$\left(\underline{x},\overline{x},\underline{y},\overline{y},\underline{z},\overline{z}\right)$:

$\breve{x}=(\underline{x}+\overline{x})/2$; $\breve{y}=\left(\underline{y}+\overline{y}\right)/2$; $\breve{z}=(\underline{z}+\overline{z})/2$;

　Quadtree$\left(\underline{x},\breve{x},\underline{y},\breve{y},\underline{z},\breve{z}\right)$; Quadtree$\left(\underline{x},\breve{x},\underline{y},\breve{y},\breve{z},\overline{z}\right)$;

Quadtree$(\underline{x}, \breve{x}, \breve{y}, \overline{y}, \underline{z}, \breve{z})$; Quadtree$(\underline{x}, \breve{x}, \breve{y}, \overline{y}, \breve{z}, \overline{z})$;

Quadtree$(\breve{x}, \overline{x}, \underline{y}, \breve{y}, \underline{z}, \breve{z})$; Quadtree$(\breve{x}, \overline{x}, \underline{y}, \breve{y}, \breve{z}, \overline{z})$;

Quadtree$(\breve{x}, \overline{x}, \breve{y}, \overline{y}, \underline{z}, \breve{z})$; Quadtree$(\breve{x}, \overline{x}, \breve{y}, \overline{y}, \breve{z}, \overline{z})$

PROCEDURE SingularPoints:

Size=Length of Result;

IF Size>0 THEN

LABEL SecondBegin:

TempCuboid=First Cuboid of Result;

Result=Result with First Cuboid Removed;

Size=Size-1;

LABEL FirstBegin:

IF Size>0 THEN For[i=1,i⩽Size,i++]

$[\underline{d_i}, \overline{d_i}]$=Distance of TempCuboid and

Number i Cuboid in Result;

IF $\underline{d_i} \leqslant \varepsilon$ THEN TempCuboid = Bounding Cuboid of TempCuboid and Number i Cuboid in Result;

Result=Result with Number i Cuboid Removed;

Size=Size-1; GOTO FirstBegin;

(x_0, y_0, z_0)=Center Point of TempCuboid;

Precision=Half the diagonal size of TempCuboid;

IF Precision>ε THEN $k = k + 1$; GOTO ThirdBegin;

OUTPUT Singular Point (x_0, y_0, z_0) with

Precision Information;

IF Size>0 GOTO SecondBegin

其中程序Octree通过八叉树分割的办法把代数曲面的所有奇点分离成一个个小的立方体，奇点一定包含在这些小立方体之中，但反之不成立，也就是说被保留下来的小的立方体不一定包含奇点，只是很靠近奇点而无法排除。

程序SingularPoints的作用就是对程序Octree所产生的小的立方体进行处理，把相邻的小立方体合并成为更大的立方体，最终产生若干个互相分离的立方体包围盒，输出包围盒的中心作为奇点的近似值，同时给出奇点误差为包围盒对角线长度的一半，判断该误差是否达到要求，如果尚未达到，则提高k的值重新再做一遍，一直到精度满足要求。

7.4.3　实例与结论

以下通过几个实例来验证我们的算法。所有与代数曲面的奇点计算相关的测试都在配置为 2.26GHz 的 Core2 Duo CPU 内存 3GB 的笔记本电脑上的 Mathematica 5.0 数学软件中进行的。

例 7.4.1　kegel 曲面：$(x+0.5)^2+y^2-z^2=0$，如图 7.4.1 所示，在区域 $[-1,1]\times[-1,1]\times[-1,1]$ 内有奇点 $\left\{-\dfrac{1}{2},0,0\right\}$。

例 7.4.2　dingdong 曲面：$x^2-z^2+z^3+y^2=0$，如图 7.4.2 所示，在区域 $[-1,1]\times[-1,1]\times[-1,1]$ 内有奇点{0，0，0}。

图 7.4.1　kegel 曲面

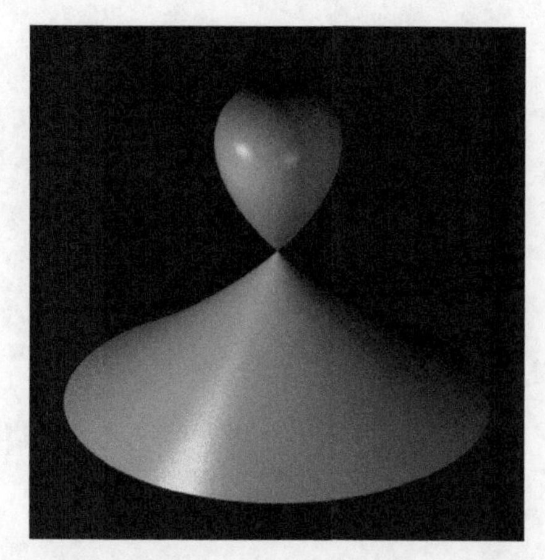

图 7.4.2　dingdong 曲面

例 7.4.3　zeck 曲面：$x^2+y^2-z^3(1-z)=0$，如图 7.4.3 所示，在区域 $[-1,1]\times[-1,1]\times[-1,1]$ 内有奇点{0，0，0}。

例 7.4.4　sofa 曲面：$x^2+y^3+z^5=0$，如图 7.4.4 所示，在区域 $[-2,2]\times[-2,2]\times[-2,2]$ 内有奇点{0，0，0}。

例 7.4.5　taube 曲面：$256z^3-128x^2z^2+16x^4z+144xy^2z-4x^3y^2-27y^4=0$，如图 7.4.5 所示，在区域 $[-9,9]\times[-9,9]\times[-9,9]$ 内没有奇点。

例 7.4.6　zitrus 曲面：$x^2+z^2+y^3(y-1)^3=0$，如图 7.4.6 所示，在区域 $[-1,2]\times[-1,2]\times[-1,2]$ 内有{0，0，0}和{0，1，0}两个奇点。

例 7.4.7　polsterzipf 曲面：$(x^3-1)^2+(z^2-1)^3+(y^3-1)^2=0$，如图 7.4.7 所示，在区域 $[-2,2]\times[-2,2]\times[-2,2]$ 内有{0，1，0}，{1，1，−1}，{1，0，0}，{1，1，1}四个奇点。

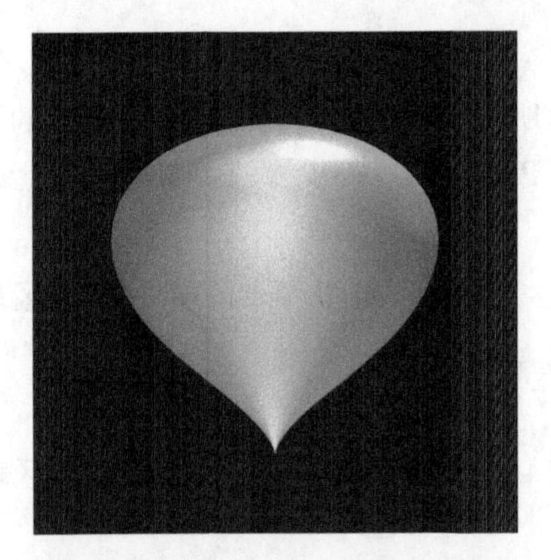

图 7.4.3 zeck 曲面

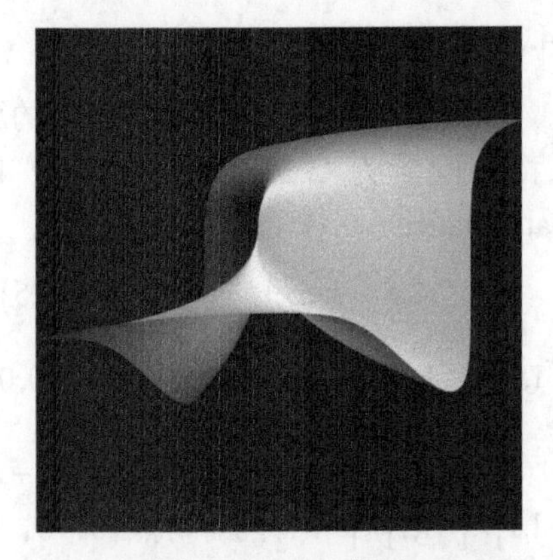

图 7.4.4 sofa 曲面

图 7.4.5 taube 曲面

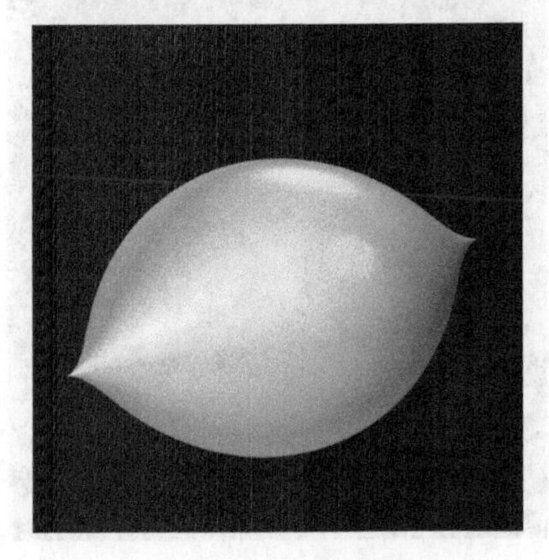

图 7.4.6 zitrus 曲面

图 7.4.7 polsterzipf 曲面

将以上各例子运算得到的奇点的数值结果都记录在表 7.4.1 中，其中误差限 $\varepsilon=0.001$。误差限 $\varepsilon=0.00001$ 的计算结果记录在表 7.4.2 中，其中最小的 k 是指当保证每个计算奇点和相应的准确奇点间的距离小于 ε 时最小的 k 值。CPU 时间是指计算奇点所花费的总时间。奇点是用算法计算得到的奇点的数值结果。精度是指计算奇点和其对应的确切奇点之间的距离的保守估计(即通常是大于真正的距离)。

表 7.4.1 奇点计算结果($\varepsilon=0.001$)

例子	最小的 k	CPU 时间/s	奇点	精度
7.4.1	4	0.375	{−0.5,0,0}	0.000105716
7.4.2	4	0.452	{0,0,0}	0.000105716
7.4.3	4	0.53	{0,0,0}	0.000105716
7.4.4	4	1.076	{0,0,0}	0.000149505
7.4.5	1	0	无奇点	N/A
7.4.6	4	0.39	{−0.0000152588,0.0000305176,−0.0000152588}	0.000112129
			{−0.0000152588,0.999969,−0.0000152588}	0.000112129
7.4.7	4	6.349	{0,1,0}	0.000105716
			{1,1,−1}	0.000105716
			{1,0,0}	0.000105716
			{1,1,1}	0.000105716

表 7.4.2 奇点计算结果($\varepsilon=0.00001$)

例子	最小的 k	CPU 时间/s	奇点	精度
7.4.1	6	0.515	{−0.5,0,0}	1.65181×10^{-6}
7.4.2	6	0.639	{0,0,0}	1.65181×10^{-6}
7.4.3	6	0.796	{0,0,0}	1.65181×10^{-6}
7.4.4	6	1.498	{0,0,0}	2.33602×10^{-6}
7.4.5	1	0	无奇点	N/A
7.4.6	5	0.561	$\{-9.53674\times10^{-7},1.90735\times10^{-6},-9.53674\times10^{-7}\}$	7.00805×10^{-6}
			$\{-9.53674\times10^{-7},0.999998,-9.53674\times10^{-7}\}$	7.00805×10^{-6}
7.4.7	6	8.908	{0,1,0}	1.65181×10^{-6}
			{1,1,−1}	1.65181×10^{-6}
			{1,0,0}	1.65181×10^{-6}
			{1,1,1}	1.65181×10^{-6}

从本节所提出的算法描述和数值检验的结果，我们可以得出计算代数曲面离散奇点的算法是切实可行的。该算法保证能找到任意次数的代数曲面、任意给出的长方形区域内以及任何计算机所能允许的精度下代数曲面的所有离散奇点。当然，在精度越高的情况下 CPU 所花费的时间也越多。最后我们指出这个算法只适用于找出代数曲面的离散奇点，如果奇点是连续地形成曲线，则该算法失效，需要进一步的研究。

7.5　平面点集 Voronoi 图的细分算法

Voronoi 图的应用领域非常广泛，在 Voronoi 图明确定义以前，1644 年法国数学家 Descartes(笛卡儿)发表的太阳系及其周边天体的分布图，就是一种 Voronoi 图，而且还是一种加权 Voronoi 图(蔡强, 2010)。1932 年 Delone 给出了“Voronoi 区域”的概念，标志着 Voronoi 图作为计算几何的一个研究分支的正式诞生。其后在生物学、化学、流体力学、医学等诸多领域得到广泛应用。作为当前计算几何学科的一个研究热点，就其重要性来说，Voronoi 图是仅次于凸壳的一个重要的几何结构。在不同的领域，Voronoi 图有时也被称为 Thiessen 多边形、Dirichrit 网格或 Wigner-Seitz 域等(代晓巍等, 2007)。Voronoi 图的基本定义和算法可见于许多计算几何教科书。它是关于空间邻近关系一种基础数据结构。Voronoi 图有 2 维和 3 维、狭义和广义、一阶和高阶之分(周培德, 2000)。其中最基本、应用最广泛和研究最深入的还是 2 维欧氏空间平面点集 Voronoi 图，平面线集和面集 Voronoi 图可以通过平面点集 Voronoi 图处理近似获得(普雷帕拉塔和沙莫斯, 1990)。平面点集 Voronoi 图常用构造算法主要包括矢量方法(代晓巍等, 2007)和栅格方法(王新生等, 2003; 李成名和陈军, 1998)，基于矢量的方法有对偶生成法、增量构造算法、分治法、减量算法、平面扫描算法(代晓巍等, 2007)；基于栅格的方法有邻域栅格扩张法和栅格邻近归属法(王新生等, 2003; 李成名和陈军, 1998)。在矢量方法中，增量构造算法的时间复杂度在最坏的情况下为 $O\left(n^2\right)$，其中 n 为平面点集中点的个数，在一般情况下其运行时间为 $O\left(n^{\frac{3}{2}}\right)$，在改进的 Voronoi 图增量构造方法中，时间复杂度为 $O(n\lg n)$(孟雷等, 2010)，分治法、减量算法和平面扫描算法的时间复杂度为 $O(n\lg 2n)$，间接法的时间复杂度取决于其对偶 Delaunay 三角网获取的时间复杂度(李成名和陈军, 1998; 赵仁亮, 2006)。国内外研究者根据其应用对传统的 Voronoi 划分或 Delaunay 三角剖分算法进行了一系列的改进(程丹等, 2009; Evazi and Mahani, 2010; Žalik, 2005)。栅格法与矢量法相比，思想较为简单，易于向 3 维空间扩展，但是它的精度受到栅格单元大小的限制，一般耗时长，精度不高(Okabe et al., 2000; Li and Chen, 1999)，栅格法中相对比较新的方法为一种经过改进的栅格扩张法(Li and Chen, 1999)，其时间复杂度为 $O\left(m^2-n^2\right)$，其中 m 为栅格的总数量。我们提出的平面点集 Voronoi 图的细分算法是一种全新的栅格法，由于我们在细分算法中使用了四叉树和区间算术，当判断出某一平面区域中没有 Voronoi 图的时候可以整个地把这个平面区域抛掉，不需要对每一个栅格一个一个地处理，从而极大地提高了栅格法的计算速度，这一点在我们所运行的实例中可以看得很清楚。此外，更重要的是细分算法原理更为简单，非常容易编程实现。细分算法在最坏的情况下的时间复杂度为$O(mn)$，实际计算的时候由于细分算法可以成片地抛掉不包含 Voronoi 图的平面区域，从而实际计算量远远小于这个数。

在 Voronoi 图中，被用来划分空间的各个基本图形元素一般被称为站点。最基本的 Voronoi 图是以平面点集 $p=\{p_i, i=1,2,\cdots,n\}$ 为站点的 Voronoi 图，它将平面划分成凸多边形形状的 Voronoi 区域，p 中的每个站点 p_i，对应一个这样区域 v_i，使得 v_i 内的任何点距离 p_i 比距离其他站点近。本算法的基本思想是在给定的矩形区域中找出所有到站点 p_i 的最短距离至少在两处或以上达到的像素(也就是栅格)集合，此像素集合即是平面点集 p 的 Voronoi 图，在求解过程中借助于四叉树数据结构和区间运算技术进行加速(Martin et al., 2002)。

7.5.1　算法描述

假设 $p_1(x_1,y_1)$，$p_2(x_2,y_2)$，$\cdots$，$p_n(x_n,y_n)$是给定的 2 维平面上的n个点，所考虑的平面矩形区域是$[\underline{x},\overline{x}]\times[\underline{y},\overline{y}]$，像素点大小(即像素点的长度和宽度中较大的那个)为ε。计算该平面矩形区域内这n个点的 Voronoi 图，相当于计算该平面矩形区域内到这些点的最短距离至少有两处或两处以上达到的像素点全体。

算法的关键步骤是将平面矩形区域$[\underline{x},\overline{x}]\times[\underline{y},\overline{y}]$用四叉树算法进行细分，计算出平面矩形区域$[\underline{x},\overline{x}]\times[\underline{y},\overline{y}]$内到这$n$个站点的最短距离至少两处相同的像素点集合$M$。先用普通区间算术逐个计算平面矩形区域$[\underline{x},\overline{x}]\times[\underline{y},\overline{y}]$和站点$p_i(x_i,y_i)$之间的区间距离$[\underline{g}_i,\overline{g}_i]=\sqrt{([\underline{x},\overline{x}]-x_i)^2+([\underline{y},\overline{y}]-y_i)^2}$，再令$\underline{g}=\min\limits_{1\leqslant i\leqslant n}\{\underline{g}_i\}$，$\overline{g}=\min\limits_{1\leqslant i\leqslant n}\{\overline{g}_i\}$，则$[\underline{g},\overline{g}]$是平面矩形区域$[\underline{x},\overline{x}]\times[\underline{y},\overline{y}]$到$n$个站点的最短距离区间。如果$[\underline{g},\overline{g}]$与$[\underline{g}_i,\overline{g}_i](1\leqslant i\leqslant n)$中只有一个区间相交，那么$[\underline{x},\overline{x}]\times[\underline{y},\overline{y}]$不可能包含Voronoi图的点，从而可以抛弃$[\underline{x},\overline{x}]\times[\underline{y},\overline{y}]$，但是如果$[\underline{g},\overline{g}]$与$[\underline{g}_i,\overline{g}_i](1\leqslant i\leqslant n)$中至少两个区间相交，则此时$[\underline{x},\overline{x}]\times[\underline{y},\overline{y}]$可能包含 Voronoi 图的点，此时将$[\underline{x},\overline{x}]\times[\underline{y},\overline{y}]$在中点处一分为四，然后对这四个小矩形区域分别重复刚才这个过程，通过不断四叉树递归使得细分后的区域逐渐减小，一直细分到区域的大小即区域的长和宽都小于等于一个像素的大小ε，如果还是排除不掉，则将该区域存入M。那么M就是我们所要计算的 Voronoi 图。

根据以上细分算法的基本原理，我们给出细分算法的具体步骤如下。

(1) 输入n个平面点$p_1(x_1,y_1)$，$p_2(x_2,y_2)$，$\cdots$，$p_n(x_n,y_n)$以及所在的平面

矩形区域$[\underline{x},\overline{x}]\times[\underline{y},\overline{y}]$和像素的大小$\varepsilon$。

(2) 利用普通区间算术计算$[\underline{g}_i,\overline{g}_i]=\sqrt{([\underline{x},\overline{x}]-x_i)^2+([\underline{y},\overline{y}]-y_i)^2}$，然后令$[\underline{g},\overline{g}]=\left[\min_{1\leqslant i\leqslant n}\{\underline{g}_i\},\min_{1\leqslant i\leqslant n}\{\overline{g}_i\}\right]$，如果$[\underline{g},\overline{g}]$与$[\underline{g}_i,\overline{g}_i](1\leqslant i\leqslant n)$中只有一个区间相交，那么抛弃$[\underline{x},\overline{x}]\times[\underline{y},\overline{y}]$，如果$[\underline{g},\overline{g}]$与$[\underline{g}_i,\overline{g}_i](1\leqslant i\leqslant n)$中至少两个区间相交，则将区域$[\underline{x},\overline{x}]\times[\underline{y},\overline{y}]$在其中点处一分为四个小区域，对每个小区域重复步骤(2)，一直细分到区域的大小为小于等于一个像素的大小ε，如果还是排除不掉，则将其存入M。

(3) 画出$p_1(x_1,y_1)$，$p_2(x_2,y_2)$，$\cdots$，$p_n(x_n,y_n)$以及Voronoi图M，算法结束。

以上细分算法充分利用了 Voronoi 区域的连贯性，当算法判断出某矩形区域$[\underline{x},\overline{x}]\times[\underline{y},\overline{y}]$内不可能包含Voronoi图时，可以把整个矩形区域$[\underline{x},\overline{x}]\times[\underline{y},\overline{y}]$丢掉，从而运行效率比较高。

由于到目前为止，虽然构造平面点集 Voronoi 图的算法有很多，但是经典的增量算法是最常用的构造 Voronoi 图的方法(孟雷等,2010)。栅格法也出现了很多新的算法，与本算法对比的就是一种新的栅格扩张方法。我们考虑将这里新提出的细分算法与增量算法、栅格扩张法做一个比较，以便通过比较看一看细分算法的表现如何。经典增量算法的基本思想是：在已构造的输入了站点的 Voronoi 图的基础上，逐步加入新的站点，再利用局部特性，通过局部修改已有的 Voronoi 图来生成新的 Voronoi 图，即对于平面离散的站点集合$\{p_1,p_2,\cdots,p_n\}$，在站点集合$\{p_1,p_2,\cdots,p_i\}$ $(i<n)$的 Voronoi 图的基础上，再加入新的站点p_{i+1}，然后通过局部修改来构造$\{p_1,p_2,\cdots,p_i,p_{i+1}\}$的 Voronoi 图。如此不断加入新的站点，最后即可得到点集$\{p_1,p_2,\cdots,p_n\}$的 Voronoi 图(孟雷等, 2010)。增量算法的具体步骤如下(周培德, 2000)。

(1) 产生p_1、p_2，做$\overline{p_1p_2}$的中垂线，输出 Voronoi 图为中垂线。

(2) 产生p_3，连接p_1、p_2、p_3成三角形，做三边的中垂线，交点为 Voronoi 点，从该点引出的三条中垂线构成 Voronoi 图。

(3) 产生p_i，判断p_i落入哪个 Voronoi 多边形域内，修改该 Voronoi 多边形及相应 Voronoi 多边形的边与顶点。

(4) 直至产生点的工作终止。

其中第(3)步判断p_i落入哪个 Voronoi 多边形域内比较耗费时间。

栅格扩张法的基本思想是：在平面的栅格空间中，两个栅格$p_1(x_1,y_1)$和$p_2(x_2,y_2)$间的欧氏距离定义为$d(p_1.p_2)=\sqrt{(x_1-x_2)^2+(y_1-y_2)^2}$，计算每一个栅格与其邻近的几个发生元栅格之间的欧氏距离，以距离最近的发生元栅格代码作为该栅格的隶属代码，直至定义区域中所有栅格单元的归属都被检索完，栅格扩张法的具体步骤如下(王新生等, 2003)。

(1) 构建栅格。

(2) 生成点集$\{p_1, p_2, \cdots, p_n\}$。

(3) 查找每个发生元的邻近发生元栅格，即每个点的邻近发生元栅格。

(4) 计算某个栅格与其邻近的发生元栅格之间的欧氏距离，以距离最近的发生元栅格的代码作为该栅格的隶属代码。

(5) 合并集合。

(6) 作图。

其中第(4)步计算距离耗时巨大。计算机时间随着栅格变小而增加，但随着发生元所占栅格数量的增加而减小。

7.5.2　计算复杂度分析

假设所考虑的平面区域中总的栅格数量为$m = k^2$，而$k = 2^l$，平面区域中站点的个数为n。那么在最坏的情况下，也就是说在细分算法的执行过程中一个区域都抛不掉的情况下，总的计算复杂度为$n + 4n + 4^2 n + \cdots + 4^l n = n\left(\frac{4^{l+1} - 1}{4 - 1}\right) = O\left(2^{2l} n\right) = O\left(k^2 n\right) = O(mn)$，实际计算时由于细分算法可以成片地抛掉不包含 Voronoi 图的平面区域，从而实际计算量远远小于这个数。从这个结果可以看出，细分算法的计算复杂度不但跟站点的个数n有关，而且跟栅格的总数量m也有关。注意到增量算法的时间复杂度在最坏的情况下为$O\left(n^2\right)$，也就是说增量算法的时间复杂度只跟站点的个数n有关，跟栅格的总数量m无关。那么在栅格的总数量m固定的情况下，随着站点个数n的增加，细分算法的计算时间只是线性地增长，而增量算法的计算时间是以平方的速度增长的。从这里就可以看出细分算法的优势所在。由于栅格扩张法的时间复杂度为$O\left(m^2 - n^2\right)$，而站点数n一般远远小于栅格总数m，所以细分算法的计算速度显然比栅格扩张法要快，这一点在以下的实例中也可以看得很清楚。

7.5.3　实例与结论

我们用 Mathematica 8.0 编程实现了上面提出的细分算法、经典的增量算法和栅格扩张法，并在中央处理器为 Intel Core CPU i5-2410M @ 2.30 GHz 的微机系统里运行程序，进行了一些实例的计算和比较，下面给出几个例子。

例 7.5.1　输入两个点：$p_1(0.24, 0.36)$，$p_2(0.52, 0.83)$，图 7.5.1 为细分算法

的结果，图 7.5.2 为增量算法的结果，图 7.5.3 为栅格扩张法的结果。

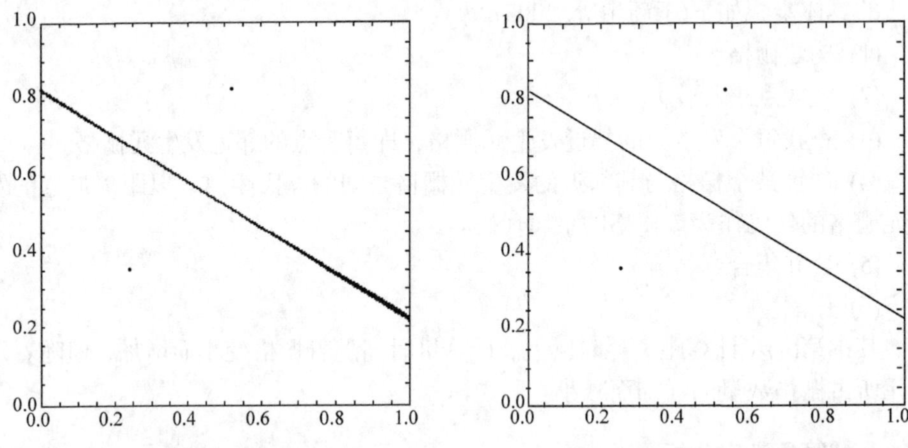

图 7.5.1　两个点的 Voronoi 图(细分算法) CPU 用时: 0.156s

图 7.5.2　两个点的 Voronoi 图(增量算法) CPU 用时: 0.374s

例 7.5.2　输入五个点：$p_1=\{0.35,0\}$，$p_2=\{0.25,0.45\}$, $p_3=\{0.5,1\}$，$p_4=\{0.75,\ 0.5\}$，$p_5=\{0.85,0.1\}$, 图 7.5.4 为细分算法的结果，图 7.5.5 为增量算法的结果，图 7.5.6 为栅格扩张法的结果。

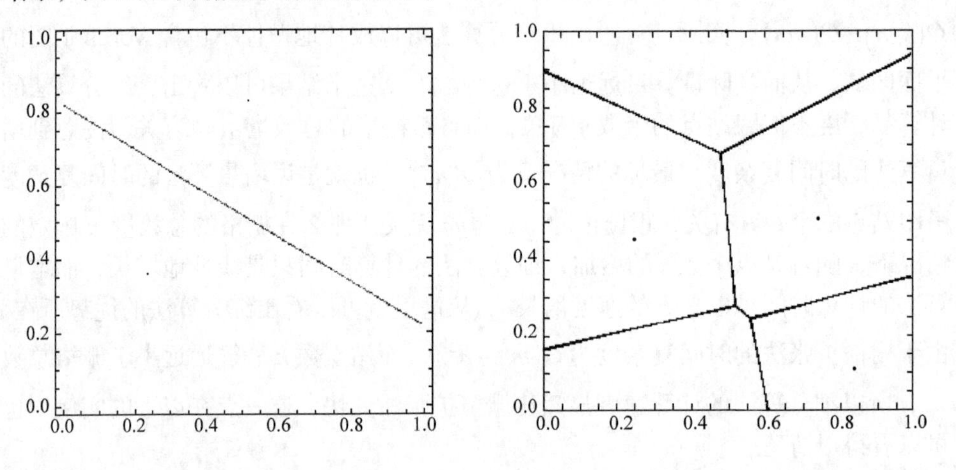

图 7.5.3　两个点的 Voronoi 图(栅格扩张) CPU 用时: 105281s

图 7.5.4　五个点的 Voronoi 图(细分算法) CPU 用时: 1.279s

例 7.5.3　输入十个点：$p_1=\{0.35,0\}$，$p_2=\{0.25,0.45\}$，$p_3=\{0.5,1\}$，$p_4=\{0.75,0.5\}$，$p_5=\{0.85,0.1\}$，$p_6=\{0.15,0.3\}$，$p_7=\{0.95,0.65\}$，$p_8=\{0.4,0.2\}$，$p_9=\{0.6,0.7\}$，$p_{10}=\{1,0.8\}$，图 7.5.7 为细分算法的结果，图 7.5.8 为增量算法的结果，

图 7.5.9 为栅格扩张法的结果。

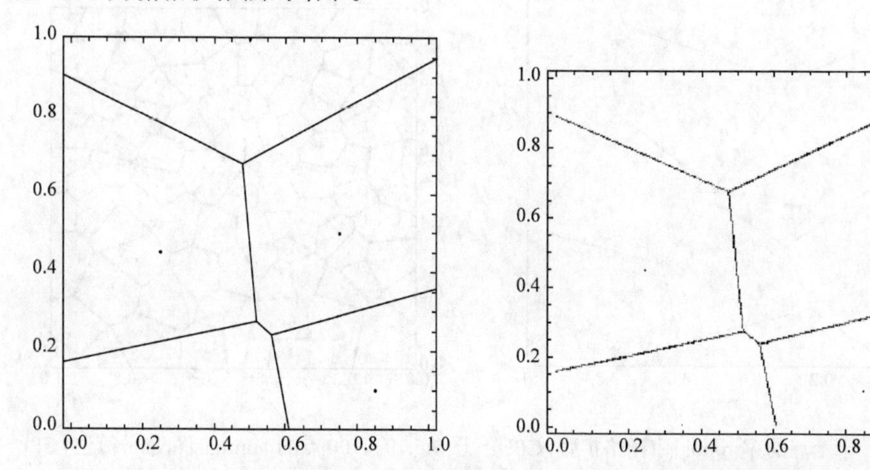

图 7.5.5　五个点的 Voronoi 图(增量算法) CPU 用时: 1.423 s

图 7.5.6　五个点的 Voronoi 图(栅格扩张) CPU 用时: 104441 s

为了说明细分算法的有效性我们还特别增加了一个多点 Voronoi 图的例子。

例 7.5.4　随机产生的 100 个点，图 7.5.10 为细分算法结果。

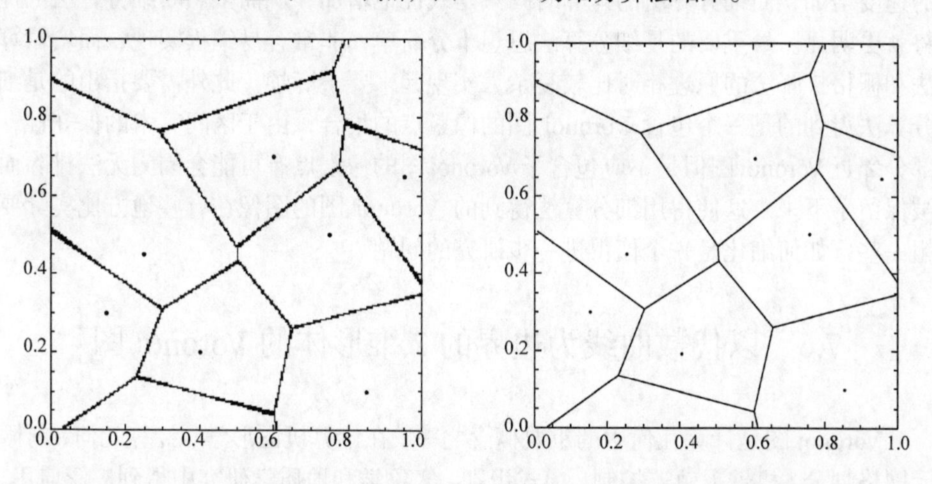

图 7.5.7　十个点的 Voronoi 图(细分算法) CPU 用时: 4.789 s

图 7.5.8　十个点的 Voronoi 图(增量算法) CPU 用时: 6.115 s

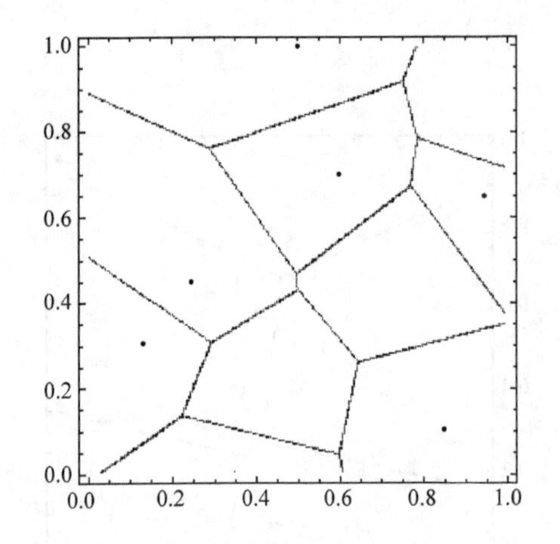

图 7.5.9　十个点的 Voronoi 图(栅格扩张) CPU 用时: 85742.2 s

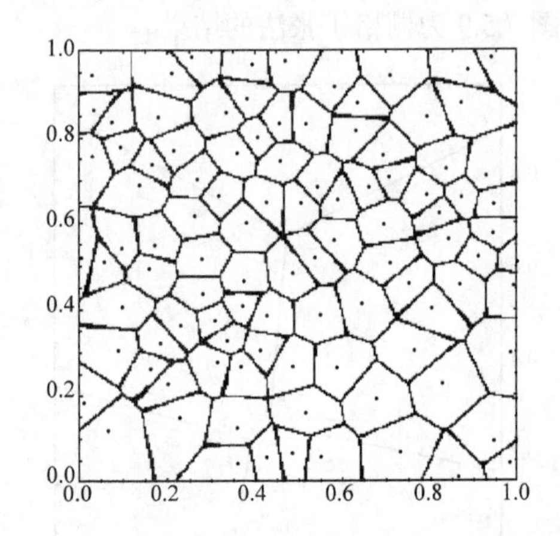

图 7.5.10　100 点的 Voronoi 图(细分算法) CPU 用时: 144.394 s

从以上实例可以看出，我们提出的细分算法可以有效地计算出平面点集的 Voronoi 图，并且细分算法的运算速度比栅格扩张法要快很多，比经典的增量算法也要快，从算法复杂度分析可以看出增量算法的计算时间随着点数的增加以平方的速度增加，而细分算法的计算时间只是线性地增加，从而多点时细分算法的优势就更明显。最重要的是细分算法思想十分简单，非常容易编程实现，而增量算法和栅格扩张法的原理相对比较复杂，实现起来要很麻烦。此外需要指出的是细分算法得到的是一个包含 Voronoi 图的像素点的集合，由于区间算术的保守性，部分邻近 Voronoi 图但是不应包含于 Voronoi 图的像素点有可能会因为无法排除而被保留了下来，这使得用细分算法得到的 Voronoi 图的图像在有些地方比实际要粗一些，如何细化是一个值得进一步研究的问题。

7.6　以代数曲线为边界的 2 维形体的 Voronoi 图

Voronoi 图是计算几何中的重要概念之一。在计算机图形学、计算几何、有限元网格划分、机器人轨迹控制、模式识别、气象学和地质学研究中得到广泛应用，现有的 2 维 Voronoi 图算法都是基于平面点集、多边形或者以参数曲线为边界的 2 维形体的范围内解决的。由于代数曲线的难操作性，以代数曲线为边界的 2 维形体的 Voronoi 图算法一直未得到解决。我们在区间分析和细分算法的基础上，提出了以代数曲线为边界的 2 维形体的 Voronoi 图新算法。

7.6.1　算法描述

假设$f_1(x,y)=0$，$f_2(x,y)=0$，…，$f_n(x,y)=0$是给定的n条平面代数曲线，其中，$f_1(x,y)$，$f_2(x,y)$，…，$f_n(x,y)$是二元多项式，这n条平面代数曲线构成了一个 2 维形体，所考虑的平面矩形区域是$[\underline{x},\overline{x}]\times[\underline{y},\overline{y}]$，像素点大小(即像素点的长度或宽度)为$\varepsilon$。计算该平面矩形区域内这$n$条代数曲线所围成的 2 维形体的 Voronoi 图，相当于计算该平面矩形区域内到这些代数曲线的最短距离至少有两处达到的像素点全体。

算法的第一个关键步骤是首先利用四叉树和区间算术将这n条代数曲线离散化。即分别找出包含这n条代数曲线的像素点的n个集合$A_1=\bigcup\limits_{i=1}^{k_1}\{[a_{1i},b_{1i}]\times[c_{1i},d_{1i}]\}$，…，$A_n=\bigcup\limits_{i=1}^{k_n}\{[a_{ni},b_{ni}]\times[c_{ni},d_{ni}]\}$。先通过修正仿射算术(Shou et al., 2003)计算$f_1(x,y)$在$[\underline{x},\overline{x}]\times[\underline{y},\overline{y}]$上的取值范围$[\underline{f_1},\overline{f_1}]$，然后判断$[\underline{f_1},\overline{f_1}]$是否包含 0，如果$[\underline{f_1},\overline{f_1}]$不包含 0，说明$[\underline{x},\overline{x}]\times[\underline{y},\overline{y}]$内不包含代数曲线$f_1(x,y)=0$，则抛弃该区域，否则如果$[\underline{f_1},\overline{f_1}]$包含 0，说明$[\underline{x},\overline{x}]\times[\underline{y},\overline{y}]$有可能包含代数曲线$f_1(x,y)=0$，则将该平面矩形区域在中点处一分为四，通过四叉树算法的递归过程使得细分后的区域逐渐减小，一直细分到区域的大小即区域的长和宽都小于等于一个像素的大小ε，如果还是排除不掉，则将该区域存入A_1，同理可得A_2，…，A_n。这里特别值得一提的是：如果不用四叉树，那么需要对每个像素进行判断，比较费时间。而使用四叉树，那么当$[\underline{f_1},\overline{f_1}]$不包含 0 时，整个区域$[\underline{x},\overline{x}]\times[\underline{y},\overline{y}]$可以抛掉，不需要对这个区域内的像素作进一步的判断，而能不能把一个不包含代数曲线的区域成功地抛掉又取决于所使用的区间算术的精确度，这也是为什么我们选用相对比较精确的修正仿射算术的原因。总之四叉树数据结构和相对比较精确的区间算术可以起到计算加速的作用。

算法的第二个关键步骤是计算出平面矩形区域$[\underline{x},\overline{x}]\times[\underline{y},\overline{y}]$内到这$n$组像素集合$A_1$，$A_2$，…，$A_n$最短距离至少在两处达到的像素点集合$M$。这个问题仍然是通过区间算术和四叉树解决的，先用普通区间算术逐个计算平面矩形区域$[\underline{x},\overline{x}]\times[\underline{y},\overline{y}]$和像素$[a_{1i},b_{1i}]\times[c_{1i},d_{1i}]$之间的区间距离$[\underline{g_i},\overline{g_i}]=\sqrt{([\underline{x},\overline{x}]-[a_{1i},b_{1i}])^2+([\underline{y},\overline{y}]-[c_{1i},d_{1i}])^2}$，再令$l_1=\min\limits_{1\leqslant i\leqslant k_1}\{\underline{g_i}\}$，$h_1=\min\limits_{1\leqslant i\leqslant k_1}\{\overline{g_i}\}$，那么区间$[l_1,h_1]$就是平面矩形区域$[\underline{x},\overline{x}]\times[\underline{y},\overline{y}]$到代数曲线$A_1$的最短距离区间，同理

可得平面矩形区域$[\underline{x},\overline{x}]\times[\underline{y},\overline{y}]$到代数曲线$A_2$的最短距离区间$[l_2,h_2]$，…，平面矩形区域$[\underline{x},\overline{x}]\times[\underline{y},\overline{y}]$到代数曲线$A_n$的最短距离区间$[l_n,h_n]$。再令$l=\min\limits_{1\leqslant i\leqslant n}\{l_i\}$，$h=\min\limits_{1\leqslant i\leqslant n}\{h_i\}$，则$[l,h]$是平面矩形区域$[\underline{x},\overline{x}]\times[\underline{y},\overline{y}]$到$n$条代数曲线的最短距离区间。如果$[l,h]$与$[l_i,h_i](1\leqslant i\leqslant n)$中只有一个区间相交，那么$[\underline{x},\overline{x}]\times[\underline{y},\overline{y}]$不可能包含Voronoi图的点,从而可以抛弃$[\underline{x},\overline{x}]\times[\underline{y},\overline{y}]$,但是如果$[l,h]$与$[l_i,h_i](1\leqslant i\leqslant n)$中至少两个区间相交，则此时$[\underline{x},\overline{x}]\times[\underline{y},\overline{y}]$可能包含 Voronoi 图的点，此时将$[\underline{x},\overline{x}]\times[\underline{y},\overline{y}]$在中点处一分为四，仍然是通过四叉树递归过程使得细分后的区域逐渐减小,一直细分到区域的大小即区域的长和宽都小于等于一个像素的大小ε，如果还是排除不掉，则将该区域存入M。那么M就是我们所要计算的以代数曲线为边界的2维形体的Voronoi图。具体算法如下。

(1) 输入代数曲线段的多项式函数表达式$f_1(x,y)$，$f_2(x,y)$，…，$f_n(x,y)$，以及所在的平面矩形区域$[\underline{x},\overline{x}]\times[\underline{y},\overline{y}]$和像素的大小$\varepsilon$。

(2) 利用修正仿射算术计算$f_1(x,y)$在区域$[\underline{x},\overline{x}]\times[\underline{y},\overline{y}]$上的取值范围$[\underline{f_1},\overline{f_1}]$，如果$[\underline{f_1},\overline{f_1}]$不包含0，则将该区域剔除，否则将该区域在其中点处一分为四个小区域, 对每个小区域重复步骤(2), 一直细分到区域的大小为小于等于一个像素的大小ε，如果还是排除不掉，则将其存入A_1，最后得$A_1=\bigcup\limits_{i=1}^{k_1}\{[a_{1i},b_{1i}]\times[c_{1i},d_{1i}]\}$。

(3) 同理可得$A_2=\bigcup\limits_{i=1}^{k_2}\{[a_{2i},b_{2i}]\times[c_{2i},d_{2i}]\}$，…，$A_n=\bigcup\limits_{i=1}^{k_n}\{[a_{ni},b_{ni}]\times[c_{ni},d_{ni}]\}$。

(4) 利用普通区间算术计算$[\underline{g_i},\overline{g_i}]=\sqrt{([\underline{x},\overline{x}]-[a_{1i},b_{1i}])^2+([\underline{y},\overline{y}]-[c_{1i},d_{1i}])^2}$，然后令$[l_1,h_1]=\left[\min\limits_{1\leqslant i\leqslant k_1}\{\underline{g_i}\},\min\limits_{1\leqslant i\leqslant k_1}\{\overline{g_i}\}\right]$，同理可得$[l_2,h_2]$，…，$[l_n,h_n]$，再令$l=\min\limits_{1\leqslant i\leqslant n}\{l_i\}$，$h=\min\limits_{1\leqslant i\leqslant n}\{h_i\}$，如果$[l,h]$与$[l_i,h_i](1\leqslant i\leqslant n)$中只有一个区间相交，那么抛弃$[\underline{x},\overline{x}]\times[\underline{y},\overline{y}]$，如果$[l,h]$与$[l_i,h_i](1\leqslant i\leqslant n)$中至少两个区间相交，则将区域$[\underline{x},\overline{x}]\times[\underline{y},\overline{y}]$在其中点处一分为四个小区域, 对每个小区域重复步骤(4), 一直细分到区域的大小为小于等于一个像素的大小ε，如果还是排除不掉，则将其存入M。

(5) 作出代数曲线A_1，A_2，…，A_n以及Voronoi图M，算法结束。

7.6.2 实例与结论

我们用 Mathematica 5.0 编程实现上面的算法，并在中央处理器为 Intel Pentium CPU T2330 @ 1.60 GHz 的微机系统里运行该程序，进行了一些实例的计算，下面给出四个例子。

例 7.6.1 两条代数曲线分别取为直线 $f_1 = y$ 和抛物线 $f_2 = \frac{1}{4}y + \left(x - \frac{1}{2}\right)^2 - \frac{1}{4}$ 在平面区域 $[0,1]\times[0,1]$ 内的部分。这两条代数曲线的方程相对来说比较简单。图 7.6.1 是计算结果：总的 CPU 运行时间是 2044.63s，总的细分次数是 3301 次，包括两条代数曲线构成的 2 维形体和它们的 Voronoi 图在内的总的像素是 3884 个。从图 7.6.1 可以看出，Voronoi 图与中轴(medial axis)的不同之处。

例 7.6.2 两条代数曲线分别为一条星形线 $f_1 = x^{\frac{2}{3}} + y^{\frac{2}{3}} - 1$ 和一个圆 $f_2 = x^2 + y^2 - 1$，在平面区域 $[-1,1]\times[-1,1]$ 内的部分。星形线是 6 次曲线，相对例 7.6.1 而言，稍微复杂一些。图 7.6.2 是计算结果：总的 CPU 运行时间为 11094.1s，总的细分次数是 6763 次，包括两条代数曲线构成的 2 维形体和它们的 Voronoi 图在内的总的像素是 8288 个。

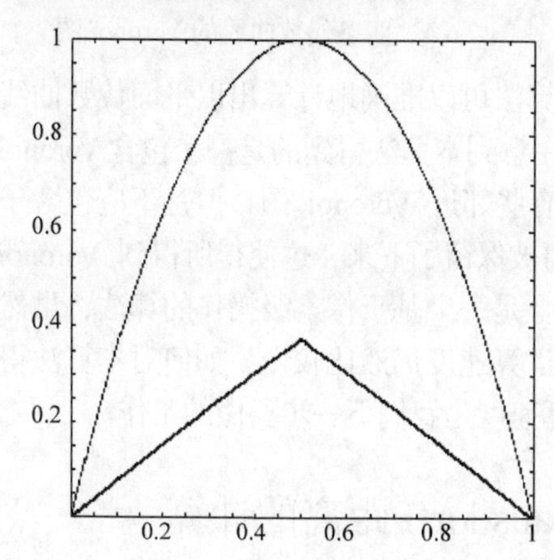

图 7.6.1　两条代数曲线的 Voronoi 图(简单情形)

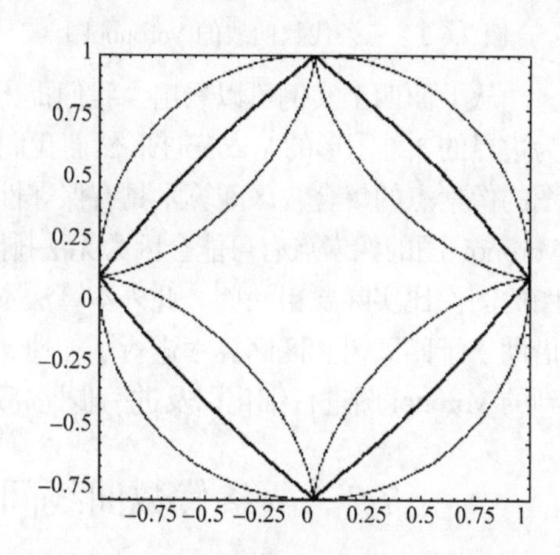

图 7.6.2　两条代数曲线的 Voronoi 图(复杂情形)

例 7.6.3 三条代数曲线分别为圆弧 $f_1 = (x-1)^2 + y^2 - 1$，$f_2 = (x+1)^2 + y^2 - 1$，$f_3 = x^2 + \left(y + \sqrt{3}\right)^2 - 1$，在平面区域 $[-0.5, 0.5]\times\left[\frac{-\sqrt{3}}{2}, 0\right]$ 内的部分。图 7.6.3 是计算结果：总的 CPU 运行时间为 40181.2s，总的细分次数是 14432 次，包括三条代数曲线构成的 2 维形体和它们的 Voronoi 图在内的总的像素是 4494 个。

例 7.6.4　四条代数曲线分别是圆弧 $f_1=(x+1)^2+(y-1)^2-1$，$f_2=(x-1)^2+(y-1)^2-1$，$f_3=(x+1)^2+(y+1)^2-1$，$f_4=(x-1)^2+(y+1)^2-1$，在平面区域$[-1,1]\times[-1,1]$内的部分。图 7.6.4 是计算结果：总的 CPU 运行时间为 32607.9s，总的细分次数是 21097 次，包括四条代数曲线构成的 2 维形体和它们的 Voronoi 图在内的总的像素是 5116 个。

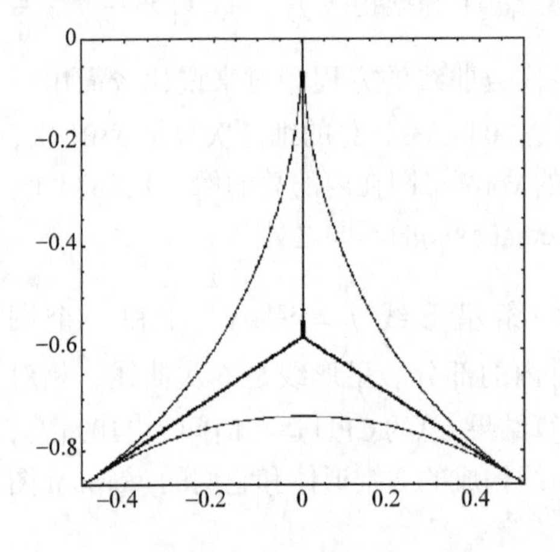

图 7.6.3　三条代数曲线的 Voronoi 图

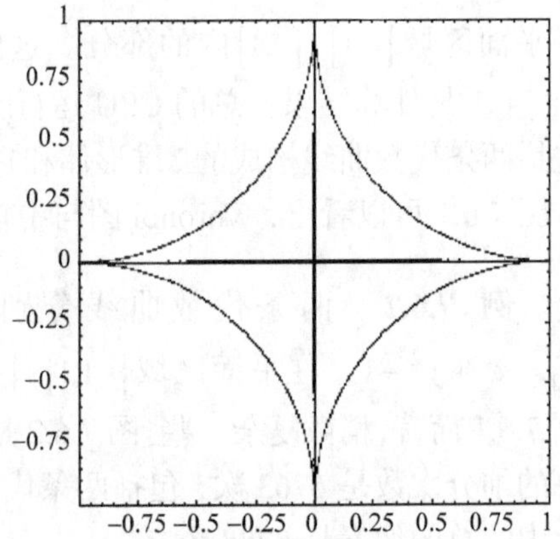

图 7.6.4　四条代数曲线的 Voronoi 图

从上面四个实例可以看出，我们提出的算法可以准确地计算出以平面代数曲线为边界的 2 维图形的 Voronoi 图。然而我们也注意到本算法得到的是一个包含 Voronoi 图的像素点的集合，区间算术具有保守性，有些邻近 Voronoi 图，但是不应包含于 Voronoi 图的像素点有可能会因为无法排除而被保留了下来，这使得所得到 Voronoi 图的图像比实际要粗一些。此外本算法本质上是一个基于像素级操作的算法，虽然借助于于四叉树和区间算术进行了加速，但运算速度仍然比较慢。如何对本算法得到的 Voronoi 图进行细化以及进一步提高运算速度是我们下一步要做的工作。

7.7　两条代数曲线间 Hausdorff 距离的计算

Hausdorff 距离是计算几何中的重要概念之一，由于 Hausdorff 距离是一个极大极小距离，所以我们可以根据两个物体之间的 Hausdorff 距离来测量它们的相似或者不匹配程度。Hausdorff 距离在计算机图形学研究、计算机辅助几何设计、模式识别、图像处理、地形辅助导航系统和运动物体视觉分析中得到广泛应用。前人有关 Hausdorff 距离的工作基本上都是在参数曲线曲面的范围内解决的。由于代数曲线的特殊性，所以一般很难进行参数化，导致代数曲线的 Hausdorff 距离计算问题一直未得到解决。我们借助于区间算术和细分算法针对代数曲线之间的 Hausdorff 距离计算问题提出了一种新的解决方法。

7.7.1　Hausdorff 距离简介

Hausdorff 距离是针对两个点集之间而言的，是两个点集之间距离的一种定义形式，描述的是两个点集之间一种相似程度的度量(Guo et al., 2003; 张筑生, 1987; Chen et al., 2010)。

现有两个集合，即

$$A=\{a_1,a_2,\cdots,a_p\},\quad B=\{b_1,b_2,\cdots,b_q\}$$

那么这两个点集之间的 Hausdorff 距离定义为

$$H(A,B)=\max\{h(A,B),h(B,A)\}$$

其中

$$h(A,B)=\max_{a\in A}\min_{b\in B}\|a-b\|$$

$$h(B,A)=\max_{b\in B}\min_{a\in A}\|b-a\|$$

其中，$\|a-b\|$为两个点之间的某种距离范式(如欧氏距离)。

我们把$H(A,B)$称为双向 Hausdorff 距离，它是 Hausdorff 距离的一种最基本形式；$h(A,B)$、$h(B,A)$分别为从集合 A 到集合 B 和从集合 B 到集合 A 的单向 Hausdorff 距离。对$h(A,B)$而言，首先对点集 A 中的每一个点 a_i 分别计算出此点 a_i 到点集 B 中所有点的距离，并从中找到数值最小的那个距离，因为点集 A 中的每一点都对应着一个最小距离，因此对这些“最小距离”进行按大小排序，取其中数值的最大者作为$h(A,B)$的值；按照同样的方法我们可以得到$h(B,A)$的值。在得到两个单向 Hausdorff 距离$h(A,B)$和$h(B,A)$之后，我们取这两者中数值较大的那个作为$H(A,B)$的值。

在给出两条代数曲线之间的 Hausdorff 距离定义之前，我们要对代数曲线有个相应的认识。在代数几何中，一条代数曲线是 1 维的代数簇。最典型的例子是射影平面 P^2 上由一个齐次多项式 $f(X,Y)$ 定义的零点。代数曲线(又称紧黎曼)面是代数几何中最简单的一类研究对象，是紧的 2 维定向实流形，也即复的 1 维流形。每一条代数曲线本身都自带有一个数值不变量，也称为拓扑不变量：亏格 g。在实流形角度看来，亏格就是代数曲线上“洞”的个数。我们可以根据亏格的大小将代数曲线进行分类: $g=0$ 称为射影直线；$g=1$ 称为椭圆曲线；$g=2$ 称为超椭圆曲线等。代数曲线是指代数闭域上的不可约代数曲线，最简单也是最清楚的是平面仿射代数曲线，它是仿射平面内满足方程 $f(x,y)=0$ 的点集，这里 $f(x,y)$ 是系数在代数闭域 K 里的多项式。

类似于两个点集间的 Hausdorff 距离的定义，两条代数曲线 C_1 和 C_2 间的 Hausdorff 距离(Chen et al., 2010)定义为

$$H(C_1,C_2)=\max\{\max_{p\in C_1}\min_{q\in C_2}\|p-q\|,\max_{q\in C_2}\min_{p\in C_1}\|p-q\|\}$$

我们把 $\max_{p\in C_1}\min_{q\in C_2}\|p-q\|$ 称作自 C_1 到 C_2 的单边 Hausdorff 距离，$\|p-q\|$ 类似于点集中的定义，也是某种距离范式，我们把 Hausdorff 距离存在的点对称为 Hausdorff 点对。

7.7.2　代数曲线的离散化

假设 $f_1(x,y)=0$，$f_2(x,y)=0$ 是平面上给定的代数曲线，其中 $f_1(x,y)=0$，$f_2(x,y)=0$ 是二元多项式，要考虑的计算区域是 $[\underline{x},\overline{x}]\times[\underline{y},\overline{y}]$，终止条件给定为 ε。代数曲线离散化，也就是利用四叉树与区间算术分别找出包含这两条代数曲线的像素点的两个集合 $A_1=\bigcup_{i=1}^{n_1}\{[\underline{a_i},\overline{a_i}]\times[\underline{b_i},\overline{b_i}]\}$ 和 $A_2=\bigcup_{j=1}^{n_2}\{[\underline{c_j},\overline{c_j}]\times[\underline{d_j},\overline{d_j}]\}$。具体过程是：先通过修正仿射算术(Shou et al., 2003)计算 $f_1(x,y)=0$ 在计算区域 $[\underline{x},\overline{x}]\times[\underline{y},\overline{y}]$ 上的取值范围 $[\underline{f_1},\overline{f_1}]$，然后判断 $[\underline{f_1},\overline{f_1}]$ 是否包含 0，如果 $[\underline{f_1},\overline{f_1}]$ 不包含 0，说明 $[\underline{x},\overline{x}]\times[\underline{y},\overline{y}]$ 内不包含代数曲线 $f_1(x,y)=0$，则抛弃该区域。如果 $[\underline{f_1},\overline{f_1}]$ 包含 0，说明 $[\underline{x},\overline{x}]\times[\underline{y},\overline{y}]$ 有可能包含代数曲线 $f_1(x,y)=0$，则将该平面矩形区域在中点处一分为四个小的矩形区域，运用四叉树算法的递归过程使得细分后的矩形区域逐渐减小，一直减小到区域的大小即区域的长和宽都小于等于给定的终止条件 ε，如果此时还存在排除不掉的矩形区域，那么将该区域存入 A_1，按照同样的方法我们可以得到 A_2。这里值得一提的是：如果不用四叉树数据结构，那么需要对每个小矩形进行判断，比较费时间。而使用四叉树数据结构，那么当 $[\underline{f_1},\overline{f_1}]$ 不包含 0 时，整个区域 $[\underline{x},\overline{x}]\times[\underline{y},\overline{y}]$ 可以抛掉，不需要对这个区域内的小矩形作进一步的判断，而能不能把一个不包含代数曲线的区域成功地抛掉又取决于所使用的区间算术的精确度，这也是为什么我们选用相对精确的修正仿射算术的原因。总之四叉树数据结构和相对比较精确的区间算术可以起到计算加速的作用。

7.7.3　代数曲线之间 Hausdorff 距离算法

算法的关键步骤就是通过计算两个矩形列表集合 A_1 和 A_2 的距离来近似两条代数曲线间的 Hausdorff 距离。将计算点与点之间的距离替换为计算两个矩形之间的区间距离。即单向 Hausdorff 区间距离 $\boldsymbol{h}(A_1,A_2)=\max_{R_1\in A_1}\min_{R_2\in A_2}\|R_1-R_2\|$。其中，$A_1$ 和 A_2 分别表示两条代数曲线离散化后的矩形列表，R_1 和 R_2 分别表示 A_1 和 A_2 中的矩

形，$\|R_1 - R_2\|$表示两个矩形之间的区间距离。假设平面矩形区域$R_1 = \left[\underline{x_1}, \overline{x_1}\right] \times \left[\underline{y_1}, \overline{y_1}\right]$和$R_2 = \left[\underline{x_2}, \overline{x_2}\right] \times \left[\underline{y_2}, \overline{y_2}\right]$，那么根据区间算术，它们之间的区间距离定义为$\|R_1 - R_2\| = \left[\underline{g}, \overline{g}\right] = \sqrt{\left(\left[\underline{x_1}, \overline{x_1}\right] - \left[\underline{x_2}, \overline{x_2}\right]\right)^2 + \left(\left[\underline{y_1}, \overline{y_1}\right] - \left[\underline{y_2}, \overline{y_2}\right]\right)^2}$。当给定某一矩形$R_i \in A_1, i = 1, 2, \cdots, n$, 因为$A_2$中有$n_2$个矩形，那么遍历$A_2$中所有$n_2$个矩形后将得到$n_2$个区间距离记为$\left[\underline{g_{ij}}, \overline{g_{ij}}\right]$，$j = 1, 2, \cdots, n_2$。令$\left[\underline{g_i}, \overline{g_i}\right] = \left[\min_{j=1}^{n_2}\{\underline{g_{ij}}\}, \min_{j=1}^{n_2}\{\overline{g_{ij}}\}\right]$，因为$A_1$中有$n_1$个矩形，若遍历$A_1$中所有的矩形将得到$n_1$个$\left[\underline{g_i}, \overline{g_i}\right]$，再对这$n_1$个区间分别取左端点的最大值和右端点的最大值即可得到单向 Hausdorff 区间距离$\boldsymbol{h}(A_1, A_2)$，即$\boldsymbol{h}(A_1, A_2) = \max_{R_1 \in A_1} \min_{R_2 \in A_2} \|R_1 - R_2\| = \left[\max_{i=1}^{n_1}\{\underline{g_i}\}, \max_{i=1}^{n_1}\{\overline{g_i}\}\right]$，同理可求出$\boldsymbol{h}(A_2, A_1)$。

若$\boldsymbol{h}(A_1, A_2)$和$\boldsymbol{h}(A_2, A_1)$两者没有交集，那么$\boldsymbol{H}(A_1, A_2)$就取端点值较大的区间；若两者有交集，那么$\boldsymbol{H}(A_1, A_2)$就取$\boldsymbol{h}(A_1, A_2)$与$\boldsymbol{h}(A_2, A_1)$两者中左端点的较大值以及$\boldsymbol{h}(A_1, A_2)$和$\boldsymbol{h}(A_2, A_1)$两者中右端点的较大值所组成的区间。具体算法如下。

(1) 输入两条代数曲线函数表达式$f_1(x, y)$与$f_2(x, y)$，以及所要计算的区域范围$[\underline{x}, \overline{x}] \times [\underline{y}, \overline{y}]$和终止条件$\varepsilon$。

(2) 利用修正仿射算术计算$f_1(x, y)$在计算区域$[\underline{x}, \overline{x}] \times [\underline{y}, \overline{y}]$上的取值范围$\left[\underline{f_1}, \overline{f_1}\right]$，如果$\left[\underline{f_1}, \overline{f_1}\right]$不包含 0，则将该区域进行抛弃，否则将该区域在其中点处一分为四个小矩形区域然后对每个小的矩形区域继续上述判断过程，一直细分到区域的长和宽都小于等于给定的终止条件ε，如果还存在排除不掉矩形区域，则将该区域存入A_1，最后得$A_1 = \bigcup_{i=1}^{n_1}\left\{\left[\underline{a_i}, \overline{a_i}\right] \times \left[\underline{b_i}, \overline{b_i}\right]\right\}$。

(3) 同理可得$A_2 = \bigcup_{j=1}^{n_2}\left\{\left[\underline{c_j}, \overline{c_j}\right] \times \left[\underline{d_j}, \overline{d_j}\right]\right\}$。

(4) 计算$\left[\underline{g_{ij}}, \overline{g_{ij}}\right] = \sqrt{\left(\left[\underline{a_i}, \overline{a_i}\right] - \left[\underline{c_j}, \overline{c_j}\right]\right)^2 + \left(\left[\underline{b_i}, \overline{b_i}\right] - \left[\underline{d_j}, \overline{d_j}\right]\right)^2}$，$i = 1, 2, \cdots, n_1$，$j = 1, 2, \cdots, n_2$。令$\left[\underline{g_i}, \overline{g_i}\right] = \left[\min_{j=1}^{n_2}\{\underline{g_{ij}}\}, \min_{j=1}^{n_2}\{\overline{g_{ij}}\}\right]$，$i = 1, 2, \cdots, n_1$，则$\boldsymbol{h}(A_1, A_2) = \left[\max_{i=1}^{n_1}\{\underline{g_i}\}, \max_{i=1}^{n_1}\{\overline{g_i}\}\right]$。同理可得$\boldsymbol{h}(A_2, A_1)$。

(5) 如果 $\boldsymbol{h}(A_1,A_2)$ 和 $\boldsymbol{h}(A_2,A_1)$ 不相交，取端点值较大的作为 $\boldsymbol{H}(A_1,A_2)$；如果两者有交集，那么 $\boldsymbol{H}(A_1,A_2)$ 就取 $\boldsymbol{h}(A_1,A_2)$ 和 $\boldsymbol{h}(A_2,A_1)$ 两者中左端点的较大值以及 $\boldsymbol{h}(A_1,A_2)$ 和 $\boldsymbol{h}(A_2,A_1)$ 两者中右端点的较大值所组成的区间，算法结束。

最后我们所希望计算的两条代数曲线之间的精确 Hausdorff 距离 $H(A_1,A_2)$ 一定落在已经通过区间算术和细分算法计算得到的 Hausdorff 区间距离 $\boldsymbol{H}(A_1,A_2)$ 之中，所以我们可以取 $\boldsymbol{H}(A_1,A_2)$ 的中点作为 $H(A_1,A_2)$ 的近似值，而且误差一定不会超过区间 $\boldsymbol{H}(A_1,A_2)$ 长度的一半，也就是说在计算出 Hausdorff 距离的近似值的同时给出了误差值，这是很多其他有关 Hausdorff 距离计算的算法所不具备的优点。此外，从理论上讲只要 ε 足够小，可以使得计算出的 Hausdorff 距离的误差达到任意小，当然具体计算时如果要求误差很小，那么计算时间开销可能会变得非常大。

7.7.4　实例与结论

我们用 Mathematica 8.0 编程实现上面的算法，并且在配置为 Intel Core Duo CPU E7500 @2.93 GHz 处理器内存为 2 GB 的计算机里运行该程序，并且进行了相应的实例计算。由于篇幅的关系，这里只给出一个实例。

例 7.7.1　计算以下两条代数曲线在 $[0,1]\times[0,1]$ 区域范围内的 Hausdorff 距离：

$$f_1(x,y)=20160x^5-30176x^4+14156x^3-2344x^2+15x+237-480y$$

$$f_2(x,y)=-\frac{1801}{50}+280x-816x^2+1056x^3-512x^4+\frac{1601}{25}y-512xy$$
$$+1536x^2y+2048x^3y+1024x^4y$$

以上两条代数曲线的离散化图像如图 7.7.1 所示。

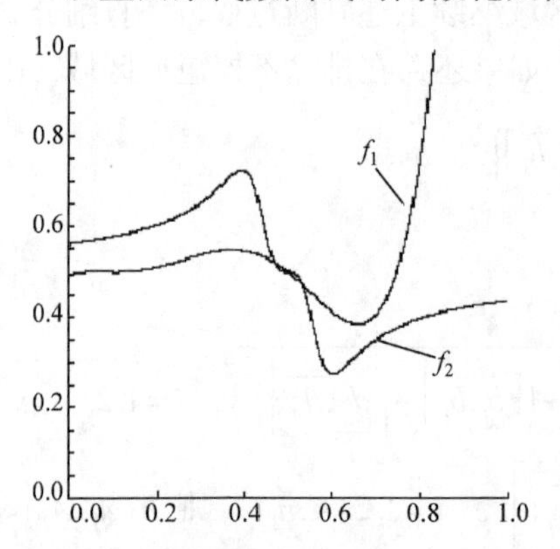

图 7.7.1　代数曲线 f_1 和 f_2 放在一起的图形

在计算过程中我们取 $\varepsilon=1/256\approx 0.00390625$，得到 Hausdorff 区间距离为 $\left[\frac{\sqrt{4105}}{128},\frac{\sqrt{4285}}{128}\right]\approx[0.500549,0.511406]$，我们取该区间的中点值 0.505977 作为这两条代数曲线之间 Hausdorff 距离的近似值，误差不超过该区间长度的一半即 0.0054285。计算所花费总的 CPU 时间为 372.78s。

由实例的结果我们可以得出：上面给出的算法不仅可以有效地计算出平面代数曲线之间 Hausdorff 距离的近似值，还可以根据自己的需要控制结果的精度(通过设置像素的大小)，并且在计算出 Hausdorff 距离近似值的同时给出了误差值。从理论上讲只要像素大小设置得足够小，就可以使得计算出的 Hausdorff 距离近似值的误差达到任意小，当然具体计算时如果要求误差很小，那么计算时间将会变得很大。此外，本算法语句简单，很容易编程实现。

7.8 两张代数曲面之间 Hausdorff 距离的计算

基于细分算法和区间算术，我们提出一种计算代数曲面间的 Hausdorff 距离的新算法。该算法在计算出 Hausdorff 距离近似值的同时能给出误差值。在理论上讲，只要设置的体素大小足够小，就可以使得计算出的 Hausdorff 距离近似值与精确值之间的误差达到任意小。但具体计算时，如果精度要求较高，则时间成本会变得很高。

7.8.1 算法描述

假设 $f_1(x,y,z)=0$，$f_2(x,y,z)=0$ 是给定的两张空间代数曲面，其中 $f_1(x,y,z)$ 与 $f_2(x,y,z)$ 是三元多项式，所考虑的计算区域是 $[\underline{x},\overline{x}]\times[\underline{y},\overline{y}]\times[\underline{z},\overline{z}]$，终止条件给定为 ε。算法的第一个关键步骤是代数曲面离散化，也就是利用八叉树和区间算术分别找出包含这两条代数曲面的像素点的两个集合 $A_1=\bigcup_{i=1}^{n_1}\left\{[\underline{a_i},\overline{a_i}]\times[\underline{b_i},\overline{b_i}]\times[\underline{c_i},\overline{c_i}]\right\}$ 和 $A_2=\bigcup_{j=1}^{n_2}\left\{[\underline{d_j},\overline{d_j}]\times[\underline{e_j},\overline{e_j}]\times[\underline{f_j},\overline{f_j}]\right\}$。具体过程是：先通过修正仿射算术计算(Shou et al., 2003) $f_1(x,y,z)=0$ 在计算区域 $[\underline{x},\overline{x}]\times[\underline{y},\overline{y}]\times[\underline{z},\overline{z}]$ 上的取值范围 $[\underline{f_1},\overline{f_1}]$，然后判断 $[\underline{f_1},\overline{f_1}]$ 是否包含 0，如果 $[\underline{f_1},\overline{f_1}]$ 不包含 0，说明 $[\underline{x},\overline{x}]\times[\underline{y},\overline{y}]\times[\underline{z},\overline{z}]$ 内不包含代数曲面 $f_1(x,y)=0$，则抛弃该区域，否则如果 $[\underline{f_1},\overline{f_1}]$ 包含 0，说明 $[\underline{x},\overline{x}]\times[\underline{y},\overline{y}]\times[\underline{z},\overline{z}]$ 有可能包含代数曲面 $f_1(x,y)=0$，则将该空间区域在中点处一分为八，八叉树算法的递归过程使细分后的区域逐渐减小，一直细分到区域的大小即区域的长、宽和高都小于等于给定的终止条件 ε，如果还是排除不掉，则将该区域存入 A_1，同理可得 A_2。这里特别值得一提的是：如果不用八叉树数据结构，那么需要对每个小长方体进行判断，比较费时间。而使用八叉树数据结构，那么当 $[\underline{f_1},\overline{f_1}]$ 不包含 0 时，整个区域 $[\underline{x},\overline{x}]\times[\underline{y},\overline{y}]\times[\underline{z},\overline{z}]$ 可以抛掉，不需要对这个区域内的小的长方体作进一步的判断，而能不能把一个不包含代数曲面的区域成功的抛掉，又取决于所使用的区间算术的精确度，这也是我们选用相对精确的修正仿射算术的原因。总之八叉树数据结构和相对比较精确

的区间算术可以起到计算加速的作用。

算法的第二个关键步骤就是通过计算两个小立方体列表集合 A_1 和 A_2 的距离来近似两条代数曲面间的 Hausdorff 距离。即将计算点与点之间的距离替换为计算两个立方体之间的区间距离。即单向 Hausdorff 区间距离 $\boldsymbol{h}(A_1,A_2)=\max\limits_{R_1\in A_1}\max\limits_{R_2\in A_2}\|R_1-R_2\|$。其中，$A_1$ 和 A_2 分别表示两条代数曲线离散化后的立方体列表，R_1 与 R_2 分别表示 A_1 和 A_2 中的立方体，$\|R_1-R_2\|$ 表示两个立方体之间的区间距离。假设空间立方体区域 $R_1=\left[\underline{x_1},\overline{x_1}\right]\times\left[\underline{y_1},\overline{y_1}\right]\times\left[\underline{z_1},\overline{z_1}\right]$ 和 $R_2=\left[\underline{x_2},\overline{x_2}\right]\times\left[\underline{y_2},\overline{y_2}\right]\times\left[\underline{z_2},\overline{z_2}\right]$，那么根据区间算术它们之间的区间距离定义为 $\|R_1-R_2\|=\left[\underline{g},\overline{g}\right]=\sqrt{\left(\left[\underline{x_1},\overline{x_1}\right]-\left[\underline{x_2},\overline{x_2}\right]\right)^2+\left(\left[\underline{y_1},\overline{y_1}\right]-\left[\underline{y_2},\overline{y_2}\right]\right)^2+\left(\left[\underline{z_1},\overline{z_1}-\left[\underline{z_2},\overline{z_2}\right]\right]\right)^2}$。当给定某一立方体 $R_i\in A_1,\ i=1,2,\cdots,n,$ 因为 A_2 中有 n_2 个立方体，那么遍历 A_2 中所有 n_2 个立方体后将得到 n_2 个区间距离，记为 $\left[\underline{g_{ij}},\overline{g_{ij}}\right]$，$j=1,2,\cdots,n_2$。令 $\left[\underline{g_i},\overline{g_i}\right]=\left[\min\limits_{j=1}^{n_2}\{\underline{g_{ij}}\},\min\limits_{j=1}^{n_2}\{\overline{g_{ij}}\}\right]$，因为 A_1 中有 n_1 个立方体，若遍历 A_1 中所有的立方体将得到 n_1 个 $\left[\underline{g_i},\overline{g_i}\right]$，再对这 n_1 个区间分别取左端点的最大值和右端点的最大值即可得到单向 Hausdorff 区间距离 $\boldsymbol{h}(A_1,A_2)$，即 $\boldsymbol{h}(A_1,A_2)=\max\limits_{R_1\in A_1}\min\limits_{R_2\in A_2}\|R_1-R_2\|=\left[\max\limits_{i=1}^{n_1}\{\underline{g_i}\},\max\limits_{i=1}^{n_1}\{\overline{g_i}\}\right]$，同理可求出 $\boldsymbol{h}(A_2,A_1)$。

若 $\boldsymbol{h}(A_1,A_2)$ 和 $\boldsymbol{h}(A_2,A_1)$ 两者没有交集，那么 $\boldsymbol{H}(A_1,A_2)$ 就取端点值较大的区间；若两者有交集，那么 $\boldsymbol{H}(A_1,A_2)$ 就取 $\boldsymbol{h}(A_1,A_2)$ 和 $\boldsymbol{h}(A_2,A_1)$ 两者中左端点的较大值以及 $\boldsymbol{h}(A_1,A_2)$ 和 $\boldsymbol{h}(A_2,A_1)$ 两者中右端点的较大值所组成的区间。具体算法如下。

(1) 输入两张代数曲面的多项式函数表达式 $f_1(x,y,z)$，$f_2(x,y,z)$，以及所要计算的区域范围 $[\underline{x},\overline{x}]\times\left[\underline{y},\overline{y}\right]\times[\underline{z},\overline{z}]$ 和终止条件 ε。

(2) 利用修正仿射算术计算 $f_1(x,y,z)$ 在区域 $[\underline{x},\overline{x}]\times\left[\underline{y},\overline{y}\right]\times[\underline{z},\overline{z}]$ 上的取值范围 $\left[\underline{f_1},\overline{f_1}\right]$，如果 $\left[\underline{f_1},\overline{f_1}\right]$ 不包含 0，则将该区域剔除，否则将该区域在其中点处一分为八个小区域，对每个小区域重复步骤(2)，一直细分到区域的大小为小于等于给定的终止条件 ε，如果还是排除不掉，则将其存入 A_1，最后得 $A_1=\bigcup\limits_{i=1}^{n_1}\left\{\left[\underline{a_i},\overline{a_i}\right]\times\left[\underline{b_i},\overline{b_i}\right]\times\left[\underline{c_i},\overline{c_i}\right]\right\}$。

(3) 同理可得 $A_2=\bigcup_{j=1}^{n_2}\left\{\left[\underline{d_j},\overline{d_j}\right]\times\left[\underline{e_j},\overline{e_j}\right]\times\left[\underline{f_j},\overline{f_j}\right]\right\}$。

(4) 计算两个立方体之间的区间距离，有两种方法，一种是 $\left[\underline{g_{ij}},\overline{g_{ij}}\right]=\sqrt{\left(\left[\underline{a_i},\overline{a_i}\right]-\left[\underline{d_j},\overline{d_j}\right]\right)^2+\left(\left[\underline{b_i},\overline{b_i}\right]-\left[\underline{e_j},\overline{e_j}\right]\right)^2+\left(\left[\underline{c_i},\overline{c_i}\right]-\left[\underline{f_j},\overline{f_j}\right]\right)^2}$, $i=1,2,\cdots,n_1,\ j=1,2,\cdots,n_2$；另一种方法是通过分别计算出立方体间的八个顶点间的距离，在计算出的 64 个距离值中以其中的最小值作为区间距离 $\left[\underline{g_{ij}},\overline{g_{ij}}\right]$ 的左端点，以其中的最大值作为区间距离 $\left[\underline{g_{ij}},\overline{g_{ij}}\right]$ 的右端点。令 $\left[\underline{g_i},\overline{g_i}\right]=\left[\min_{j=1}^{n_2}\{\underline{g_{ij}}\},\min_{j=1}^{n_2}\{\overline{g_{ij}}\}\right]$， $i=1,2,\cdots,n_1$，则 $\boldsymbol{h}(A_1,A_2)=\left[\max_{i=1}^{n_1}\{\underline{g_i}\},\max_{i=1}^{n_1}\{\overline{g_i}\}\right]$。同理可得 $\boldsymbol{h}(A_2,A_1)$。

(5) 如果 $\boldsymbol{h}(A_1,A_2)$ 和 $\boldsymbol{h}(A_2,A_1)$ 不相交，取端点值较大的作为 $\boldsymbol{H}(A_1,A_2)$；如果两者有交集，那么 $\boldsymbol{H}(A_1,A_2)$ 就取 $\boldsymbol{h}(A_1,A_2)$ 和 $\boldsymbol{h}(A_2,A_1)$ 两者中左端点的较大值，以及 $\boldsymbol{h}(A_1,A_2)$ 和 $\boldsymbol{h}(A_2,A_1)$ 两者中右端点的较大值所组成的区间，算法结束。

由于区间运算的保守性,两张代数曲面之间的精确 Hausdorff 距离 $H(A_1,A_2)$ 一定落在已经通过区间算术和细分算法计算得到的 Hausdorff 区间距离 $\boldsymbol{H}(A_1,A_2)$ 之中。所以我们可以取 $\boldsymbol{H}(A_1,A_2)$ 的中点作为 $H(A_1,A_2)$ 的近似值，而且误差一定不会超过区间 $\boldsymbol{H}(A_1,A_2)$ 长度的一半。也就是说我们在计算出 Hausdorff 距离的近似值的同时给出了误差值,这是很多其他有关 Hausdorff 距离计算的算法所不具备的优点。此外，从理论上讲只要 ε 足够小，可以使得计算出的 Hausdorff 距离的误差达到任意小，但具体计算时如果要求误差很小那么计算时间的开销会变得非常大。

7.8.2　实例与结论

我们用 Mathematica 8.0 编程实现上面的算法，并且在配置为 Intel Core Duo CPU E7500 @2.93 GHz 处理器内存为 2 GB 的计算机里运行该程序，并进行了相应的实例计算。

例 7.8.1　计算以下代数曲面在 $[-2,2]\times[-2,2]\times[-2,2]$ 区域范围内的 Hausdorff 距离:

$$f_1(x,y,z)=\frac{1}{4}x^2+\frac{1}{4}y^2-\frac{1}{9}z^2,\quad f_2(x,y,z)=\frac{1}{16}x^2+\frac{1}{4}y^2-\frac{1}{9}z^2$$

在计算过程中我们取 $\varepsilon=\frac{1}{64}=0.015625$，计算的结果得到 Hausdorff 区间距离

为 $\left[\frac{\sqrt{\frac{17}{2}}}{4},\frac{\sqrt{\frac{103}{2}}}{8}\right]\approx[0.7288689868,0.8970437559]$，我们取该区间的中点值 0.81295637135 作为这两个代数曲面间 Hausdorff 距离的近似值，那么误差不超过该区间长度的一半即 0.08408738455。计算花费总的 CPU 时间为 789694s。如果需要进一步提高精度，那么 ε 应该取更小的数值，但计算时间会变得无法忍受。如何对算法进行优化，或者利用计算机硬件设备如 GPU 等进行加速是我们下一步需要做的工作。

从上面的实例可以看出，我们提出的算法可以计算出两张代数曲面之间 Hausdorff 距离的近似值，并且在计算出 Hausdorff 距离近似值的同时给出了误差范围。从理论上讲只要体素大小设置得足够小，就可以使得计算出的 Hausdorff 距离近似值与精确值的误差达到任意小，但具体计算的时候如果要求误差很小那么计算时间开销会变得很大。

7.9　基于像素的多边形等距区域子分算法

多边形等距是计算机图形学、计算几何、计算机辅助几何设计领域的一个基础性问题，并且有着广泛的应用。为了有效地处理各种类型的多边形等距问题，我们提出一种基于像素的多边形等距区域子分算法。方法是利用四叉树数据结构对给定区域进行子分，再利用区间算术计算出符合等距要求的全体像素集。针对只是由线段组成的多边形采用点到线段的最短距离算子加快计算速度。利用区域子分算法处理了不同类型的多边形等距问题，并与传统的基于像素的多边形等距膨胀算法进行了比较。实验结果表明所提算法能有效地处理各种多边形的等距问题，相对于传统的基于像素的膨胀算法，在顶点处的处理效果上更好，并且耗时也更短。提出的区域子分算法比传统边等距方法适用范围更广，其优点是不需要考虑自交和连接问题，能够有效地处理一些边等距算法不能处理的多边形等距问题，包括带有弧段和孤岛的情况。

7.9.1　算法流程

算法流程如图 7.9.1 所示，首先我们根据多边形各边的代数方程，利用区域子分算法和区间算术求出原始多边形在平面区域中的像素点集合。然后再次利用区域子分算法和区间算术计算出平面内到原始多边形距离为 d 的全体像素集，其中利用到四叉树和区间算术对其加速。最后把所得像素点集合输出即得到了原始多边形的等距多边形。特殊子分算法省去了对各边代数方程的求解，以及图 7.9.1 中的第二步，即不需要求出原始多边形的像素点集，只需要多边形各顶点坐标。特殊子分算法变换了距离算子，采用点到线段的距离算子，因此只能处理由线段组成的多边形。

7.9.2　算法描述

假设$r_1(x_1,y_1)$，$r_2(x_2,y_2)$，…，$r_n(x_n,y_n)$是给定的2维平面上多边形L的n个顶点，所给定的平面区域为$[\underline{x},\overline{x}]\times[\underline{y},\overline{y}]$，像素点大小(即像素点区域的边长)是$\varepsilon$。计算该多边形$L$的等距多边形，相当于计算该平面区域内到这个多边形距离为d(d为等距距离)的像素点全体。

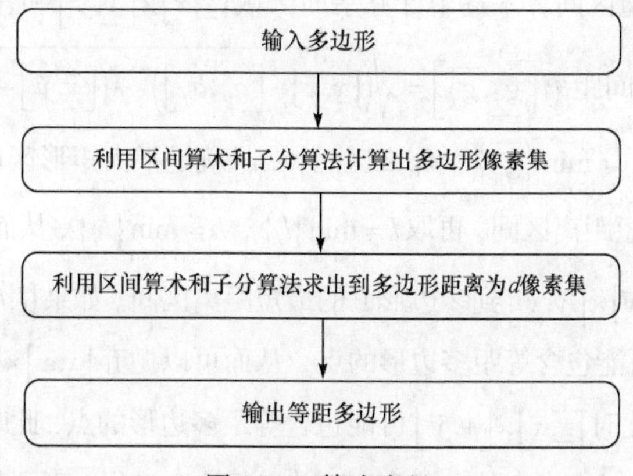

图 7.9.1　算法流程

通过对平面多边形各边进行离散得到各自的像素点集合，从而平面区域$[\underline{x},\overline{x}]\times[\underline{y},\overline{y}]$和多边形各边之间的区间距离计算转变为求该平面区域和像素点之间的最短距离。在求这个距离最小值过程中采用四叉树数据结构和区间算术进行加速。

算法的第一个步骤是首先利用四叉树数据结构和区间算术将多边形的n条边离散化，从而找出多边形的全体像素集M。先分别找出包含多边形的n条边的像素点的n个集合$m_1=\bigcup_{j=1}^{k_1}\{[a_{1j},b_{1j}]\times[c_{1j},d_{1j}]\}$，…，$m_n=\bigcup_{j=1}^{k_n}\{[a_{nj},b_{nj}]\times[c_{nj},d_{nj}]\}$，其中$[a_{ij},b_{ij}]\times[c_{ij},d_{ij}]$表示像素点所占的区域。首先通过给定顶点求出各边的代数方程$f_1(x,y)=0$，$f_2(x,y)=0$，…，$f_n(x,y)=0$，再利用修正仿射算术(Shou et al.,2003)计算$f_i(x,y)$在$[\underline{x_i},\overline{x_i}]\times[\underline{y_i},\overline{y_i}]$上的取值范围$[\underline{f_i},\overline{f_i}]$，这里$[\underline{x_i},\overline{x_i}]\times[\underline{y_i},\overline{y_i}]$是包围第$i$条边的最小正方形区域，然后判断$[\underline{f_i},\overline{f_i}]$是否包含0，如果$[\underline{f_i},\overline{f_i}]$不包含0，说明$[\underline{x_i},\overline{x_i}]\times[\underline{y_i},\overline{y_i}]$内不包含平面线段$f_i(x,y)=0$，则抛弃该区域，如果$[\underline{f_i},\overline{f_i}]$包含0，说明$[\underline{x_i},\overline{x_i}]\times[\underline{y_i},\overline{y_i}]$有可能包含平面线段$f_i(x,y)=0$，则采用四叉树数据结构将该平面矩形区域一分为四，依次递归下去，直到每个区域的大小不超过一个像素的大小ε，如果函数的区间值还包含0，则

区域在多边形的边上并将其存入 m_i，从而得到多边形的全体像素集 $M=\bigcup_{i=1}^{n} m_i$ 。这里使用四叉树数据结构和区间算术可以提升整个计算的速度。

算法的第二个步骤是计算出平面区域 $[\underline{x},\overline{x}]\times[\underline{y},\overline{y}]$ 内到像素点集合 M 的距离为 d 的全体像素集 N 。这个问题仍然是通过采用四叉树数据结构和区间算术来解决的，首先采用普通区间算术逐个计算平面区域 $[\underline{x},\overline{x}]\times[\underline{y},\overline{y}]$ 和各个像素 $[a_{ij},b_{ij}]\times[c_{ij},d_{ij}]$ 之间的区间距离 $[\underline{g_j},\overline{g_j}]=\sqrt{([\underline{x},\overline{x}]-[a_{ij},b_{ij}])^2+([\underline{y},\overline{y}]-[c_{ij},d_{ij}])^2}$ ，再令 $l_i=\min\limits_{1\leqslant j\leqslant k_1}\{\underline{g_j}\}$ ， $h_i=\min\limits_{1\leqslant j\leqslant k_1}\{\overline{g_j}\}$ ，那么区间 $[l_i,h_i]$ 就是平面矩形区域 $[\underline{x},\overline{x}]\times[\underline{y},\overline{y}]$ 到平面线段 m_i 的最短距离区间，再取 $l=\min\limits_{1\leqslant i\leqslant n}\{l_i\}$ ， $h=\min\limits_{1\leqslant i\leqslant n}\{h_i\}$ ，从而可以得到 $[l,h]$ 是平面矩形区域 $[\underline{x},\overline{x}]\times[\underline{y},\overline{y}]$ 到多边形 L 的最短距离区间。如果 $[l,h]$ 不包含 d ，那么 $[\underline{x},\overline{x}]\times[\underline{y},\overline{y}]$ 不可能包含等距多边形的点，从而可以抛弃 $[\underline{x},\overline{x}]\times[\underline{y},\overline{y}]$ ，但是如果 $[l,h]$ 包含 d ，则此时 $[\underline{x},\overline{x}]\times[\underline{y},\overline{y}]$ 可能包含等距多边形的点，此时采用四叉树数据结构将 $[\underline{x},\overline{x}]\times[\underline{y},\overline{y}]$ 在中点处一分为四，并递归这个过程，直到各个区域的大小都不超过一个像素的大小 ε ，如果最短区间距离还是包含 d ，则该区域符合等距要求并将其存入像素集 N 。从而可得到我们所要计算的平面多边形 L 的等距多边形全体像素点集合 N 。

根据以上描述，给出多边形等距区域子分算法的具体步骤如下。

(1) 给定多边形 L 的 n 个顶点 $r_1(x_1,y_1)$ ， $r_2(x_2,y_2)$ ，…， $r_n(x_n,y_n)$ 以及所在的平面矩形区域 $[\underline{x},\overline{x}]\times[\underline{y},\overline{y}]$ 和像素的大小 ε 。

(2) 根据给定的 n 个顶点计算出多边形 L 的各边代数方程 $f_i(x,y)=0$ 以及 $[\underline{x_i},\overline{x_i}]\times[\underline{y_i},\overline{y_i}]$ ，其中 $1\leqslant i\leqslant n$ ，然后利用上述区域子分算法的第一个步骤计算出各边的像素集 m_i ，从而得多边形 L 的全体像素集 M 。

(3) 根据上述算法的第二个步骤计算出到原始多边形距离为 d 的像素集 N 。

(4) 最后输出 M 与 N 得到原始多边形和等距多边形，算法结束。

算法的第二步与第三步充分利用了四叉树数据结构和区间算术加速，如果不用四叉树数据结构进行子分，那么需要对每个像素进行判断，比较费时间。而使用四叉树数据结构和区间算术，当 $[\underline{f_i},\overline{f_i}]$ 不包含 0 或者 $[l,h]$ 不包含 d 时，可以整个地抛掉区域 $[\underline{x},\overline{x}]\times[\underline{y},\overline{y}]$ ，不需要对这个区域内的像素作进一步的判断，而能不能把一个区域成功地抛掉又取决于所使用的区间算术的精确度，这也是我们选用相对比较精确的修正仿射算术的原因。总之利用四叉树数据结构和区间算术可以起到计算加速的作用。因为本算法是基于像素的，求的是像素点之间的距离，所以在凸顶点处不需要考虑拼接的问题，在凹顶点处不需要考虑令人头痛的自交问题，并且这个算法可以处理各种类型的多边形等距问题，包括带有弧段、孤岛等情况，前提是多边形的每条边能够用代数方程表示。

7.9.3 针对只是由线段组成的多边形等距的特殊算法

对于完全由线段组成的多边形，可利用平面多边形的各边是线段的特殊性，从而可改变距离算子，利用点到线段的距离算法来计算平面矩形区域$\left[\underline{x},\overline{x}\right]\times\left[\underline{y},\overline{y}\right]$和各边长线段之间的区间距离。从而大大减少了计算量，提升了算法的速度。

如图 7.9.2 所示，点到线段的最短距离的运算与点到直线的最短距离的运算之间存在一定的差别，即求点到线段最短距离时需要考虑参考点在沿线段方向的投影点是否在线段上。如图 7.9.2(a)所示，若投影点在线段上才可采用点到直线距离公式，即最短距离为$|PC|$。如图 7.9.2(b)和 7.9.2(c)所示，如果投影点不在线段上则其距离为点到与其最靠近的端点的距离，则最短距离分别为$|PB|$和$|PA|$。对于点到线段的距离问题现有很多算法，大致可以分为定义法、面积法和矢量法。我们采用了一种新的矢量方法，主要是为了快速地判断出点到线段的投影点是否在线段上，即用通过判断矢量间的夹角是否为钝角来判断投影点是否在线段上，如图 7.9.2 所示可以通过判断 AP 与 AB 以及 BP 与 BA 的夹角是否为钝角来确定投影点是否在线段上，如果都不是钝角则投影点在线段上，则最短距离可以采用点到直线的距离公式计算，如果出现钝角则投影点在线段外，则最短距离为点与线段端点之间的距离，可通过两点间的距离公式计算。

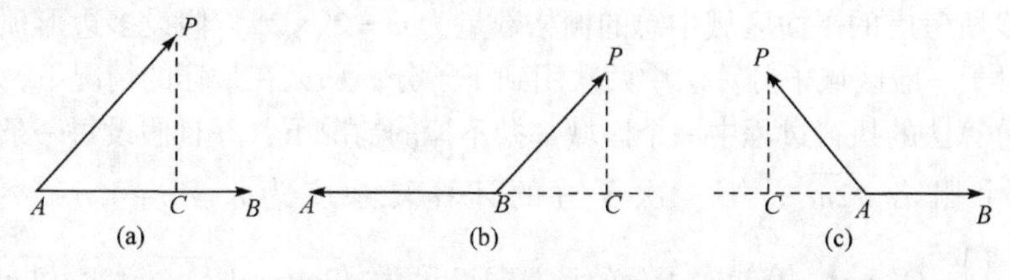

图 7.9.2　点到线段的距离

根据上面描述的区域子分算法和点到线段的最短距离算法，我们提出一个特殊算法，具体步骤如下。

(1) 给定多边形 L 的 n 个顶点 $r_1(x_1,y_1)$，$r_2(x_2,y_2)$，…，$r_n(x_n,y_n)$ 以及所在的平面矩形区域$\left[\underline{x},\overline{x}\right]\times\left[\underline{y},\overline{y}\right]$和像素的大小 ε。

(2) 先采用矢量的方法判断平面区域$\left[\underline{x},\overline{x}\right]\times\left[\underline{y},\overline{y}\right]$到多边形各边线段上的投

影点是否在线段上，考虑到我们采用四叉树子分，可通过取区域的中点来判断。如果投影点在线段上，则利用点到直线的距离公式和区间算术计算：

$$\left[\underline{g_i},\overline{g_i}\right]=\begin{cases}\sqrt{\dfrac{\left(\left([\underline{x},\overline{x}]-x_i\right)\left(y_{i+1}-y_i\right)-\left(\left[\underline{y},\overline{y}\right]-y_i\right)\left(x_{i+1}-x_i\right)\right)^2}{\left(x_{i+1}-x_i\right)^2+\left(y_{i+1}-y_i\right)^2}}, & 1\leqslant i\leqslant n-1\\ \sqrt{\dfrac{\left(\left([\underline{x},\overline{x}]-x_n\right)\left(y_n-y_1\right)-\left(\left[\underline{y},\overline{y}\right]-y_n\right)\left(x_n-x_1\right)\right)^2}{\left(x_n-x_1\right)^2+\left(y_n-y_1\right)^2}}, & i=n\end{cases}$$

如果投影点在线段之外则利用两点之间的距离公式和区间算术计算 $\left[\underline{g_i},\overline{g_i}\right]=\sqrt{\left([\underline{x},\overline{x}]-x_i\right)^2+\left(\left[\underline{y},\overline{y}\right]-y_i\right)^2}$，然后令 $\left[\underline{g},\overline{g}\right]=\left[\min\limits_{1\leqslant i\leqslant n}\left\{\underline{g_i}\right\},\min\limits_{1\leqslant i\leqslant n}\left\{\overline{g_i}\right\}\right]$，如果 $\left[\underline{g},\overline{g}\right]$ 不包含 d，那么抛弃 $[\underline{x},\overline{x}]\times\left[\underline{y},\overline{y}\right]$，如果 $\left[\underline{g},\overline{g}\right]$ 包含 d，则对区域 $[\underline{x},\overline{x}]\times\left[\underline{y},\overline{y}\right]$ 采用四叉树数据结构，将其一分为四，对四个小区域重复步骤(2)的操作，直到区域的大小不超过一个像素的大小 ε，如果区间距离还是包含 d，则将其存入像素集 N。

(3) 输出多边形 L 和像素集 N 组成的等距多边形，算法结束。特殊算法不但在一般算法的基础上充分利用了四叉树和区间算术加速，而且不需要求得各边的代数方程，也不需对各边进行离散化，只需要多边形各顶点即可。在采用了点到线段的距离算子后，大大减少了求距离的次数，从而对算法的速度提升了很多。但是特殊算法只能处理完全由线段组成的多边形，并且也无法处理带有孤岛的情况。

7.9.4 算法的计算复杂度分析

假设所考虑的平面区域中总的栅格数量为 $m=2^k\times 2^k$，假设多边形顶点个数为 n。对于一般区域子分算法中两次用到了子分，那么在最坏的情况下，也就是说在子分算法的执行过程中一个区域都抛不掉的情况下，并且假设每一条边都包含最多个栅格 $\sqrt{2m}$，第一次子分的计算复杂度为 $n+4n+4^2n+\cdots+4^kn=n\left(\dfrac{4^{k+1}-1}{4-1}\right)=O(mn)$，第二次子分的计算复杂度为 $\sqrt{2m}n+4\sqrt{2m}n+4^2\sqrt{2m}n+\cdots+4^k\sqrt{2m}n=\sqrt{2m}n\left(\dfrac{4^{k+1}-1}{4-1}\right)=O\left(2^{2k}\sqrt{2m}n\right)=O\left(m^{\frac{3}{2}}n\right)$，那么对于一般算法总的计算复杂度为 $O(mn)+O\left(m^{\frac{3}{2}}n\right)=O\left(m^{\frac{3}{2}}n\right)$。同样考虑在最坏情况下特殊子分算法总的计算复杂度为 $n+4n+4^2n+\cdots+4^kn=n\left(\dfrac{4^{k+1}-1}{4-1}\right)=O\left(2^{2k}n\right)=O(mn)$，其计算复杂

度仅与多边形顶点个数呈线性关系。因为在实际计算时由于算法是直接对每个区域采用区间算术，判断完后可以丢弃不可能包含多边形的区域和区间距离不可能包含 d 的区域，从而实际计算复杂度远小于这个数。而具体能降低到多少，要看实际操作中能成功丢弃多少区域，而具体能丢弃多少区域是不可预知的，是由图形的形状以及所在的区域决定的。我们计算的是最坏情况下的算法复杂度，也就是假设一个区域都不能成功丢弃。以上复杂度分析表明，我们所提区域子分算法的计算复杂度跟多边形顶点的个数 n 和栅格的总数量 m 都有关。

7.9.5　实例与结论

基于 Mathematica 8.0 编程实现了上面提出的两种算法，同时也实现了文献(Gurbuz and Zeid，1995)中的膨胀方法，并在处理器为 Intel Core CPU i3-2330M @ 2.20 GHz 的计算机上运行程序进行了一些实例的计算和比较，下面给出几个例子的实验结果。

从图 7.9.3 和图 7.9.4 可以直观地看出我们所提的两种基于像素的区域子分算法在处理效果上是要优于传统的基于像素的膨胀算法，特别是在凹顶点的处理上，从图 7.9.4 可以清楚地看出传统膨胀法在凹点的处理效果要比我们的子分算法差。表 7.9.1 的数据也反映出了在速度上特殊子分算法比传统的膨胀法快很多。根据表 7.9.1 中对应图 7.9.3 和图 7.9.4 的数据，特殊子分算法快了至少 50 倍，这得益于区间距离计算的简化和采用了四叉树数据结构以及区间算术进行加速。如图 7.9.5 所示，一般子分算法可以处理各种复杂的多边形等距问题，包括带有弧段和孤岛的情况，这是一些传统的边等距方法所不能处理的，并且我们的算法完全不必考虑自交和顶点处拼接的问题，这也优于传统的边等距方法，可见在适用范围上我们的算法比传统边等距方法更广。如图 7.9.6 所示，特殊子分算法可以高效地处理完全由线段组成的多边形等距问题，不管是从效果上还是速度上特殊子分算法都表现得很优秀。

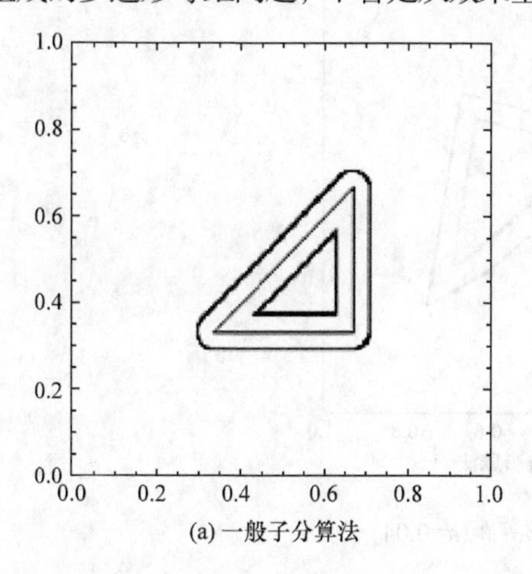

(a) 一般子分算法

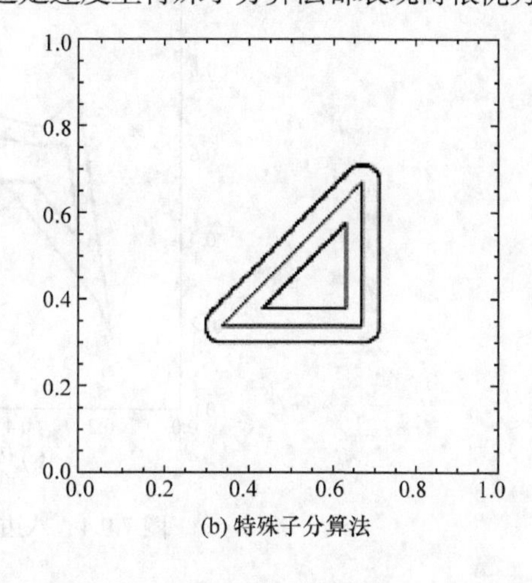

(b) 特殊子分算法

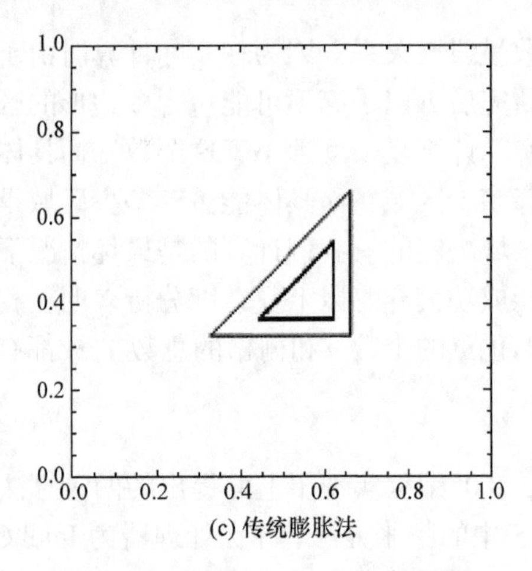

(c) 传统膨胀法

图 7.9.3　简单三角形的等距(d=0.04)

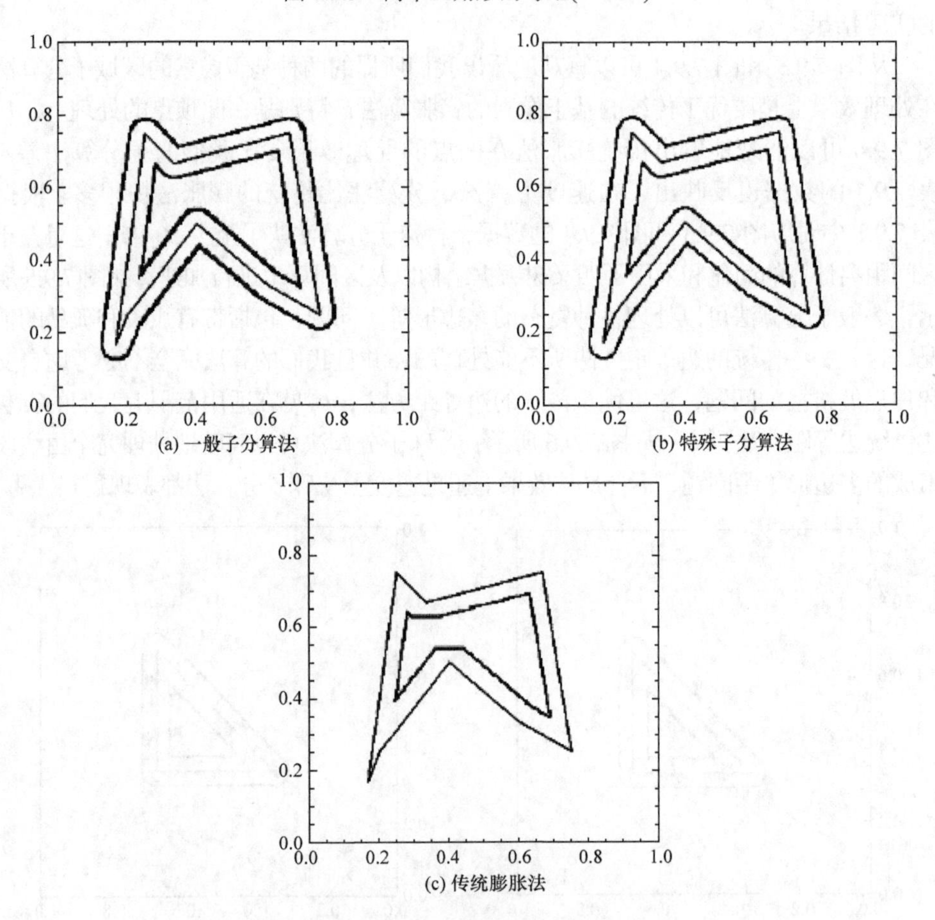

(a) 一般子分算法　(b) 特殊子分算法

(c) 传统膨胀法

图 7.9.4　八边形等距(d=0.04)

表 7.9.1　实验分析与比较

图号	d	时间/s	图号	d	时间/s
7.9.3(a)	0.04	389.615	7.9.5(a)	0.02	2581.85
7.9.3(b)	0.04	2.855	7.9.5(b)	0.04	2151.96
7.9.3(c)	0.04	221.665	7.9.6(a)	0.02	24.601
7.9.4(a)	0.04	596.704	7.9.6(b)	0.04	22.932
7.9.4(b)	0.04	9.861	7.9.6(c)	0.06	21.906
7.9.4(c)	0.04	549.31	7.9.6(d)	0.07	19.906

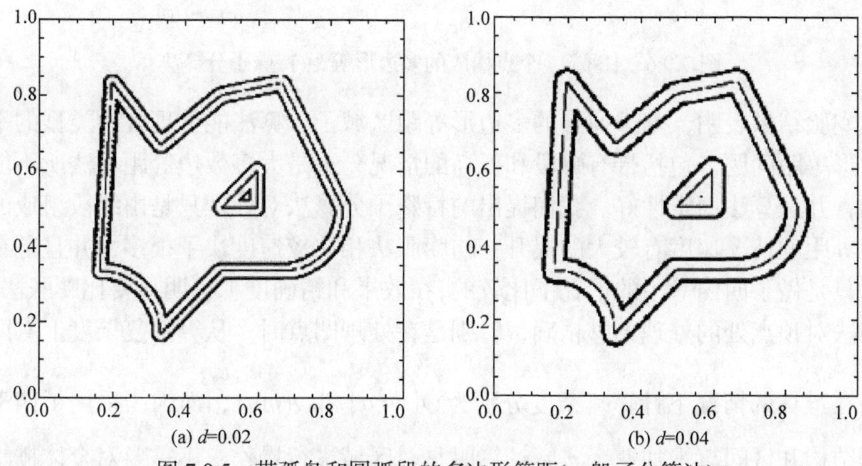

(a) d=0.02　　(b) d=0.04

图 7.9.5　带孤岛和圆弧段的多边形等距(一般子分算法)

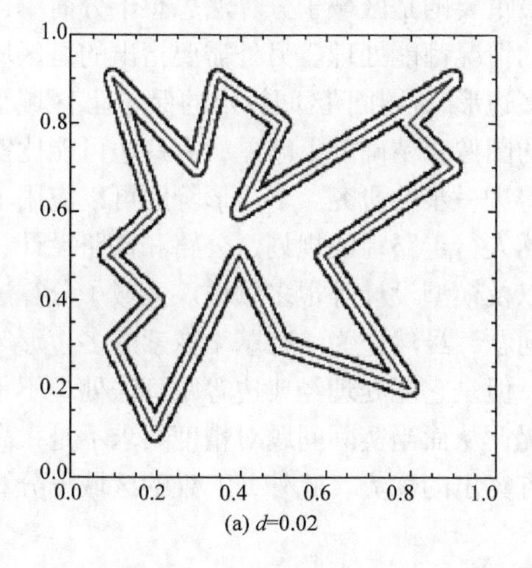

(a) d=0.02

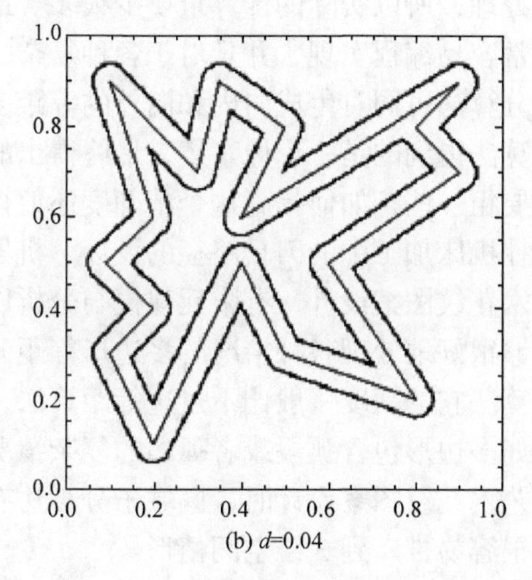

(b) d=0.04

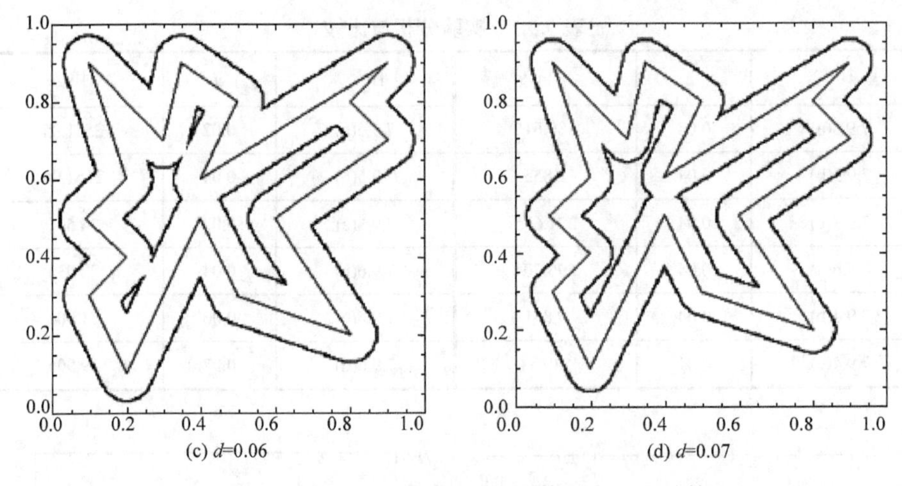

(c) d=0.06　　(d) d=0.07

图 7.9.6　任取 17 个点构成的多边形等距(特殊子分算法)

实验结果表明，基于像素的多边形等距区域子分算法能处理各种类型的平面多边形等距问题，包括带有弧段和孤岛的情况，这是大多数边等距方法所不能处理的，并且算法稳定性好。我们提出的特殊子分算法对处理只是由线段组成的多边形等距的情况速度有较大的提升，与膨胀法相比较速度快了很多，并且是在膨胀法只是做了向内等距的情况下比较的，在效果和精确度上也明显要比膨胀法好，膨胀法对顶点处的处理不够精确，特别是在处理凹点时。从算法复杂度上看两种算法在最坏的情况下计算复杂度分别为$O\left(m^{\frac{3}{2}}n\right)$和$O(mn)$，而因为采用了四叉树数据结构和区间算术加速，实际计算时是对区域进行操作，不需要对全体栅格逐一处理，所以实际的计算量要少很多。最重要的是区域子分算法思想十分简单，非常容易编程实现，并且对于各种复杂的情况都能处理。另外需要指出的是区域子分算法可同时生成向内和向外的等距多边形，但由于区间算术的保守性,区域子分算法得到的是一个像素集，最终得出的图像在精确度上略差，有些边可能比实际要粗一些，如何提高这个精确度还值得进一步的研究。多边形等距可以应用于数控机床加工中的刀具路径的设计、机器人行走路径的规划、公路和铁路设计、艺术花纹图案设计、有限元建模与分析以及模型设计等很多领域。区域子分算法能够很好地处理各种情况的多边形等距问题，虽然作为一种基于像素的多边形等距算法它的精度一般比不过边等距算法，但是它能处理经典边等距算法处理不了的如多边形包含弧段或者孤岛的复杂情况，从而当实际问题对精度要求不是太高如艺术花纹图案设计时，区域子分算法有突出的优势。此外，2 维的区域子分算法很容易推广到 3 维空间情形。

7.10　点到代数曲线最短距离的细分算法

距离计算在计算机辅助几何设计与图形学领域有着广泛的应用。为了有效地计算点到代数曲线的最短距离，我们提出一种基于区间算术和区域细分的细分算法。该算法利用四叉树数据结构对给定区域进行细分，利用区间算术计算出所有细分后的像素点到给定点的距离区间，并得到最小距离区间。该算法的优势在于得到任意精度的点到代数曲线最短距离近似值的同时，可以得到该结果的最大误差限。为了进一步提高本算法的计算速度，我们还对算法进行了改进。

7.10.1　算法描述

假设 $f(x,y)=0$ 是平面上给定的一条代数曲线，其中 $f(x,y)$ 是二元多项式，$(x,y)\in[x_1,x_2]\times[y_1,y_2]$，点 $Q(x_0,y_0)$ 是平面上不在代数曲线上的一定点。应用细分算法把代数曲线离散化，也就是应用四叉树找出包含这条代数曲线的所有像素点的集合，利用区间算术计算定点 $Q(x_0,y_0)$ 到每个像素的距离区间，通过一定的条件剔除没有经过代数曲线的矩形区域，然后在这些区间中选取他们左右端点的最小值构成的区间为定点 $Q(x_0,y_0)$ 到代数曲线 $f(x,y)=0$ 的最短距离区间，取该区间的中点作为定点 $Q(x_0,y_0)$ 到代数曲线 $f(x,y)=0$ 的最短距离的近似值，且误差不会超过该区间长度的一半。

(1) 首先通过修正仿射算术 (Shou et al.,2003) 计算 $f(x,y)$ 在区间 $[x_1,x_2]\times[y_1,y_2]$ 上的取值范围 $[f_1,f_2]$。

(2) 判断 0 是否在区间 $[f_1,f_2]$ 内，如果 0 在 $[f_1,f_2]$ 内，说明在 $[x_1,x_2]\times[y_1,y_2]$ 这个区域内可能包含代数曲线 $f(x,y)=0$，则转到步骤(3)；否则，说明在 $[x_1,x_2]\times[y_1,y_2]$ 这个区域内不包含代数曲线 $f(x,y)=0$，则这一部分不用细分，直接抛弃。

(3) 利用四叉树的思想，将该平面矩形区域在其中心点处分成四个小的矩形区域，再对每个小的矩形区域按步骤(1)重复进行下去，直到得到的矩形区域的大小即长和宽都小于等于给定的终止条件 ε，如果此时还存在排除不掉的矩形区域，则把它们保存在 result1 中。

(4) 考虑 result1 中的所有矩形区域，若曲线过该矩形区域的两条边，即认为曲线穿过该矩形区域，可以去掉对最小距离计算没有作用的矩形区域，保留曲线穿过的矩形区域。

(5) 利用区间算术计算定点 $Q(x_0,y_0)$ 到 result1 中每个矩形区域 $\left[\underline{x_i},\overline{x_i}\right]\times\left[\underline{y_i},\overline{y_i}\right]$

的距离，定点$Q(x_0,y_0)$可以看作矩形区域$[x_0,x_0]\times[y_0,y_0]$，根据区间算术可以定义这两个矩形区域之间的区间距离$\left[\underline{g_i},\overline{g_i}\right]=\sqrt{\left([x_0,x_0]-\left[\underline{x_i},\overline{x_i}\right]\right)^2+\left([y_0,y_0]-\left[\underline{y_i},\overline{y_i}\right]\right)^2}$可以得到 s 个这样的区间(其中 s 是 result1 中矩形区域的数量)，然后取这些区间的左右端点的最大最小值构成的区间$\left[\min\left(\underline{g_i}\right),\min\left(\overline{g_i}\right)\right]$为定点$Q(x_0,y_0)$到代数曲线$f(x,y)=0$的最短距离区间。

(6) 取这个最短距离区间的中点作为定点$Q(x_0,y_0)$到代数曲线$f(x,y)=0$的最短距离的近似值，则误差不会超过该区间长度的一半。

该算法利用四叉树分割算法把不包含代数曲线$f(x,y)=0$的区域直接排除掉，不再对这一部分进行讨论，相对地缩减了一部分工作量。而且该算法在计算出定点$Q(x_0,y_0)$到代数曲线$f(x,y)=0$的最短距离的近似值的同时也给出了该结果的最大误差限。这是其他计算点到代数曲线的最短距离的方法所不具备的优点。而且，理论上，只要ε足够小，我们都可以计算出点到代数曲线的最短距离的近似值，并且误差会越来越小。

7.10.2 实例计算

例 7.10.1 给定一条代数曲线，其方程为$f(x,y)=y-x^2+1=0$，其中$x\in[0,5]$，$y\in[-1,24]$，以及定点$Q(4,5)$。

通过 MATLAB 编程实现，当取$\varepsilon=0.01$时，得到的最小距离区间为$[1.5207,1.5271]$，取其中点值 1.5239 为点$Q(4,5)$到该代数曲线最短距离的近似值，且误差不会超过该区间长度的一半 0.0032，运行时间为 174.587000s。

当取$\varepsilon=0.005$时，得到的最小距离区间为$[1.5199,1.5207]$，取其中点值 1.5203 为点$Q(4,5)$到该代数曲线最短距离的近似值，且误差不会超过该区间长度的一半 0.0004，运行时间为 351.257000s.

例 7.10.2 给定一条代数曲线，其方程为$f(x,y)=x^4-2x^3+2x+y^4-2y^2$，其中$(x,y)\in[0,1]\times[0,1]$，以及定点$Q(3,2)$。

通过 MATLAB 编程实现，当取$\varepsilon=0.01$时，得到的最小距离区间为$[2.2501,2.2710]$，取其中点值 2.2605 为定点$Q(3,2)$到该代数曲线的最短距离的近似值，且误差不会超过该区间长度的一半 0.0105，运行时间为 48.626000s。

当取$\varepsilon=0.005$时，得到的最小距离区间为$[2.2431,2.2535]$，取其中点值 2.2483 为定点$Q(3,2)$到该代数曲线的最短距离的近似值，且误差不会超过该区间长度的一半 0.0052，运行时间为 104.220000 s。

当取 $\varepsilon=0.001$ 时，得到的最小距离区间为 $[2.2378,2.2404]$，取其中点值 2.2391 为定点 $Q(3,2)$ 到该代数曲线的最短距离的近似值，且误差不会超过该区间长度的一半 0.0013，运行时间为 375.373000s。

由例 7.10.1 及例 7.10.2，我们可以看出当终止条件 ε 无限小时，所得到的点到代数曲线的距离可以无限近似于精确距离，且误差可以达到任意小。

7.10.3　与其他算法的比较

1. 直接计算法

求点到曲线最短距离的一般方法就是通过几何性质得到方程组，解方程组就可以得到曲线上相应的最短距离点，然后再利用距离公式即可求得点到该最短距离点的距离，该距离为点到曲线的最短距离。设定点 $Q(x_0,y_0)$ 到曲线 $f(x,y)=0$ 的能达到最小距离的点为 $P(x,y)$，则曲线在 $P(x,y)$ 点处的切线 $T_P=(-f_y,f_x)$ 与 $QP=(x-x_0,y-y_0)$ 垂直，则可得到方程组 $\begin{cases} f(x,y)=0 \\ T_P\cdot QP=0 \end{cases}$，通过解此方程组即可得到 $P(x,y)$ 点，然后利用距离公式 $d=\sqrt{(x-x_0)^2+(y-y_0)^2}$ 即可得到点 $Q(x_0,y_0)$ 到曲线 $f(x,y)=0$ 的最短距离。

通过对例 7.10.1 的编程实现，在 MATLAB 软件中调用 fsolve 函数求解方程组，得到点 $Q(4,5)$ 到代数曲线 $f(x,y)=y-x^2+1=0$ 的最短距离为 1.5199，运行时间为 0.262000s，然而 MATLAB 软件中的 fsolve 函数是如何求解方程组的我们并不清楚，计算结果的误差有多少也不知道。

2. 利用四叉树解方程组(算法的改进)

基于四叉树数据结构对方程组进行求解，记方程组为 $\begin{cases} f(x,y)=0 \\ g(x,y)=0 \end{cases}$，在原算法的基础上，增加了一个条件，即 $g(x,y)=0$，分别通过修正仿射算术(Shou et al., 2003)计算 $f(x,y)$ 及 $g(x,y)$ 在区间 $[x_1,x_2]\times[y_1,y_2]$ 上的取值范围 $[f_1,f_2]$ 及 $[g_1,g_2]$ 对 0 在 $[f_1,f_2]$ 及 $[g_1,g_2]$ 内的区域进行四叉树离散，得到满足条件的矩形区域，然后再利用区间算术计算定点 $Q(x_0,y_0)$ 到每个矩形区域的距离区间，进一步得到最短距离区间。同样地，取这个最短距离区间的中点作为定点 $Q(x_0,y_0)$ 到代数曲线 $f(x,y)=0$ 的最短距离的近似值，则误差不会超过该区间长度的一半。

通过对例 7.10.1 的编程实现，当取 $\varepsilon=0.005$ 时，得到的最小距离区间为 $[1.5295,1.5302]$，取其中点值 1.5299 为点 $Q(4,5)$ 到该代数曲线最短距离的近似值，且误差不会超过该区间长度的一半 0.0004，运行时间为 8.022000s.

当取 $\varepsilon = 0.003$ 时，得到的最小距离区间为 $[1.5199, 1.5201]$，取其中点值 1.5200 为点 $Q(4,5)$ 到该代数曲线最短距离的近似值，且误差不会超过该区间长度的一半 0.0001，运行时间为 9.635000s。

从计算结果可以看出，改进后的算法计算速度有较大的提升。

3. 拉格朗日乘数法

点 $Q(x_0, y_0)$ 到曲线 $f(x,y)=0$ 的距离的平方公式为 $d^2 = (x-x_0)^2 + (y-y_0)^2$，令 $L(x,y) = (x-x_0)^2 + (y-y_0)^2 + \lambda \cdot f(x,y)$，应用拉格朗日乘数法得到一个方程组：

$$\begin{cases} L_x(x,y) = 2(x-x_0) + \lambda \cdot f_x(x,y) = 0 \\ L_y(x,y) = 2(y-y_0) + \lambda \cdot f_y(x,y) = 0 \\ f(x,y) = 0 \end{cases}$$

其中，$f_x(x,y)$、$f_y(x,y)$ 分别是 $f(x,y)$ 关于 x 与 y 的偏导数。

通过解方程组得到曲线上的对应点 $P(x,y)$，利用距离公式可得到 P,Q 两点之间的距离，然后再与 Q 到曲线两端点的距离进行比较，选取三者之中的最小值为点到曲线的最短距离。

通过对例 7.10.1 的编程实现，得到点 $Q(4,5)$ 到代数曲线 $f(x,y) = y - x^2 + 1 = 0$ 的最短距离为 1.5199，运行时间为 0.672000s，误差无法得到。

4. 离散牛顿法

余正生等(2005)基于隐式曲线的几何特性，提出了另一种方法，即设定点 $Q(x_0, y_0)$ 到曲线 $f(x,y)=0$ 上能达到局部极大或极小距离的点为 P，则曲线在 P 点处的切线 T_P 与 QP 垂直，得到了方程组，而对于方程组的求解，则应用了计算复杂度较低的离散牛顿法。该算法首先比较了定点到曲线两端点的距离，最小值记为 d，然后把这个平面区域等分成 100 份，对每个小区域都应用离散牛顿法求解方程组的解，与定点到曲线两端点的最小距离 d 进行比较，然后更新最小距离 d，对每个小区域都这样处理，最后选取最小的距离 d。

而代数曲线是一种特殊的隐式曲线，因此该算法同样也适用于点到代数曲线最短距离的计算。

通过对例 7.10.1 的编程实现，当取迭代次数为 20 时，得到点 $Q(4,5)$ 到曲线 $f(x,y) = y - x^2 + 1 = 0$ 的最短距离 $d_{\min} = 1.5199$，运行时间为 61.004000s。当迭代次数为 50 时，得到点 $Q(4,5)$ 到曲线 $f(x,y) = y - x^2 + 1 = 0$ 的最短距离为 1.5199，

运行时间为 147.381000s，误差无法得到。

5. 基于几何特征的快速迭代法

伍丽峰等(2011)基于空间参数曲线的几何特征，提出了一种快速迭代法计算点到空间参数曲线 $P(u)$ 的最小距离。一般地，根据几何关系可知，矢量 $\rho=(Q-P)$ 必须与曲线 P 点处的切线方向垂直，即 P 满足：$(Q-P)\cdot P_u'=0$。设 P_c 为 Q 在曲线 $P(u)$ 上的投影点，$P_0=P(u_0)$ 是曲线上的初始迭代点，S_0 是曲线在点 P_0 处的切向量，τ 是 $\rho=(Q-P)$ 在 S_0 上的投影，则 $\tau=P'(u_0)\cdot\Delta u$，$\Delta u$ 是 τ 在 S_0 上的长度。如果 S_0 是直线，P_0 沿 $P'(u_0)$ 移动 Δu 即可到达点 P_c；如果 S_0 是曲线，经过几次移动后，当 $\Delta u<\varepsilon$ 时，就可以认为 P_0 到达 P_c 了，其中，ε 是允许误差。得到 Δu 之后，再以 $P(u+\Delta u)$ 作为新的初始点，继续上述步骤，直到 $\Delta u<\varepsilon$。

代数曲线在一定条件下可以表示成参数曲线，因此该算法也可以应用到点到代数曲线的最短距离。

以例 7.10.1 为例，代数曲线 $f(x,y)=y-x^2+1=0$ 可以参数化为 $\begin{cases}x(u)=u\\ y(u)=u^2-1\end{cases}$。

通过编程实现，选取 $\varepsilon=0.05$，当选取参数 $u=2.42$ 时，得到的最短距离为 1.5246，运行时间为 0.043000s；当选取参数 $u=2.43$ 时，得到的最短距离为 1.5214，运行时间为 0.044000s；当选取参数 $u=2.435$ 时，得到的最短距离为 1.5203，运行时间为 0.058000s；当选取参数 $u=2.437$ 时，得到的最短距离为 1.5200，运行时间为 0.057000s；当选取参数 $u=2.4377$ 时，得到的最短距离为 1.5199，运行时间为 0.052000s；当选取参数 $u=2.438$ 时，得到的最短距离为 1.5199，运行时间为 0.053000s；当选取参数 $u=3$ 时，得到的最短距离为 3.6299，运行时间为 0.007000s。

虽然该算法可以达到比较好的结果，但是对初始点的要求比较苛刻，若初始点选取不当，得到的结果可能会陷入局部极值。另外误差也无法得到。

6. 格点法

伍丽峰等(2011)还提出用格点法来求点到空间参数曲线的最小距离。格点法是一种比较简单的 1 维优化方法。基本思路如下：在搜索区间 $[a,b]$ 内，选择 n 个内等分点 $\alpha_1,\alpha_2,\cdots,\alpha_n$，将 $[a,b]$ 分成 $n+1$ 个等分子区间；计算这些点对应的目标函数值 $f_1=f(\alpha_1),f_2=f(\alpha_2),\cdots,f_n=f(\alpha_n)$；比较这些函数值的大小，并找出其中最小的函数值 f_m 及该函数值 f_m 对应的等分点 α_n，取 $[\alpha_{n-1},\alpha_{n+1}]$ 作为缩短后的新搜索区间 $[a,b]$，重复上述步骤，直到 $|\alpha_{m+1}-\alpha_{m-1}|<\varepsilon$。最后得到的目标函数值为近似极小值。

在点到代数曲线的最短距离问题中，需要首先对代数曲线进行参数化，变为参数曲线。目标函数为 $\min F(u)=\sqrt{\left(x_0-x(u)\right)^2+\left(y_0-y(u)\right)^2}$ 。

以例 7.10.1 为例，首先把代数曲线 $f(x,y)=y-x^2+1=0$ 参数化，选取 $\varepsilon=0.01$，当等分为 10 个子区间时，得到的最短距离为 1.5240，运行时间为 0.01000s；当等分为 20 个子区间时，得到的最短距离为 1.5200，运行时间为 0.011000s；当等分为 30 个子区间时，得到的最短距离为 1.5199，运行时间为 0.012000s；当等分为 60 个子区间时，得到的最短距离为 1.5199，运行时间为 0.014000s，误差无法得到。

7. 把曲线离散成折线

林意等(2014)提出了通过把参数曲线离散成折线，将曲线间 Hausdorff 距离的计算转换成折线间 Hausdorff 距离的计算，进一步转换成点到线段之间的 Hausdorff 距离计算。

通过代数曲线的参数化及把参数曲线离散成折线，点到参数曲线的最短距离就可以转换成点到线段的距离，这样可以得到点到参数曲线的最短距离。过该点向线段作垂线，若垂足在线段内，则点到线段的最短距离就是该点到垂足间的距离，否则，为该点到线段两端点的距离的最小值。

对例 7.10.1 的编程实现，取 0 为初始点，当取得步长为 0.1 时，得到的最短距离为 1.5201，运行时间为 0.052000s；当取得步长为 0.5 时，得到的最短距离为 1.5205，运行时间为 0.012000s；当取得步长为 0.25 时，得到的最短距离为 1.5203，运行时间为 0.029000s；当取得步长为 0.05 时，得到的最短距离为 1.5200，运行时间为 0.091000s；当取得步长为 0.02 时，得到的最短距离为 1.5199，运行时间为 0.174000s；然而误差无法得到。

8. 把曲线离散成曲线段

廖平(2009)提出了把参数曲线离散成曲线段，首先计算定点到每个曲线段端点的距离，记录其中的最小值所对应的点，然后把该点相邻的两个曲线段等分成四份，再记录该点到曲线段端点的距离最小值所对应的点，如果该点相邻的两个曲线段两个端点间的参数方向间距小于计算精度，计算结束；否则继续对该点相邻的两个曲线段再等分为四份，继续进行下去。

首先把代数曲线参数化，通过对例 7.10.1 的编程实现，取计算精度为 0.1，当把曲线等分成 20 个曲线段时，得到的最小距离是 1.5207，运行时间为 0.004000s；当把曲线等分成 30 个曲线段时，得到的最小距离是 1.5207，运行时间为 0.014000s；当把曲线等分成 50 个曲线段时，得到的最小距离是 1.5207，运行时间为 0.017000s；当把曲线等分成 20 个曲线段时，得到的最小距离是 1.5200，运行时间为 0.013000s，误差并不清楚。

通过以上实例可以看出，本算法可以有效地计算出点到代数曲线的最短距离的近似值，本算法的突出优势在于：计算出最短距离近似值的同时能得到该近似值的最大误差限。这对很多实际问题是至关重要的。另外，根据终止条件ε的不同，可以得到不同的细分结果，且随着ε趋于无穷小，所得结果的误差可以达到任意小，但是计算时间就会大一些，这是本算法的不足之处。为了进一步提高本算法的计算速度，我们还对算法进行了改进，从以上实例和比较可以看出改进后算法的计算速度有较大的提升。

7.11　代数曲线间最短距离的细分算法

当代数曲线表达式较为复杂时，用解方程组的方法求解两条代数曲线间的最短距离比较困难，因此我们提出一种细分算法计算两条代数曲线间的最短距离。该算法首先应用四叉树数据结构对两条代数曲线进行细分，保留包含代数曲线的像素，得到分别包含这两条代数曲线的两组像素集，对这两组像素集利用区间算术计算像素集之间的距离，即可得到最短距离区间，取该区间的中点作为两条代数曲线间的最短距离的近似值，且误差不会超过该区间长度的一半。该算法的优势在于得到任意精度的代数曲线间最短距离近似值的同时，可以得到该结果的最大误差限。

7.11.1　代数曲线间最短距离的已有方法

1. 直接求解法

求两条代数曲线间最短距离的一般方法就是通过几何性质得到方程组，解方程组就可以得到曲线上相应的最短距离点对，然后再利用距离公式即可求得该最短距离点对的距离，该距离为两条代数曲线间的最短距离。设代数曲线$f(x,y)=0$上的最近点为$P(x_1,y_1)$，代数曲线$g(x,y)=0$上对应的最近点为$Q(x_2,y_2)$，则$PQ=(x_2-x_1,y_2-y_1)$分别与代数曲线$f(x,y)=0$在$P(x_1,y_1)$处的法向$N_1=(f_{1x},f_{1y})$、代数曲线$g(x,y)=0$在$Q(x_2,y_2)$处的法向$N_2=(f_{2x},f_{2y})$平行，则可得到方程组：

$$
\begin{cases}
f_1(x_1,y_1)=0 \\
f_2(x_2,y_2)=0 \\
PQ\times N_1=0 \\
PQ\times N_2=0
\end{cases}
$$

通过解方程组，即可得到最近点对$P(x_1,y_1)$，$Q(x_2,y_2)$，然后可利用距离公式：

$$d=\sqrt{(x_2-x_1)^2+(y_2-y_1)^2}$$

即可得到最近点对之间的距离，为两条代数曲线间的最短距离。

例 7.11.1　给定下列两条代数曲线$x^4+3y^4+2x^2y^2+xy-1=0$与$3x^4+2x^3y+5xy^2+2=0$，其中$[x,y]\in[-2,0]\times[-2,0]$。

通过对例 7.11.1 的编程实现，在 MATLAB 中调用 fsolve 函数，得到代数曲线$x^4+3y^4+2x^2y^2+xy-1=0$与$3x^4+2x^3y+5xy^2+2=0$之间的最短距离为0.3406，运行时间为$0.013101\mathrm{s}$。然而 MATLAB 软件中的 fsolve 函数是如何求解方程组的，并不清楚，计算结果的误差也不得而知。

此外这种方法需要选取合适的初始值，如果方程组的初始值选取不当，将无法收敛到精确解。尤其当$f(x,y)$与$g(x,y)$的表达式比较复杂时，方程组很难求解。以例 7.11.1 为例，若初始值取为$[-2,-2,0,0]$，则得到的代数曲线间最小距离是0.8498，与实际的最短距离差距较大。

2. 拉格朗日乘数法

曲线$f(x,y)=0$上任意一点为$A(x_1,y_1)$，曲线$g(x,y)=0$上任意一点为$B(x_2,y_2)$，则这两点之间的距离平方函数为$d^2=(x_1-x_2)^2+(y_1-y_2)^2$，令

$$L(x_1,x_2,y_1,y_2)=(x_1-x_2)^2+(y_1-y_2)^2+\lambda\cdot f(x_1,y_1)+\mu\cdot g(x_2,y_2)$$

应用拉格朗日乘数法得到一个方程组：

$$\begin{cases}L_{x_1}=2(x_1-x_2)+\lambda\cdot f_{x_1}(x_1,y_1)=0\\L_{y_1}=2(y_1-y_2)+\lambda\cdot f_{y_1}(x_1,y_1)=0\\L_{x_2}=-2(x_1-x_2)+\mu\cdot g_{x_2}(x_2,y_2)=0\\L_{y_2}=-2(y_1-y_2)+\mu\cdot g_{y_2}(x_2,y_2)=0\\f(x_1,y_1)=0\\g(x_2,y_2)=0\end{cases}$$

其中，$f_{x_1}(x_1,y_1,)$、$f_{y_1}(x_1,y_1)$、$g_{x_2}(x_2,y_2)$、$g_{y_2}(x_2,y_2)$分别是$f(x,y)$与$g(x,y)$关于x、y分别在$A(x_1,y_1)$，$B(x_2,y_2)$的偏导数。

通过解方程组得到两条曲线上的最近点对$P(x_1,y_1)$与$Q(x_2,y_2)$，利用距离公式可得到P、Q两点之间的距离，为两条曲线间的最短距离。

通过对例 7.11.1 的编程实现，得到代数曲线$x^4+3y^4+2x^2y^2+xy-1=0$与

$3x^4+2x^3y+5xy^2+2=0$ 间的最短距离为 0.3406，运行时间为 0.028155s。同样地，该方法无法得到计算误差，而且也需要选取合适的初值，尤其当 $f(x,y)$ 与 $g(x,y)$ 的表达式比较复杂的时候，方程组很难求解。以例 7.11.1 为例，若初始值取为 $[-2,0,-2,0,2,2]$，则得到的代数曲线间最小距离是 0.9224，与实际的最短距离差距较大。

3. 基于等距思想的方法

陈小雕等(2008)根据一条曲线上的最近点是另一条曲线的等距曲线与该曲线的切点这一几何特征，利用等距思想求解两条代数曲线间的最短距离。假设给定的两条不相交的代数曲线，其方程分别为 $f(x,y)=0$，$g(x,y)=0$。假设 $P(x_1,y_1)$ 是代数曲线 $f(x,y)=0$ 上的最近点，最短距离为 d，若曲线 $f(x,y)=0$ 位移为 d 的等距线恰好与曲线 $g(x,y)=0$ 相切于点 $Q(x_2,y_2)$，则点 $Q(x_2,y_2)$ 是曲线 $g(x,y)=0$ 上对应的最近点，且

$$Q(x_2,y_2)=\left(x_1+\frac{\mathrm{d}f_x(x_1,y_1)}{\sqrt{f_x(x_1,y_1)^2+f_y(x_1,y_1)^2}},y_1+\frac{\mathrm{d}f_y(x_1,y_1)}{\sqrt{f_x(x_1,y_1)^2+f_y(x_1,y_1)^2}}\right)$$

$PQ=(x_2-x_1,y_2-y_1)$ 既是代数曲线 $f(x,y)=0$ 在 $P(x_1,y_1)$ 处的法向，也是代数曲线在 $g(x,y)=0$ 处 $Q(x_2,y_2)$ 的法向。令

$$\frac{d}{\sqrt{f_x(x_1,y_1)^2+f_y(x_1,y_1)^2}}=\alpha$$

则得到方程组：

$$\begin{cases}f(x_1,y_1)=0\\ g\left(x_1+\alpha f_x(x_1,y_1),y_1+\alpha f_y(x_1,y_1)\right)=0\\ g_x\left(x_1+\alpha f_x(x_1,y_1),y_1+\alpha f_y(x_1,y_1)\right)+\mu f_x(x_1,y_1)=0\\ g_y\left(x_1+\alpha f_x(x_1,y_1),y_1+\alpha f_y(x_1,y_1)\right)+\mu f_y(x_1,y_1)=0\end{cases}$$

对方程组进行消元，得到一个关于单变量 α 的多项式方程。求解出 α 后，可解出 x_1、y_1 和 μ，从而得到最短距离 $d=\alpha\sqrt{f_x(x_1,y_1)^2+f_y(x_1,y_1)^2}$。

通过对例 7.11.1 的编程，运用 MATLAB 无法得到代数曲线 $x^4+3y^4+2x^2y^2+xy-1=0$ 与 $3x^4+2x^3y+5xy^2+2=0$ 间的最短距离。

7.11.2 细分算法

假设 $f(x,y)=0$，$g(x,y)=0$ 是平面上给定区域内的两条不相交代数曲线，其中 $f(x,y)=0$，$g(x,y)=0$ 是二元多项式，$(x,y)\in[\underline{x},\overline{x}]\times[\underline{y},\overline{y}]$。应用细分算法把代数曲线离散化，也就是应用四叉树分别找出包含这两条代数曲线的所有像素。假设 $A_1=[\underline{x_1},\overline{x_1}]\times[\underline{y_1},\overline{y_1}]$，$A_2=[\underline{x_2},\overline{x_2}]\times[\underline{y_2},\overline{y_2}]$ 是两个矩形区域，则它们之间的区间距离是 $[\underline{A},\overline{A}]=\sqrt{([\underline{x_1},\overline{x_1}]-[\underline{x_2},\overline{x_2}])^2+([\underline{y_1},\overline{y_1}]-[\underline{y_2},\overline{y_2}])^2}$。假设两条代数曲线细分之后的像素集分别为 S_1、S_2，其中 S_1 中有 m 个矩形，S_2 中有 n 个矩形，任取 S_1 中一个矩形 A_i，当取遍 S_2 中全部矩形后，得到 n 个区间距离，记为 $[\underline{f_{ij}},\overline{f_{ij}}]$，$j=1,2,\cdots,n$，取这些区间左右端点的最小值形成一个距离区间 $[\underline{g_i},\overline{g_i}]=[\min(\underline{f_{ij}}),\min(\overline{f_{ij}})]$，对 S_1 中 m 个矩形都进行该操作，则得到 m 个 $[\underline{g_i},\overline{g_i}]$，$i=1,2,\cdots,m$，然后取这 m 个区间左右端点的最小值构成的区间 $[\underline{g},\overline{g}]=[\min(\underline{g_i}),\min(\overline{g_i})]$ 为两条代数曲线 $f(x,y)=0$，$g(x,y)=0$ 间的最短距离区间，且最短距离一定落在该区间，所以可以取该区间的中点作为最短距离的近似值，且误差不会超过该区间长度的一半。

(1) 首先通过修正仿射算术(Shou et al., 2003)计算二元多项式 $f(x,y)$ 在区间 $[\underline{x},\overline{x}]\times[\underline{y},\overline{y}]$ 上的取值范围 $[\underline{f_{ij}},\overline{f_{ij}}]$。

(2) 判断 0 是否在 $[\underline{f},\overline{f}]$ 内，如果 0 在 $[\underline{f},\overline{f}]$ 内，说明在 $[\underline{x},\overline{x}]\times[\underline{y},\overline{y}]$ 这个区域内可能包含代数曲线 $f(x,y)=0$，则转到步骤(3)；否则，说明在 $[\underline{x},\overline{x}]\times[\underline{y},\overline{y}]$ 这个区域内不包含代数曲线 $f(x,y)=0$，则这一部分可以直接抛弃，不用讨论。

(3) 利用四叉树思想，将该矩形区域在其中心点处分成 4 个小矩形，再对每个小矩形按步骤(1)继续讨论，如此进行下去，直到得到的矩形的长、宽都小于等于给定的终止条件 ε，如果此时还存在排除不掉的矩形，则把它们保存在 S_1 中，即 $S_1=\bigcup_{i=1}^{m}\{[\underline{a_i},\overline{a_i}]\times[\underline{b_i},\overline{b_i}]\}$。

(4) 同理，对代数曲线 $g(x,y)=0$ 进行类似处理，得到矩形集合：

$$S_2=\bigcup_{j=1}^{n}\{[\underline{c_j},\overline{c_j}]\times[\underline{d_j},\overline{d_j}]\}$$

(5) 计算 S_1 中任意一个矩形 A_i 与 S_2 中所有矩形之间的区间距离：

$$\left[\underline{f_{ij}},\overline{f_{ij}}\right]=\sqrt{\left(\left[\underline{a_i},\overline{a_i}\right]-\left[\underline{c_j},\overline{c_j}\right]\right)^2+\left(\left[\underline{b_i},\overline{b_i}\right]-\left[\underline{d_j},\overline{d_j}\right]\right)^2},\quad i=1,2,\cdots,m;\ j=1,2,\cdots,n$$

取这些区间左右端点的最小值构成矩形 A_i 与 S_2 中所有矩形之间的最小距离区间，即

$$\left[\underline{g_i},\overline{g_i}\right]=\left[\min_{j=1}^{n}\left(\underline{f_{ij}}\right),\min_{j=1}^{n}\left(\overline{f_{ij}}\right)\right],\quad i=1,2,\cdots,m$$

(6) 取这 m 个区间左右端点的最小值构成区间 $\left[\underline{g},\overline{g}\right]=\left[\min_{i=1}^{m}\left(\underline{g_i}\right),\min_{i=1}^{m}\left(\overline{g_i}\right)\right]$ 为两条代数曲线 $f(x,y)=0$，$g(x,y)=0$ 之间的最短距离区间，取该区间的中点作为这两条代数曲线间的最短距离的近似值，并且误差不会超过该区间长度的一半。

该算法利用四叉树细分算法把不包含代数曲线 $f(x,y)=0$，$g(x,y)=0$ 区域直接舍去，相对地缩减了一部分工作量。而且该算法在计算两条代数曲线间最短距离的近似值的同时也得到了该结果的最大误差限。这是其他计算代数曲线间最短距离的方法所不具备的优点，而且，理论上，只要 ε 足够小，可以使误差越来越小。

7.11.3 算法的改进

基于四叉树数据结构对方程组进行求解，记方程组为

$$\begin{cases}f(x_1,y_1)=0\\g(x_2,y_2)=0\\h(x_1,y_1,x_2,y_2)=0\\k(x_1,y_1,x_2,y_2)=0\end{cases}$$

即分别通过修正仿射算术计算 $f(x_1,y_1)$、$g(x_2,y_2)$、$h(x_1,y_1,x_2,y_2)$ 以及 $k(x_1,y_1,x_2,y_2)$ 在给定的矩形区域 $[\underline{x},\overline{x}]\times\left[\underline{y},\overline{y}\right]\times[\underline{x},\overline{x}]\times\left[\underline{y},\overline{y}\right]$ 的取值范围 $\left[\underline{f},\overline{f}\right]\times\left[\underline{g},\overline{g}\right]\times\left[\underline{h},\overline{h}\right]\times\left[\underline{k},\overline{k}\right]$，对 0 在 $\left[\underline{f},\overline{f}\right]\times\left[\underline{g},\overline{g}\right]\times\left[\underline{h},\overline{h}\right]\times\left[\underline{k},\overline{k}\right]$ 的区域进行细分，得到 s 个满足条件的矩形区域对 $[\underline{a_i},\overline{a_i}]\times\left[\underline{b_i},\overline{b_i}\right]\times\left[\underline{c_i},\overline{c_i}\right]\times\left[\underline{d_i},\overline{d_i}\right]$，$i=1,\cdots,s$。其中 $\left[\underline{a_i},\overline{a_i}\right]\times\left[\underline{b_i},\overline{b_i}\right]$ 是代数曲线 $f(x,y)=0$ 满足该方程组的部分细分之后的矩形区域，$\left[\underline{c_i},\overline{c_i}\right]\times\left[\underline{d_i},\overline{d_i}\right]$ 是代数曲线 $g(x,y)=0$ 满足该方程组的部分细分之后的矩形区域，且一一对应。用区间算术计算这两个矩形之间的距离区间 $\left[\underline{f_i},\overline{f_i}\right]=\sqrt{\left(\left[\underline{a_i},\overline{a_i}\right]-\left[\underline{c_i},\overline{c_i}\right]\right)^2+\left(\left[\underline{b_i},\overline{b_i}\right]-\left[\underline{d_i},\overline{d_i}\right]\right)^2}$，$i=1,\cdots,s$。选取这些距离区间左右端点的最小值构成两条代数曲线间的最短距离区间 $\left[\underline{f},\overline{f}\right]=\Big[\min_{i=1}^{s}\left(\underline{f_i}\right),$

$\left.\min\limits_{i=1}^{s}\left(\overline{f_i}\right)\right]$，取该区间的中点作为两条代数曲线间最短距离的近似值，且误差不会超过该区间长度的一半。且改进后的算法计算速度明显提升。

具体算法如下。

(1) 首先通过修正仿射算术(Shou et al.,2003)计算二元多项式 $f(x_1,y_1)$、$g(x_2,y_2)$、$h(x_1,y_1,x_2,y_2)$ 及 $k(x_1,y_1,x_2,y_2)$ 在区域 $[\underline{x},\overline{x}]\times[\underline{y},\overline{y}]\times[\underline{x},\overline{x}]\times[\underline{y},\overline{y}]$ 上的取值范围 $[\underline{f},\overline{f}]\times[\underline{g},\overline{g}]\times[\underline{h},\overline{h}]\times[\underline{k},\overline{k}]$。

(2) 判断 0 是否在 $[\underline{f},\overline{f}]\times[\underline{g},\overline{g}]\times[\underline{h},\overline{h}]\times[\underline{k},\overline{k}]$ 内，如果 0 在 $[\underline{f},\overline{f}]\times[\underline{g},\overline{g}]\times[\underline{h},\overline{h}]\times[\underline{k},\overline{k}]$ 内，说明在 $[\underline{x},\overline{x}]\times[\underline{y},\overline{y}]\times[\underline{x},\overline{x}]\times[\underline{y},\overline{y}]$ 这个区域内可能包含代数曲线 $f(x_1,y_1)$ 及代数曲线 $g(x_2,y_2)$ 中满足方程组的部分，则转到步骤(3)；否则，说明在 $[\underline{x},\overline{x}]\times[\underline{y},\overline{y}]\times[\underline{x},\overline{x}]\times[\underline{y},\overline{y}]$ 这个区域内不包含代数曲线 $f(x_1,y_1)$ 及代数曲线 $g(x_2,y_2)$ 中满足方程组的部分，则这一部分可以直接抛弃，不用讨论。

(3) 利用细分思想，将该区域在其中心点处分成 16 个小矩形，再对每个小矩形按步骤(1)继续讨论，如此进行下去，直到得到的矩形的长、宽都小于等于给定的终止条件 ε，如果此时还存在排除不掉的矩形区域对，则把它们保存在 S 中，即

$$S=\bigcup_{i=1}^{s}\left\{\left[\underline{a_i},\overline{a_i}\right]\times\left[\underline{b_i},\overline{b_i}\right]\times\left[\underline{c_i},\overline{c_i}\right]\times\left[\underline{d_i},\overline{d_i}\right]\right\}$$

(4) 对 S 中任意一个矩形区域对，利用区间算术计算这两个矩形之间的距离区间：

$$\left[\underline{f_i},\overline{f_i}\right]=\sqrt{\left(\left[\underline{a_i},\overline{a_i}\right]-\left[\underline{c_i},\overline{c_i}\right]\right)^2+\left(\left[\underline{b_i},\overline{b_i}\right]-\left[\underline{d_i},\overline{d_i}\right]\right)^2}\ ,\quad i=1,\cdots,s$$

(5) 取这 s 个区间左右端点的最小值构成区间 $\left[\underline{f},\overline{f}\right]=\left[\min\limits_{i=1}^{s}\left(\underline{f_i}\right),\min\limits_{i=1}^{s}\left(\overline{f_i}\right)\right]$ 为两条代数曲线间 $f(x,y)=0$，$g(x,y)=0$ 之间的最短距离区间，取该区间的中点为这两条代数曲线间的最短距离的近似值，则该区间长度的一半就是最大误差限。

7.11.4　实例与结论

利用细分算法，通过 MATLAB 对例 7.11.1 编程实现，当取 $\varepsilon=0.003$ 时，这两条代数曲线的离散图如图 7.11.1 所示，得到的最小距离区间为 $[0.3315,0.3417]$，取其中点值 0.3366 为这两条代数曲线之间最短距离的近似值，且误差不超过该区间长度的一半 0.0051，运行时间为 213.828397s。

当取$\varepsilon = 0.001$时，得到的两条代数曲线间的最短距离区间为$[0.3359, 0.3409]$，取其中点值 0.3384 为这两条代数曲线之间最短距离的近似值，且误差不超过该区间长度的一半 0.0025，运行时间为 438.436832s。

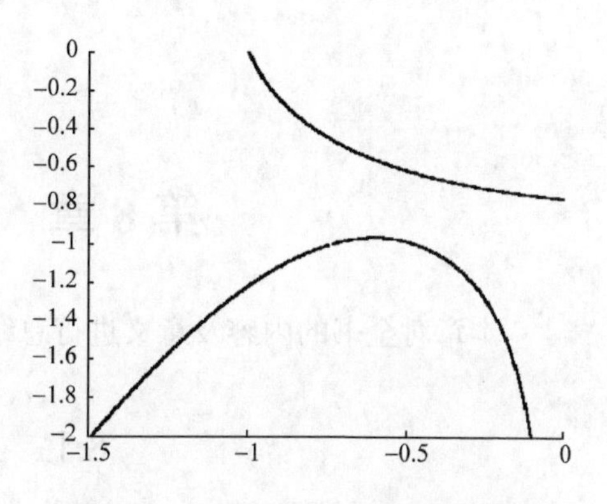

图 7.11.1　两条代数曲线的离散图

当取$\varepsilon = 0.0001$时，得到的两条代数曲线间的最短距离区间为$[0.3403, 0.3406]$，取其中点值 0.3405 为这两条代数曲线之间最短距离的近似值，且误差不超过该区间长度的一半 0.0002，运行时间为 6023.866198s。

从例 7.11.1 可以看出，当终止条件ε趋于无穷小时，所得到的两条代数曲线间的最短距离可以无限地接近于精确距离，即误差可任意小。

利用改进算法后，通过对例 7.11.1 的编程实现，当取$\varepsilon = 0.003$时，得到的最小距离区间为$[0.3324, 0.3424]$，取其中点值 0.3374 为这两条代数曲线之间最短距离的近似值，且误差不超过该区间长度的一半 0.0050，运行时间为 113.414931s。

当取$\varepsilon = 0.001$时，得到的最小距离区间为$[0.3367, 0.3418]$，取其中点值 0.3392 为这两条代数曲线之间最短距离的近似值，且误差不超过该区间长度的一半 0.0025，运行时间为 148.389517s。

当取$\varepsilon = 0.0001$时，得到的最小距离区间为$[0.3404, 0.3407]$，取其中点值 0.3405 为这两条代数曲线之间最短距离的近似值，且误差不超过该区间长度的一半 0.0002，运行时间为 204.661244s。

基于四叉树区域细分和区间算术我们提出了一种计算两条代数曲线间最短距离的细分算法，该算法不仅可以有效地计算两条代数曲线间最短距离的近似值，同时还可以得到该结果的最大误差限。另外，根据终止条件ε的不同，可以得到不同的细分结果，且随着ε趋于无穷小，所得到的结果可无限近似于精确距离，误差也可以达到任意小，但所花费的时间会越来越多，这是本算法的不足之处。为了进一步提高本算法的速度，还对算法进行了改进，改进后的算法计算速度有明显提升。

7.12　其他一些应用

除了以上给出的一些应用我们还把区间分析应用到了平面代数曲线的等距线计算和代数曲面的光线跟踪算法中，具体内容可以查阅参考文献(Shou et al., 2006b, 2006c)。

第 8 章　总结与展望

本章对全书的内容及意义进行总结，并对今后的研究工作进行展望。

8.1　总　　结

基于场(平面场或者空间场)细分的隐式曲线曲面绘制算法当中，最关键的一步是对函数在所考虑的区域上进行范围分析。范围分析的一个最基本的工具是区间算术(也称为区间分析)。而仿射算术是区间算术的一个改进形式。

我们从分析标准形式的仿射算术的缺陷出发，发现标准形式的仿射算术的乘法运算仍然有很大的误差可以改进为精确的运算，从而提出了一种更为精确的新的矩阵形式的仿射算术。我们在理论上证明了矩阵形式的仿射算术比中心形式的区间算术要精确，而中心形式的区间算术比仿射算术要精确，从而矩阵形式的仿射算术比中心形式的区间算术和仿射算术都要精确。为了检验矩阵形式的仿射算术的效率，我们在基于平面场细分的代数曲线逐点绘制的应用中，对矩阵形式的仿射算术和标准形式的仿射算术进行了详细的比较，比较结果显示矩阵形式的仿射算术不但比标准形式的仿射算术更为精确，而且速度也比标准形式的仿射算术快得多。

进一步我们把 2 维的矩阵形式的仿射算术推广到了 3 维的张量形式的仿射算术，并在基于空间区域细分的代数曲面逐点绘制的应用中，对张量形式的仿射算术和标准形式的仿射算术进行了详细的比较，比较结果显示张量形式的仿射算术不但比标准形式的仿射算术更为精确而且速度更快，从而我们得出结论即矩阵形式的仿射算术或张量形式的仿射算术是一种比标准形式的仿射算术更好的估计多项式函数值的方法，在几何计算中完全可以取代标准形式的仿射算术。

为了检验矩阵形式的仿射算术的优越性，我们对基于平面区域细分的代数曲线逐点绘制算法中矩阵形式的仿射算术和其他已知的各种区间方法进行了详细比较，比较的方法有幂基形式上的区间算术、Bernstein 基形式上的区间算术、中心形式的区间算术、Horner 形式上的区间算术、矩阵形式的仿射算术、Bernstein 凸包方法、Taubin 的方法、Rivlin 的方法和 Gopalsamy 的方法以及它们各自加上导数信息后的改良方法，比较结果显示矩阵形式的仿射算术、中心形式的区间算术、

Taubin 的方法、Rivlin 的方法、Bernstein 凸包方法是一些相对比较好的方法，我们进一步发现 Taubin 的方法实际上就是中心形式的区间算术方法，而矩阵形式的仿射算术与中心形式的区间算术方法虽然非常类似，但矩阵形式的仿射算术考虑了多项式每一项幂次的奇偶性，而中心形式的区间算术方法没有考虑多项式各项幂次的奇偶性，从而矩阵形式的仿射算术比中心形式的区间算术方法或 Taubin 的方法更精确。

此外我们还提出了一种新的用于估计二元多项式取值范围的递归 Taylor 方法，并将其应用于基于平面区域细分的代数曲线逐点绘制算法中，而且与矩阵形式的仿射算术进行了详细比较，比较结果显示递归 Taylor 方法从精度上看是一种不比矩阵形式的仿射算术差的方法(要么一样，要么更精确)，而且在大多数情况下所需要的四则运算次数比矩阵形式的仿射算术要来得少。2 维的递归 Taylor 方法可以很容易推广为 3 维甚至一般的 n 维递归 Taylor 方法。从而我们得出结论，递归 Taylor 方法不失为是一种简单有效很有竞争力的方法。

对于一般的非多项式函数取值范围的计算，我们是通过把自动微分推广到区间自动微分并与 Toylor 展开相结合的办法来解决的，并将其应用于基于平面区域细分的一般隐式曲线逐点绘制算法中，我们还把应用区间自动微分的方法与自然区间法及手动的 Toylor 展开法对绘制曲线的效果进行比较和分析，揭示了区间自动微分在一般隐式曲线绘制中的应用价值。此外我们进一步提出一种新的中心形式的区间自动微分，并用实例验证了应用这种中心形式的区间自动微分可以进一步提高隐式曲线绘制的质量。

经众多实例计算验证本书的以上理论结果均是正确和成功的，这说明它们可以应用到计算机图形及几何设计领域，相信对提高曲线曲面的绘制质量及节省绘制时间会有极大的促进作用。此外我们还给出了区间分析在计算机图形学中的其他很多应用，如代数边界曲线的中轴计算、点与代数边界曲线的等分线计算、代数曲线奇点拐点数值计算、代数曲面奇点的数值计算、平面点集 Voronoi 图的细分算法、以代数曲线为边界的 2 维形体的 Voronoi 图、两条代数曲线间 Hausdorff 距离的计算、两张代数曲面之间 Hausdorff 距离的计算、多边形等距的细分算法、点到代数曲线最短距离的细分算法、代数曲线间最短距离的细分算法、平面代数曲线的等距线计算、代数曲面的光线跟踪算法等。

8.2　展　　望

寻找比本书提出的修正仿射算术和递归 Taylor 方法更好的估计多项式在某一个区间上的函数值取值范围的方法是今后研究工作的一个中心点。对该问题的研究意义十分重大，因为它实际上是属于区间分析的基础算法，牵一发而动全身，只要是用到区间算术的地方就能用到它，特别在计算机辅助设计、计算机辅助几何设计、计算机图形学、大范围最优化等领域有至关重要的作用。

我们提出的修正仿射算术和递归 Taylor 方法到目前为止是估计多项式在某一个区间上的函数值取值范围的比较好的方法，然而它们在区间算术中的应用还没有全面展开，接下来我们需要做的是将修正仿射算术和递归 Taylor 方法深入应用到区间算术在发挥作用的地方，如在计算机辅助设计中的 B-Rep 和 CSG 实体造型系统中，用修正仿射算术或递归 Taylor 方法代替区间算术并进行比较研究，在计算机图形学中的基于区间算术的光线跟踪算法中用修正仿射算术或递归 Taylor 方法代替区间算术并进行比较研究，在非线性规划中的大范围最优化问题的区间 Branch & Bound 算法中用修正仿射算术或递归 Taylor 方法代替区间算术并进行比较研究等。

关于递归 Taylor 方法的深入分析，即对多项式分别使用递归 Taylor 方法和修正仿射算术方法所得到的区间，以及各自所包含的运算次数进行计算复杂度理论分析和比较还有很多工作要做。

我们的工作主要集中于高效而且精确地估计多项式函数在某一区间上的取值范围，对于一般的可微函数的取值范围的估计我们是用区间自动微分来解决的，那么还有没有比区间自动微分更好的解决方法？所以我们接下来要做的一个工作是如何更高效而且精确地估计一般的可微函数在某一区间上的取值范围，并把它应用于一般隐式曲线曲面的绘制中，当然对该问题的研究难度比较大。

参 考 文 献

鲍虎军, 金小刚, 彭群生. 2000. 计算机动画的算法基础. 杭州: 浙江大学出版社.

蔡强. 2010. 限定 Voronoi 网格剖分的理论及应用研究. 北京: 北京邮电大学出版社: 5-6.

蔡耀志. 1985a. 关于隐式曲线表达式的划分正负性质(正负法数控绘图(一)). 数值计算与计算机应用, 6(3): 129-134.

蔡耀志. 1985b. 用变向线控制变向来绘制隐函数曲线(正负法数控绘图(二)). 数值计算与计算机应用, 6(4): 235-240.

蔡耀志. 1986. 利用背离变向规则来绘制隐函数曲线(正负法数控绘图(三)). 高校应用数学学报, 1(2): 298-303.

蔡耀志. 1988. 隐函数极坐标曲线数控绘图(正负法数控绘图(四)). 高校应用数学学报, 3(2): 177-185.

蔡耀志. 1990. 正负法数控绘图. 杭州: 浙江大学出版社.

陈动人. 2002. CAGD 中的曲面可展性理论及其应用研究. 杭州: 浙江大学.

陈国栋. 2001. CAGD 中的降阶变换和等距变换. 杭州: 浙江大学.

陈凌钧. 1996. 医学图象三维重建的研究. 杭州: 浙江大学.

陈小雕, 雍俊海, 汪国昭. 2008. 平面代数曲线间最近距离的计算. 计算机辅助设计与图形学学报, 20(4): 459-463.

陈晓宇, 程强, 宋金帅. 2009. 自动微分方法在 XIAMEN 软件优化中的应用. 数值计算与计算机应用, 30(1): 21-29.

陈效群. 1999. 区间 Bézier 曲线曲面造型. 合肥: 中国科学技术大学.

陈长松. 2000. 分片代数曲面造型的研究. 合肥: 中国科学技术大学.

程丹, 杨钦, 李吉刚. 2009. 二维黎曼流形的 Voronoi 图生成算法. 软件学报, 20(9): 2407-2416.

程强, 张海斌, 王斌. 2009. 自动微分的原理和方法. 计算科学, 31(1): 1-22.

代晓巍, 李树军, 刘晓红. 2007. Voronoi 图增点构造算法研究. 测绘工程, 16(1): 19-22.

何苹, 寿华好, 缪永伟. 2011. 中心形式的区间自动微分. 浙江工业大学学报, 39(3): 347-350.

绘图机研制小组. 1986. 正负法精密数控绘图机. 浙江大学学报, 20(3): 44-52.

金通洸. 1982a. T-N 方法曲线逼近// 计算几何讨论会论文集, 杭州: 150-176.

金通洸. 1982b. 常微分方程初值问题的 T-N 解法// 计算几何讨论会论文集, 杭州: 177-181.

金通洸, 沈炎, 李林. 1979. 图形显示和数控绘图的 T-N 方法. 船舶研究, 1: 55-82.

金通洸, 沈炎. 1979. 图形显示和数控绘图的 T-N 方法(I): 曲线的直线逼近. 浙江大学学报, 13(1): 75-88.

李成名, 陈军. 1998. Voronoi 图生成的栅格算法. 武汉测绘科技大学学报, 23(3): 208-210.

梁友栋, 刘鼎元, 金通洸. 1982. 计算几何的现状与趋势// 计算几何讨论会论文集, 杭州: 17-25.

廖平. 2009. 分割逼近法快速求解点到复杂平面曲线最小距离. 计算机工程与应用, 45(10): 163-164.

林意, 薛思骐, 郭婷婷. 2014. 一种参数曲线间 Hausdorff 距离的计算方法. 图学学报, 35(5):

704-708.
刘鼎元. 1985. 有理 Bézier 曲线. 应用数学学报, 8: 70-82.
刘利刚. 2001. 曲面造型中几何逼近与几何插值的算法研究. 杭州: 浙江大学.
刘利刚, 王国瑾. 2000. 基于球面三角网格逼近的等距曲面逼近算法. 工程图学学报, 21(3): 70-75.
刘利刚, 王国瑾. 2002. 基于控制顶点偏移的等距曲线最优逼近. 软件学报, 13(3): 398-403.
刘利刚, 王国瑾, 寿华好. 2000. 区间 Bezier 曲面逼近. 计算机辅助设计与图形学学报, 12(9): 645-650.
刘松涛, 刘根洪. 1996. 广义 Ball 样条曲线及三角域上曲面的升阶公式和转换算法. 应用数学学报, 19: 243-253.
吕勇刚. 2002. CAGD 自由曲线曲面造型中均匀样条的研究. 杭州: 浙江大学.
马岭. 1997. 偏微分方程曲面造型方法及其应用研究. 北京: 北京航空航天大学.
孟雷, 张俊伟, 王筱婷, 等. 2010. 一种改进的 Voronoi 图增量构造算法. 中国图象图形学报, 15(6): 978-984.
潘雷, 谷良贤, 龚春林. 2007. 改进自动微分方法及其在飞行器气动外形优化中的应用. 西北工业大学学报, 25(3): 398-401.
普雷帕拉塔 F P, 沙莫斯 M I. 1990. 计算几何导论. 庄心谷译. 北京: 科学出版社: 226-277.
齐东旭. 1994. 分形及计算机生成. 北京: 科学出版社.
祁佳玳, 寿华好. 2016a. 点到代数曲线最短距离的细分算法. 浙江大学学报(理学版), 43(3): 286-291.
祁佳玳, 寿华好. 2016b. 代数曲线间最短距离的细分算法. 系统仿真学报, 28(10): 2485-2489.
施法中. 2001. 计算机辅助几何设计与非均匀有理B样条(CAGD & NURBS). 北京: 高等教育出版社.
寿华好. 1998. 区间曲线曲面理论及其应用. 杭州: 浙江大学.
寿华好. 2004. 基于场细分曲线曲面绘制算法的研究. 杭州: 浙江大学.
寿华好, 何苹, 缪永伟. 2010. 自动微分在隐式曲线绘制中的应用. 计算机工程与应用, 46(1): 150-153.
寿华好, 黄永明, 顾凯丽, 等. 2013. 两张代数曲面之间 Hausdorff 距离的计算. 计算机科学与应用, 3(9): 407-410.
寿华好, 李涛, 缪永伟. 2010. 两条代数边界曲线的中轴计算//The 3rd International Conference on Computational Intelligence and Industrial Application, Wuhan: 39-42.
寿华好, 刘利刚, 王国瑾. 2002. 基于刘徽割圆术的等距线逼近算法. 高校应用数学学报, 17A(1): 105-112.
寿华好, 王国瑾. 1998a. 区间 Bezier 曲线的边界. 高校应用数学学报, 13A(增刊): 37-44.
寿华好, 王国瑾. 1998b. 区间曲线/曲面与 Offset 曲线/曲面之间的关系. 工程图学学报, 19(3): 55-59.
寿华好, 王国瑾, 沈杰. 2006. 区间算术和仿射算术的研究与应用综述. 中国图象图形学报, 11(10): 1351-1358.
寿华好, 袁子薇, 缪永伟, 等. 2011. 以代数曲线为边界的二维形体的 Voronoi 图. 计算机科学与应用, 1(2): 39-43.

寿华好，袁子薇，缪永伟，等. 2013a. 一种平面点集 Voronoi 图的细分算法. 图学学报, 34(2): 1-6.
寿华好，黄永明，闫欣雅，等. 2013b. 两条代数曲线间 Hausdorff 距离的计算. 浙江工业大学学报, 41(5): 574-577.
苏步青. 1980. 论 Bézier 曲线的仿射不变量. 计算数学, 2 (4) : 289-298.
苏步青，刘鼎元. 1981. 计算几何. 上海: 上海科学技术出版社.
汪国昭，沈金福. 1985. 有理 Bézier 曲线的离散和几何性质. 浙江大学学报, 19: 123-130.
王国瑾. 1987. 高次 Ball 曲线及其几何性质. 高校应用数学学报, 2: 126-140.
王国瑾. 1989. Ball 曲线曲面的离散求交. 工程数学学报, 6: 56-62.
王国瑾，陈国栋，刘利刚，等. 2000. 形位公差的计算几何模型. 中国学术期刊文摘, 6(2): 197-200.
王国瑾，汪国昭，郑建民. 2001. 计算机辅助几何设计. 北京: 高等教育出版社.
王新生，刘纪远，庄大方，等. 2003. 一种新的构建 Voronoi 图的栅格方法. 中国矿业大学学报, 32(3): 293-296.
邬弘毅. 2000. 两类新的广义 Ball 曲线. 应用数学学报, 23: 196-205.
伍丽峰，陈岳坪，谵炎辉，等. 2011. 求点到空间参数曲线最小距离的几种算法. 机械设计与制造, 32(9): 15-17.
奚梅成. 1997. Ball 基函数的对偶基及其应用. 计算数学, 19: 147-153.
严志刚，寿华好. 2015. 基于像素的多边形等距区域子分算法. 中国图象图形学报, 20(7): 945-952.
余正生，樊丰涛，王毅刚. 2005. 点到隐式曲线曲面的最小距离. 工程图学学报, 26(5): 74-79.
张海斌，薛毅. 2005. 自动微分的基本思想与实现. 北京工业大学学报, 31(5): 332-336.
张宏鑫. 2002. 复杂形体建模与绘制的离散方法研究. 杭州: 浙江大学.
张景峤. 2003. 细分曲面生成及其在曲面造型中的应用研究. 杭州: 浙江大学.
张筑生. 1987. 微分动力系统原理. 北京: 科学出版社.
赵仁亮. 2006. 基于 Voronoi 图的 GIS 空间关系计算. 北京: 测绘出版社.
周培德. 2000. 计算几何—算法分析与设计. 北京: 清华大学出版社.
朱心雄. 2000. 自由曲线曲面造型技术. 北京: 科学出版社.
Alefeld G, Herzberg J. 1983. Introduction to Interval Computation. New York: Academic Press.
Alhanaty M, Bercovier M. 1999. Shapes with offsets of nearly constant surface area. Computer Aided Design, 31(4): 287-296.
Anderson R E. 1993. Surfaces with prescribed curvature. Computer Aided Geometric Design, 10(5): 431-452.
Aomura S, Uehara T. 1990. Self-intersection of an offset surface. Computer Aided Design, 22(7): 417-422.
Babichev A B, Kadyrova O B, Kashevarova T P, et al. 1993. UniCalc, a novel approach to solving systems of algebraic equations. Interval Computations, (2): 62-76.
Bajaj C. 1992. Surface fitting using implicit algebraic surface patches//SIAM Topics in Surface Modeling, Philadelphia: 23-52.
Bajaj C, Ihm I. 1992a. C1 smoothing of polyhedra with implicit algebraic splines. Computer Graphics,

26(2): 79-88.

Bajaj C, Ihm I. 1992b. Algebraic surface design with Hermite interpolation. ACM Transactions on Graphics, 11(1): 61-91.

Bajaj C, Ihm I, Warren J. 1993. Higher-order interpolation and least-square approximate using implicit algebraic surfaces. ACM Transactions on Graphics, 12(4): 327-347.

Bajaj C, Warren J, Xu G. 2001. A smooth subdivision scheme for hexahedral meshes. The Visual Computer, 18(5/6): 343-356.

Balaji G V, Seader J D. 1995. Application of interval Newton methods to chemical engineering problems. Reliable Computing, 1(3): 215-223.

Ball A A. 1974. CONSURF, Part 1: Introduction to conic lofting title. Computer Aided Design, 6: 243-249.

Ball A A. 1975. CONSURF, Part 2: Description of the algorithms. Computer Aided Design, 7: 237-242.

Ball A A. 1977. CONSURF, Part 3: How the program is used. Computer Aided Design, 9: 9-12.

Balsys R J, Suffern K G. 2001. Visualisation of implicit surfaces. Computers & Graphics, 25: 89-107.

Barnhill R E, Riesenfeld R F. 1974. Computer Aided Geometric Design. New York: Academic Press.

Barr A H. 1984. Global and local deformation of solid primitives. Computer Graphics, 18(3): 21-30.

Barth W, Lieger R, Schindler M. 1994. Ray tracing general parametric surfaces using interval arithmetic. The Visual Computer, 10: 363-371.

Bartholomew-Biggs M C, Brown S, Christianson B, et al. 2000. Automatic differentiation of algorithms. Journal of Computational and Applied Mathematics, 124(1/2): 171-190.

Berchtold J, Bowyer A. 2000. Robust arithmetic for multivariate Bernstein-form polynomials. Computer Aided Design, 32(11): 681-689.

Berchtold J, Voiculescu I, Bowyer A. 1998. Interval arithmetic applied to multivariate Bernstein-form polynomials. Technical Report, http://www.bath.ac.uk/~ensab/G_mod/Bernstein/interval.html.

Berchtold J. 2000. The Bernstein form in set-theoretic geometric modeling. Bath: University of Bath.

Bézier P. 1972. Numerical Control: Mathematics and Applications. New York: John Wiley and Sons.

Bézier P. 1974. Mathematical and practical possibilities of UNISURF//Computer Aided Geometric Design. New York: Academic Press: 127-152.

Bézier P. 1986. The Mathematical Basis of the UNISURF CAD System. Oxford: Butterworth-Heinemann.

Biermann H, Levin A, Zorin D. 2000. Piecewise smooth subdivision surfaces with normal control// Proceedings of the 27th Conference on Computer Graphics and Interactive Techniques, New York: 113-120.

Blinn J F. 1982. A generalization of algebraic surface drawing. ACM Transactions on Graphics, 1(3): 235-256.

Bloomenthal J. 1988. Polygonalization of implicit surfaces. Computer Aided Geometric Design, 5(4): 341-355.

Bloor M I G, Wilson M J. 1989a. Generating blend surfaces using partial differential equations. Computer Aided Design, 21(3): 165-171.

Bloor M I G, Wilson M J. 1989b. Blend design as a boundary value problem. Theory and Practical of

Geometric Modeling, 55(1): 221-234.

Bloor M I G, Wilson M J. 1989c. Generating n-sided patches with partial differential equations//Advance in Computer Graphics. Berlin: Springer: 129-145.

Bloor M I G, Wilson M J. 1990. Using parital differential equations to generate free-form surfaces. Computer Aided Design, 22(4): 221-234.

Bloor M I G, Wilson M J. 1995. Efficient parametrization of generic aircraft geometry. Journal of Aircraft, 32(6): 1269-1275.

Bloor M I G, Wilson M J. 1996. Spectral approximation to PDE surfaces. Computer Aided Design, 28(2): 324-331.

Boehm W. 1980. Inserting new knots into B-spline curve. Computer Aided Design, 12(4): 199-201.

Boehm W. 1983. Subdividing multivariate splines. Computer Aided Design, 15(6): 345-352.

Bowyer A, Berchtold J, Eisenthal D, et al. 2000. Interval methods in geometric modeling//IEEE Geometric Modeling and Processing, Hong Kong: 321-327.

Bowyer A, Martin R, Shou H, et al. 2002. Affine intervals in a CSG geometric modeler//Uncertainty in Geometric Computations. Berlin: Springer: 1-14.

Brechner E L. 1992. General tool offset curves and surfaces//Geometry Processing for Design and Manufacturing. Philadelphia: SIAM: 101-121.

Brunnet G, Kiefer J. 1994. Interpolation with minimal-energy splines. Computer Aided Design, 16(2): 137-144.

Bühler K. 2001a. Linear interval estimations for parametric objects theory and application. Computer Graphics Forum, 20(3): 522-531.

Bühler K. 2001b. Taylor models and affine arithmetics: Towards a more sophisticated use of reliable arithmetics in computer graphics//Proceedings of the 17th Spring Conference on Computer Garphics, Budmerice: 40-47.

Bühler K. 2001c. A new subdivision algorithm for the intersection of parametric surfaces. Vienna: Vienna University of Technology.

Bühler K. 2002. Fast and reliable plotting of implicit curves//Uncertainty in Geometric Computations. Berlin: Kluwer Academic Publishers: 15-28.

Bühler K, Barth W. 2001. A new intersection algorithm for parametric surfaces based on linear interval estimations//Scientific Computing, Validated Numerics, Interval Methods. Boston: Kluwer Academic Publishers.

Burkill J C. 1924. Functions of intervals//Proceedings of the London Mathematical Society, 22: 375-446.

Catmull E, Clark J. 1978. Recursively generated B-spline surfaces on arbitrary topological meshes. Computer Aided Design, 10: 350-355.

Chaikin G. 1974. An algorithm for high speed generation. Computer Graphics & Image Processing, 3(4): 346.

Celniker G, Gossard D. 1991. Deformable curve and surfaces finite-element for free-form shape design. Computer Graphics, 25(4): 257-266.

Chandler R E. 1988. A tracking algorithm for implicitly defined curves. IEEE Computer Graphics &

Applications, 8(2): 83-89.

Chen F L, Lou W P. 2000. Degree reduction of interval Bézier curves. Computer Aided Design, 32(10): 571-582.

Chen F, Wang W. 2003. Computing real inflection points of cubic algebraic curves. Computer Aided Geometric Design, 20(2): 101-117.

Chen H M, van Emden M H. 1995. Adding interval constraints to the Moore-Skelboe global optimization algorithm//International Workshop on Applications of Interval Computations, New York: 54-57.

Chen S E, Williams L. 1993. View interpolation for image synthesis. Computer Graphics, 27: 279-288.

Chen X D, Ma W Y, Xu G, et al. 2010. Computing the Hausdorff distance between two B-spline curves. Computer Aided Design, 42(12): 1197-1206.

Chen Y I, Ravani B. 1987. Offset surface generation and contouring in computer aided design. Journal of Mechanisms, Transmissions and Automation in Design: ASME Transactions, 109(3): 133-142.

Chiang C S, Hoffmann C M, Lynch R E. 1991. How to compute offsets without self-intersection// Proceedings of SPIE Conference on Curves and Surfaces in Computer Vision and Graphics II, Boston: 76-87.

Choi B K, Yoo W S, Lee C S. 1990. Matrix representation for NURBS curves and surfaces. Computer Aided Design, 22: 235-240.

Cobb E S. 1984. Design of sculptured surfaces using the B-spline representation. Salt Lake City: University of Utah.

Cohen E, Lyche T, Riesenfeld R F. 1980. Discrete B-spline and subdivision techniques in computer aided geometric design and computer graphics. Computer Graphics and Image Processing, 14: 87-111.

Cohen-Or D, Levin D, Solomovoci A. 1998. Three-dimensional distance field metamorphosis. ACM Transactions on Graphics, 17: 116-141.

Comba J L D, Stolfi J. 1993. Affine arithmetic and its applications to computer graphics//Proceedings of Anais do VII SIBGRAPI, New York: 9-18.

Coons S A. 1964. Surfaces for computer aided design of space figures. MIT Project MAC-TR-255.

Coons S A. 1967. Surfaces for computer aided design of space forms. MIT Project MAC-TR-41.

Coquillart S. 1987. Computing offsets of B-spline curves. Computer Aided Design, 19(6): 305-309.

Coquillart S. 1990. Extended free-form deformation: A sculpturing tool for 3D geometric modeling. Computer Graphics, 24(4): 187-196.

Corliss G F. 1995. Guaranteed error bounds for ordinary differential equations// Theory of Numerics in Ordinary and Partial Differential Equations, Advances in Numerical Analysis, Volume IV. London: Oxford University Press: 1-75.

Corliss G F, Rall L B. 1985. Adaptive, self-validating numerical quadrature. SIAM Journal on Scientific and Statistical Computing, 8(5): 831-847.

Cox M G. 1971. The numerical evaluation of B-spline. NPL-DNACS-4, National Laboratory.

de Boor C. 1972. On calculation with B-spline. Journal of Approximation Theory, 6: 50-62.

de Boor C, Hollig K, Sabin M. 1987. High accuracy geometric hermite interpolation. Computer Aided Geometric Design, 4(4): 269-278.

de Cusatis A J, de Figueiredo L H, Gattass M. 1999. Interval methods for ray casting implicit surfaces with affine arithmetic// Brazilian Symposium on Computer Graphics and Image Processing, Campinas: 65-71.

de Figueiredo L H. 1996. Surface intersection using affine arithmetic//Proceedings of Graphics Interface, New York: 168-175.

de Figueiredo L H, Stolfi J. 1996. Adaptive enumeration of implicit surfaces with affine arithmetic. Computer Graphics Forum, 15(5): 287-296.

de Figueiredo L H, Stolfi J, Velho L. 2003. Approximating parametric curves with strip trees using affine arithmetic. Computer Graphics Forum, 22(2): 171-179.

de Rahm G. 1956. Su rune courbe plane. Journal de Mathématiques Pures et Appliquées, 35: 25-42.

de Rose T, Kass M, Truong T. 1998. Subdivision surfaces in character animation//Proceedings of Conference on Computer Graphics, New York: 85-94.

Dekanshi C, Bloor M I G, Wilson M J. 1995. Generation of propeller blade geometry using the PDE method. Journal of Ship Research, 39(2): 108-116.

Demko S, Hodges L, Naylor B. 1985. Construction of fractal objects with iterated functions systems// Proceedings of Annual Conference Series on Computer Graphics, ACM SIGGRAPH, New York: 271-278.

Dietz R, Hoschek J, Juttler B. 1993. An algebraic approach to curves and surfaces on the sphere and on other quadrics. Computer Aided Geometric Design, 10: 211-229.

Dobner H J, Kaucher E. 1992. Inclusion methods for integral equations//Proceedings of the 3rd International IMACS-GAMM Symposium, Amsterdam: 13-24.

Dobronets B S, Shaidurov V V. 1990. Two-Sided Numerical Methods. Novosibirsk: Scientific Publishers.

Doo D, Sabin M. 1978. Behavior of recursive division surfaces near extraordinary points. Computer Aided Design, 10: 356-360.

Duff T. 1992. Interval arithmetic and recursive subdivision for implicit functions and constructive solid geometry. Computer Graphics, 26(2): 131-138.

Dyn N, Levin D. 1995. Analysis of asymptotically equivalent binary subdivision schemes. Journal of Mathematical Analysis and Application, 193: 594-621.

Dyn N, Levin D, Gregory J A. 1987. 4-point interpolatory subdivision scheme for curve design. Computer Aided Geometric Design, 4: 257-268.

Dyn N, Levin D, Gregory J A. 1990a. A butterfly subdivision scheme for surface interpolation with tension control. ACM Transactions on Graphics, 9: 160-169.

Dyn N, Levin D, Micchelli C A. 1990b. Using parameters to increase smoothness of curves and surfaces generated by subdivision. Computer Aided Geometric Design, 7: 129-140.

Elber G, Cohen E. 1991. Error bounded variable distance offset operator for free form curves and surfaces. International Journal of Computational Geometry and Application, 1(1): 67-78.

Elber G, Cohen E. 1992. Offset approximation improvement by control points perturbation// Mathematical Methods in Computer Aided Geometric Design II. New York: Springer: 229-237.

Enger W. 1992. Interval ray tracing: A divide and conquer strategy for realistic computer graphics. The Visual Computer, 9: 91-104.

Evazi M, Mahani H. 2010. Generation of Voronoi grid based on vorticity for coarse-scale modeling of flow in heterogeneous formations. Transport in Porous Media, 83(3): 541-572.

Farin G. 1983. Algorithms for rational Bézier curves. Computer Aided Design, 15: 73-79.

Farin G. 1993. Curves and Surfaces in Computer Aided Geometric Design. 3rd ed. San Diego: Academic Press.

Farouki R T. 1985. Exact offset procedures for simple solids. Computer Aided Geometric Design, 2(4): 257-279.

Farouki R T. 1986. The approximation of non-degenerate offset surfaces. Computer Aided Geometric Design, 3(1): 15-43.

Farouki R T. 1992. Pythagorean-hodograph curves in practical use//Geometry Processing For Design and Manufacturing. Philadelphia: SIAM: 3-33.

Farouki R T. 1994. The conformal map $z \mapsto z^2$ of the hodograph plane. Computer Aided Geometric Design, 11(4): 363-390.

Farouki R T, Johnstone J K. 1994. The bisector of a point and a plane parametric curve. Computer Aided Geometric Design, 11(2): 117-151.

Farouki R T, Neff C A. 1990. Analytic properties of plane offset curves. Computer Aided Geometric Design, 7(1-4): 83-99.

Farouki R T, Neff C A. 1995. Hermite interpolation by Pythagorean hodograph quintics. Mathmatics of Computation, 64(212): 1589-1609.

Farouki R T, Rajan V T. 1987. On the numerical condition of polynomials in Bernstein form. Computer Aided Geometric Design, 4(3): 191-216.

Farouki R T, Rajan V T. 1988. Algorithms for polynomials in Bernstein form. Computer Aided Geometric Design, 5(1): 1-26.

Farouki R T, Sakkalis T. 1990. Pythagorean hodographs. IBM Journal of Research and Development, 34(5): 736-752.

Farouki R T, Sakkalis T. 1994. Pythagorean hodographs spaces curves. Advance in Computational Mathematics, 2: 41-46.

Farouki R T, Shah S. 1996. Real-time CNC interpolators for pythagorean hodograph curves. Computer Aided Geometric Design, 13(7): 583-600.

Fefferman C L, Seco L A. 1996. Interval arithmetic in quantum mechanics. Applications of Interval Computations, Applied Optimization, 3: 145-167.

Ferguson J C. 1963. Multivariable curve interpolation. D2-22504, The Boeing Company.

Ferguson J C. 1964. Multivariable curve interpolation. Journal of ACM, 11: 221-228.

Forrest A R. 1972. Interactive interpolation and approximation by Bézier curve. The Computer Journal, 15: 71-79.

Forrest A R. 1974. Notes of Chaikin's algorithm. CGM74-1, University of East Anglia.

Forrest A R. 1980. The twisted cubic curve: A computer aided geometric design approach. Computer Aided Design, 12: 165-172.

Garloff J. 1985. Convergent bounds for the range of multivariate polynomials. Interval Mathematics, Lecture Notes in Computer Science, 212: 37-56.

Giger C. 1989. Ray tracing polynomial tensor product surfaces//Proceedings of Eurographics, Amsterdam: 125-136.

Goehlen M, Plum M, Schröder J. 1990. A programmed algorithm for existence proofs for two-point boundary value problems. Computing, 44: 91-132.

Goldman R N, Sederberg T W, Anderson D C. 1984. Vector elimination: A technique for the implicitization, inversion, and intersection of planar parametric rational polynomial curves. Computer Aided Geometric Design, 1: 327-356.

Goodman T N T, Said H B. 1998. Shape preserving properties of the generalized ball basis. Technical Report M6/88, University Sains Malaysia.

Gopalsamy S, Khandekar D, Mudur S P. A new method of evaluating compact geometric bounds for use in subdivision algorithms. Computer Aided Geometric Design, 8(5): 337-356.

Gordon W J, Riesenfeld R F. 1974a. Bernstein Bézier methods for the computer aided geometric design of free-form curves and surfaces. Journal of ACM, 21: 293-310.

Gordon W J, Riesenfeld R F. 1974b. B-spline curves and surfaces//Computer Aided Geometric Design. New York: Academic Press: 95-126.

Grabowski H, Li X. 1992. Coefficient formula and matrix of nonuniform B-spline functions. Computer Aided Design, 14: 637-642.

Grebogi C, Hammel S M, Yorke J A, et al. 1990. Shadowing of physical trajectories in chaotic dynamics: Containment and refinement. Physical Review Letters, 65(13): 1527-1530.

Griewank A. 1989. On Automatic Differentiation, Mathematical Programming: Recent Developments and Applications. Amsterdam: Kluwer Academic Publishers: 83-108.

Griewank A. 2000. Evaluating derivatives: Principles and techniques of automatic differentiation// Society for Industrial and Applied Mathematics. Philadelphia: SIAM: 15-36.

Gregory A, State A, Lin M, et al. 1999. Interactive surface decomposition for polyhedral morphing. Visual Computer, 15: 453-470.

Griffiths P. 1985. 代数曲线. 杨劲根译. 北京: 北京大学出版社.

Gross B. 1993. Verification of asymptotic stability for interval matrices and applications in control theory//Scientific Computing with Automatic Result Verification. New York: Springer: 357-395.

Guo B F, Lan K M, Lin K H, et al. 2003. Human face recognition based on spatially weighted Hausdorff distance. Patter Recognition Letters, 24(1/2/3): 499-507.

Gurbuz A Z, Zeid I. 1995. Offsetting operations via closed ball approximation. Computer Aided Design, 27(11): 905-910.

Habib A, Warren J. 1999. Edge and vertex insertion for a class of C^1 subdivision surfaces. Computer Aided Geometric Design, 16(4): 223-247.

Hadjihassan S, Walter E, Pronzato L. 1996. Quality improvement via optimization of tolerance intervals during the design stage//Applications of Interval Computations. Berlin: Springer: 91-131.

Hager G D. 1993. Solving large systems of nonlinear constraints with application to data modeling. Interval Computations, 2: 169-200.

Hammel S M, Yorke J A, Grebogi C. 1987. Do numerical orbits of chaotic dynamical processes represent true orbits? Journal of Complexity, 3(2): 136-145.

Hammer M, Hocks M, Kulisch U, et al. 1993. Numerical Toolbox for Verified Computing I. New York: Springer.

Hanrahan P. 1983. Ray tracing algebraic surfaces. Computer Graphics, 17(3): 83-90.

Hansen E R. 1992. Global Optimization Using Interval Analysis. New York: Marcel Dekker.

He T, Wang S, Kaufman A. 1994. Wavelet-based volume morphing//Proceedings of Visualization, New York: 85-92.

Heidrich W, Seidel H P. 1998. Ray tracing procedural displacement shaders. Graphics Interface, 17(7): 8-16.

Heidrich W, Slusallek P, Seidel H P. 1998. Sampling of procedural shaders using affine arithmetic. ACM Transactions on Graphics, 17(3): 158-176.

Holzmann O, Lang B, Schütt H. 1996. Newton's constant of gravitation and verified numerical quadrature. Reliable Computing, 2(3): 229-239.

Honhmeyer M, Barsky B A. 1991. Skinning rational B-spline curves to construct an interpolatory surface. Graphical Modeling and Image Processing, 53(6): 511-521.

Hoppe H, Derose T, Duchamp T, et al. 1994. Piecewise smooth surface construction// Proceedings of the 21st Annual Conference on Computer Graphics and Interactive Techniques, New York: 295-302.

Hoscheck J, Wissel N. 1988. Optimal approximate conversion of spline curves and spline approximation of offset curves. Computer Aided Design, 20(8): 475-483.

Hoscheck J. 1988. Spline approximation of offset curves. Computer Aided Geometric Design, 20(1): 33-40.

Hsu W M, Hughes J F, Kaufman H. 1992. Direct manipulation of free-form deformation. Computer Graphics, 26(2): 177-184.

Hu C Y, Maekawa T, Patrikalakis N M, et al. 1997. Robust interval algorithm for surface intersections. Computer Aided Design, 29(9): 617-627.

Hu C Y, Maekawa T, Sherbrooke E C, et al. 1996a. Robust interval algorithm for curve intersections. Computer Aided Design, 28(6/7): 495-506.

Hu C Y, Patrikalakis N M, Ye X. 1996b. Robust interval solid modeling, Part I: Representations. Computer Aided Design, 28(10): 807-817.

Hu C Y, Patrikalakis N M, Ye X. 1996c. Robust interval solid modeling, Part II: Boundary evaluation. Computer Aided Design, 28(10): 819-830.

Hu S M, Wang G J, Sun J G. 1998. A type of triangular ball surface and its properties. Journal of Computer Science and Technology, 13: 63-72.

Hu S M, Wang G Z, Jin T G. 1996. Properties of two types of generalized ball curves. Computer Aided Design, 28: 125-133.

Hughes J F. 1992. Scheduled Fourier volume morphing. Computer Graphics, 26: 43-46.

Hyvönen E. 1989. Constraint reasoning based on interval arithmetic//Proceedings of the 11th

International Joint Conference on Artificial Intelligence, San Francisco: 1193-1198.
Jerrell M E. 1996. Applications of interval computations to regional economic input-output models//Applications of Interval Computations, Applied Optimization. Berlin: Springer: 133-143.
Kalra P, Mangili A, Thalmann N M, et al. 1992. Simulation of facial muscle actors based on rational free-form deformation. Computer Graphics Forum, 2(3): 59-69.
Kanai T, Suzuki H, Kimura F. 1998. 3D geometric metamorphosis based on harmonic map. Visual Computer, 14: 166-176.
Kaucher E W, Miranker W L. 1984. Self-Validating Numerics for Function Space Problems. Orlando: Academic Press.
Kaucher E. 1990. Area-preserving mappings, their application for parallel and partially validated computations of Navier-Stokes problems//Proceedings of the 2nd International Conference on Computer Arithmetic, Scientific Computations and Mathematical Modelling, Basel: 425-436.
Kearfott R B. 1991. Decomposition of arithmetic expressions to improve the behavior of interval iteration for nonlinear systems. Computing, 47(2): 169-191.
Kearfott R B. 1996. Rigorous Global Search: Continuous Problems. Dordrecht: Kluwer.
Kimmel R, Bruckstein A M. 1993. Shape offsets via level sets. Computer Aided Design, 25(3): 154-162.
Klass R. 1983. An offset spline approximation for plane cubic splines. Computer Aided design, 15(4): 297-299.
Kobbelt L, Schröder P. 1998. A multiresolution framework for variational subdivision. ACM Transactions on Graphics, 17: 209-237.
Kobbelt L. 1996a. Interpolatory subdivision on open quadrilateral nets with arbitrary topology//Proceedings of Eurographics, New York: 409-420.
Kobbelt L. 1996b. A variational approach to subdivision. Computer Aided Geometric Design, 13: 743-761.
Kobbelt L. 2000. $\sqrt{3}$ -subdivision. Computer Graphics, 5: 103-112.
Kohout L J, Bandler W. 1996. Fuzzy interval inference utilizing the checklist paradigm and BK-relational products//Applications of Interval Computations, Applied Optimization. Boston: Springer: 291-335.
Kohout L J, Stabile I. 1993. Interval-valued inference in medical knowledge-based system CLINAID. Interval Computations, 3: 88-115.
Korfiatis I, Paker Y. 1998. Three-dimensional object metamorphosis through energy minimization. Computers and Graphics, 22: 195-202.
Korn C F, Ullrich C. 1995. Extending linpack by verification routines for linear systems. Mathematics and Computers in Simulation, 39(1/2): 21-37.
Korn F, Ullrich C. 1993. Verified solution of linear systems based on common software libraries. Interval Computations, 3: 116-132.
Kunze R, Wolter F E, Rausch T. 1997. Geodesic Voronoi diagrams on parametric surfaces//Proceedings of Computer Graphics International Conference, Hasselt: 230-237.
Labisk U, Greiner G. 2000. Interpolatory $\sqrt{3}$ -subdivision. Computer Graphics Forum, 19(3):

131-138.

Lamousin H J, Waggenspack W N. 1994. NURBS-based free-form deformation. IEEE Computer Graphics and it's Applications, 11: 59-65.

Lanford O E. 1982. Computer-assisted proof of the feigenbaum conjecture. Bulletin of the American Mathematical Society, 6: 427-434.

Lanford O E. 1984a. Computer-assisted proofs in analysis. Physica A, 124: 465-470.

Lanford O E. 1984b. A shorter proof of the existence of the feigenbaum fixed point. Communications of the ACM, 96: 521-538.

Lazarus F, Verroust A. 1997. Metamorphosis of cylinder-like object. International Journal of Visualization and Computer Animation, 8: 131-146.

Lee A, Moreton H, Hoppe H. 2000. Displaced subdivision surfaces//Proceedings of Conference on Computer Graphics, New York: 85-94.

Lee I K, Kim M S, Elber G. 1996. Planar curve offset based on circle approximation. Computer Aided Design, 28(8): 617-630.

Lee W F, Dobkin D, Sweldens W, et al. 1999. Multiresolution mesh morphing//Proceedings of Conference on Computer Graphics, New York: 343-350.

Levin A. 1999a. Interpolating nets of curves by smooth subdivision surfaces//Proceedings of Conference on Computer Graphics, New York: 57-64.

Levin A. 1999b. Combined subdivision schemes for the design of surfaces satisfying boundary conditions. Computer Aided Geometric Design, 16: 345-354.

Li C M, Chen J. 1999. Raster methods of the generation of voronoi diagrams for spatial entities. International Journal of Geographical Information Science, 13: 209-225.

Li Y M, Hsu V Y. 1998. Curve offsetting based on Legendre series. Computer Aided Geometric Design, 15(7): 711-720.

Lin H W, Liu L G, Wang G J. 2002. Boundary evaluation for interval Bézier curve. Computer Aided Design, 34(9): 637-646.

Liu L G, Wang G J. 1999. Three-dimensional shape blending: Intrinsic solutions to spatial interpolation problems. Computers and Graphics, 23: 535-545.

Lodwick W A. 1989. Constraint propagation, relational arithmetic in AI systems and mathematical programs. Annals of Operations Research, 21(1-4): 143-148.

Lohner R. 1992. Enclosures for the solutions of ordinary initial and boundary value problems// Computational Ordinary Differential Equations. Oxford: Clarendon Press: 425-435.

Lodwick W A, Monson W, Svoboda L. 1990. Attribute error and sensitivity analysis of map operations in geographical information systems: Suitability analysis. International Journal of Geographical Information System, 4(4): 413-428.

Loop C. 1987. Smooth subdivision surfaces based on triangles. Salt Lake City: University of Utah.

Lopes H, Oliveira J B, de Figueiredo L H. 2002. Robust adaptive polygonal approximation of implicit curves. Computers & Graphics, 26: 841-852.

Lowe T W, Bloor M I G, Wilson M J. 1990. Functionality in blend design. Computer Aided Design, 22(10): 655-665.

Lowe T W, Bloor M I G, Wilson M J. 1994. The automatic functional design of hull surface geometry. Journal of Ship Research, 38(4): 319-328.

MacCracken R, Joy K. 1996. Free-form deformations with lattices of arbitrary topology. Computer Graphics, 30(3): 181-188.

Maekawa T. 1994. Robust computational methods for shape interrogation. Cambridge: Massachusetts Institute of Technology.

Maekawa T. 1998a. Self-intersections of offsets of quadratic surfaces: Part I, explicit surfaces. Engineering with Computers, 14: 1-13.

Maekawa T. 1998b. Self-intersections of offsets of quadratic surfaces: Part II, implicit surfaces. Engineering with Computers, 14: 14-22.

Maekawa T. 1999. An overview of offset curves and surfaces. Computer Aided Design, 31(3): 165-173.

Maekawa T, Patrikalakis N M. 1993. Computation of singularities and intersections of offsets of planar curves. Computer Aided Geometric Design, 10(5): 407-429.

Maekawa T, Patrikalakis N M. 1994. Interrogation of differential geometry properties for design and manufacture. The Visual Computer, 10(4): 216-237.

Maekawa T, Patrikalakis N M. 1997. Computation of self-intersections of offsets of Bézier surface patches. Journal of Mechanical Design: ASME Transactions, 119(2): 275-283.

Maekawa T, Patrikalakis N M, Sakkalis T, et al. 1998. Analysis and applications of pipe surfaces. Computer Aided Geometric Design, 15(5): 437-458.

Mandal C, Qin H, Vemuri B C. 2000. Dynamic modeling of butterfly subdivision surfaces. IEEE Transactions on Visualization and Computer Graphics, 6(3): 265-286.

Martin R R. 1983. Principal patches: A new class of surface patch based on differential geometry// Proceedings of Eurographics, Amsterdam.

Martin R R, Stephenson P C. 1990. Sweeping of three dimensional objects. Computer Aided Design, 22(4): 223-234.

Martin R, Shou H, Voiculescu I, et al. 2002. Comparison of interval methods for plotting algebraic curves. Computer Aided Geometric Design, 19(7): 553-587.

Matthews J, Broadwater R, Long L. 1990. The application of interval mathematics to utility economic analysis. IEEE Transactions on Power Systems, 5(1): 177-181.

Meek D S, Walton D J. 1997. Geometric Hermite interpolation with Tschirnhausen cubics. Journal of Computational and Applied Mathmatics, 81(2): 299-309.

Milne P S. 1990. On the algorithms and implementation of a geometric algebra system. Bath: University of Bath.

Mitchell D P. 1990. Robust ray intersection with interval arithmetic//Proceedings on Graphics Interface, Halifax: 68-74.

Mitchell D P. 1991. Three applications of interval analysis in computer graphics. SIGGRAPH, 81(1): 179-232.

Moore R E. 1962. Interval arithmetic and automatic error analysis in digital computing. Palo Alto: Stanford University.

Moore R E. 1966. Interval Analysis. Englewood Cliffs: Prentice-Hall.

Moreton H P, Sequin C H. 1992. Functional optimization for fair surface design. Computer Graphics, 26: 167-176.

Mrozek M. 1996. Rigorous numerics of chaotic dynamical systems//Chaos: The Interplay Between Stochastic and Deterministic Behaviour. New York: Springer: 283-296.

Mudur S P, Koparkar P A. 1984. Interval methods for processing geometric objects. IEEE Computer Graphics and its Applications, 4(2): 7-17.

Nakao M T. 1993. Solving nonlinear elliptic problems with result verification using an H^{-1} type residual iteration. Computing, 9: 161-173.

Nakao M T, Yamamoto N, Watanabe Y. 1996. Guaranteed error bounds for the finite element solutions of the stokes problem//Scientific Computing and Validated Numerics, Mathematical Research. Berlin: Akademie.

Neumaier A. 1990. Interval methods for systems of equations. Cambridge: Cambridge University Press.

Neumaier A, Rage T. 1993. Rigorous chaos verification in discrete dynamical systems. Physica D, 67: 327-346.

Nielson G M. 1993. Scattered data modeling. IEEE Computer Graphics & Applications, 13(1): 61-70.

Nishimura H, Hirai M, Kawai T, et al. 1985. Object modeling by distribution function and a method of image generation. Transactions IECE Japan, Part D, J68-D(4): 718-725.

Okabe A, Boots B, Sugihara K, et al. 2000. Spatial Tessellations: Concepts and Applications of Voronoi Diagrams. New York: John Wiley and Sons: 287-290.

Okumura K, Higashino S. 1994. A method for solving complex linear equation of AC networks by interval computation//Proceedings of IEEE International Symposium on Circuits and Systems, New York: 121-124.

Paluszny M, Patterson R, Tovar F. 2002. The singular point of an algebraic cubic. Applied Numerical Mathematics, 40(1/2): 23-31.

Patrikalakis N M, Bardis L. 1989. Offsets of curves on rational B-spline surfaces. Engineering with Computers, 5: 39-46.

Patrikalakis N M, Kriezis G A. 1989. Representation of piecewise continuous algebraic surfaces in terms of B-splines. The Visual Computer, 5: 360-374.

Peternell M, Pottmann H. 1998. A Laguerre geometric approach to rational offsets. Computer Aided Geometric Design, 15(3): 223-249.

Peters J, Reif U. 1997. The simplest subdivision scheme for smoothing polyhedra. ACM Transactions on Graphics, 16(4): 420-431.

Peters J, Umlauf G. 2000. Gaussian and mean curvature of subdivision surfaces//The Mathematics of Surfaces IX. London: Springer: 59-69.

Peters J, Umlauf G. 2001. Computing curvature bounds for bounded curvature subdivision. Computer Aided Geometric Design, 18(5): 455-461.

Pham B. 1988. Offset approximation of uniform B-splines. Computer Aided Design, 20(8): 471-474.

Pham B. 1992. Offset curves and surfaces: A brief survey. Computer Aided Design, 24(4): 223-229.

Phien H N, Dejdumrong N. 2000. Efficient algorithms for Bézier curves. Computer Aided Geometric Design, 17: 247-250.

Piegl L A, Tiller W. 1999. Computing offsets of NURBS curves and surfaces. Computer Aided Design, 31(2): 147-156.

Piegl L, Tiller W. 1987. Curve and surface constructions using rational B-splines. Computer Aided Design, 19: 485-498.

Piegl L, Tiller W. 1989. A menagerie of rational B-spline circles. IEEE Computer Graphics and its Application, 9: 48-56.

Piegl L, Tiller W. 2000. Surface approximation to scanned data. Visual Computer, 16(7): 386-395.

Piegl L. 1989a. Modifying the shape of rational B-splines, part 1: Curves. Computer Aided Design, 21: 509-518.

Piegl L. 1989b. Modifying the shape of rational B-splines, part 2: Surfaces. Computer Aided Design, 21: 538-546.

Piegl L. 1991. On NURBS: A survey. IEEE Computer Graphics and Application, 10: 55-71.

Pigel L. 1985. Representation of quadric primitives by rational polynomials. Computer Aided Geometric Design, 2: 151-155.

Plum M. 1991a. Computer-assisted existence proofs for two-point boundary value problems. Computing, 46:19-34.

Plum M. 1991b. Existence proofs with error bounds for approximate solutions of weakly nonlinear second-order elliptic boundary value problems. ZAMM (Zeitschrift für Angewandte Mathematik und Mechanik), 1991, 71(6): 660-662.

Plum M. 1992a. Explicit h_2-estimates and pointwise bounds for solutions of second-order elliptic boundary value problems. Journal of Mathematical Analysis and Applications, 165: 36-61.

Plum M. 1992b. Numerical existence proofs and explicit bounds for solutions of nonlinear elliptic boundary value problem. Computing, 49: 25-44.

Plum M. 1994. Inclusion methods for elliptic boundary value problems//Topics in Validated Computations, Studies in Computational Mathematics, Amsterdam: 323-380.

Pottmann H. 1995. Rational curves and surfaces with rational offsets. Computer Aided Geometric Design, 12(2): 175-192.

Pottmann H. 1997. General offset surfaces. Neural Parallel and Scientific Computations, 5: 55-80.

Prautzsch H, Piper B. 1991. A fast algorithm to raise the degree of spline curves. Computer Aided Geometric Design, 8: 253-265.

Pottmann H, Wallner J, Glaeser G, et al. 1998. Geometric criteria for gouge free three axis milling of sculptured surfaces//Proceedings of ASME Design Engineering Technical Conferences, Atlanta: 13-16.

Preparata F P, Shamos M I. 1985. Computational Geometry: An Introduction. Berlin: Springer.

Qin H, Mandal C, Vemuri B C. 1998. Dynamic Catmull-Clark subdivision surfaces. IEEE Transactions on Visualization and Computer Graphics, 4(3): 215-229.

Rage T, Neumaier A, Schlier C. 1994. Rigorous verification of chaos in a molecular model. Physical Review E, 50(4): 2682-2688.

Ratschek H, Rokne J. 1988. New Computer Methods for Global Optimization. New York: Wiley.

Ratschek H, Rokne J. 2005. SCCI-hybrid methods for 2D-curve tracing. International Journal of Image & Graphics, 5(3) : 447-479.

Rausch T, Wolter F E, Sniehotta O. 1997. Computation of medial curves on surfaces//The Mathematics of Surfaces VII, Information Geometers. New York: Springer: 43-68.

Riesenfeld R F. 1975. On Chaikin's algorithm. Computer Graphics and Image Processing, 4: 153-174.

Rivlin T J. 1970. Bounds on a polynomial. Mathematical Sciences, 74B(1): 47-54.

Robert A. 1998. Direct sculpting of flexible objects for coherent animation. Leicester: De Montfort University.

Rohn J. 1996. An algorithm for checking stability of symmetric interval matrices. IEEE Transactions on Automatic Control, 41(1): 133-136.

Rosenfeld A, Kak A C. 1982. Digital Picture Processing, Volume 1-2. Orlando: Academic Press.

Rosenfeld A, Melter R A. 1989. Digital geometry. The Mathematical Intelligencer, 11(3): 69-72.

Rowin M S. 1964. Conic, cubic and T-conic segments. D2-23252, The Boeing Company.

Said H B. 1989. Generalized ball curve and its recursive algorithm. ACM Transactions on Graphics, 8: 360-371.

Sakkalis T, Farouki R. 1990. Singular points of algebraic curves. Journal of Symbolic Computation, 9(4): 405-421.

Sambandan K, Kedem K, Wang K K. 1992. Generalized planar sweeping of polygons. Journal of Manufacturing Systems, 11(4): 246-257.

Sauer T, Yorke J A. 1991. Rigorous verification of trajectories for the computer simulation of dynamical systems. Nonlinearity, 4(3): 961-979.

Schnepper C A. 1992. Large grained parallelism in equation-based flowsheeting using interval Newton/generalized bisection techniques. Urbana: University of Illinois.

Schnepper C A, Stadtherr M A. 1993. Application of a parallel interval Newton/generalized bisection algorithm to equation-based chemical process flowsheeting. Interval Computations, 4: 40-64.

Schoenberg I J. 1946. Contributions to the problem of approximation of equidistant data by analytic function. Quarterly of Applied Mathematics, 4: 45-99.

Schramm P. 1994. Intersection problems of parametric surfaces in CAGD. Computing, 53: 355-364.

Schwandt H. 1984. An interval arithmetic approach for an almost globally convergent method for the solution of the nonlinear Poisson equation. SIAM Journal of Scientific and Statistical Computing, 5(2): 427-452.

Schwandt H. 1985. The solution of nonlinear elliptic Dirichlet problems on rectangles by almost globally convergent interval methods. SIAM Journal of Scientific and Statistical Computing, 6(3): 617-638.

Schwandt H. 1987. An interval arithmetic method for the solution of nonlinear systems of equations on a vector computer. Parallel Computing, 4(3): 323-337.

Sederberg T W. 1990a. Techniques for cubic algebraic surfaces, part 1. IEEE Computer Graphics and its Applications, 10(4): 14-25.

Sederberg T W. 1990b. Techniques for cubic algebraic surfaces, part 2. IEEE Computer Graphics and its Applications, 10(5): 12-21.

Sederberg T W, Buehler D B. 1992. Offsets of polynomial Bézier curves: Hermite approximation with error bounds//Mathematical Methods in Computer Aided Geometric Design II, San Diego: Academic Press: 549-558.

Sederberg T W, Chen F L. 1995. Implicitization using moving curves and surfaces//Proceedings of the 22nd Annual Conference on Computer Graphics and Interactive Techniques, New York: 301-308.

Sederberg T W, Farouki R T. 1992. Approximation by interval Bézier curves. IEEE Computer Graphics & Applications, 12(5): 87-95.

Sederberg T W, Gao P S, Wang G J, et al. 1993. 2-D shape blending: An intrinsic solution to the vertex path problem. Computer Graphics, 27: 15-18.

Sederberg T W, Greenwood E. 1992. A physically based approach to 2-D shape blending. Computer Graphics, 26: 25-34.

Sederberg T W, Parry S R. 1986. Comparison of three curve intersection algorithms. Computer Aided Design, 18(1): 58-63.

Sederberg T W, Parry S R. 1986. Free-form deformation of solid geometric models. Computer Graphics, 20(4): 151-160.

Sederberg T W, Wang G J. 1994. A Simple verification of the implicitization formulae for Bézier curves. Computer Aided Geometric Design, 11: 225-228.

Sederberg T W, Zheng J M, Sewell D, et al. 1998. Non-uniform recursive subdivision surfaces. Computer Graphics, 32: 387-394.

Sederberg T, Zheng J, Swell D, et al. 1998. Non-uniform recursive subdivision surfaces//Computer Graphics Proceedings, ACM SIGGRAPH, New York: 387-394.

Seitz S M, Dyer C R. 1996. View morphing. Computer Graphics, 30: 21-30.

Shapira M, Rappoport A. 1995. A shape blending using the star-skeleton representation. IEEE Computer Graphics and its Applications, 15: 44-50.

Shou H, Li T, Miao Y. 2011. The bisector of a point and a plane algebraic curve. Communications in Computer and Information Science, 164: 449-455.

Shou H, Lin H, Martin R, et al. 2003. Modified affine arithmetic is more accurate than centered interval arithmetic or affine arithmetic. Lecture Notes in Computer Science, Mathematics of Surfaces: 355-365.

Shou H, Lin H, Martin R, et al. 2006. Modified affine arithmetic in tensor form for trivariate polynomial evaluation and algebraic surface plotting. Journal of Computational and Applied Mathematics, 195(1/2): 155-171.

Shou H, Martin R, Voiculescu I, et al. 2002a. Affine arithmetic in matrix form for polynomial evaluation and algebraic curve drawing. Progress in Natural Science, 12(1): 77-80.

Shou H, Martin R, Wang G, et al. 2002b. Affine arithmetic and bernstein hull methods for algebraic curve drawing//Uncertainty in Geometric Computations. Boston: Kluwer Academic Publishers: 143-154.

Shou H, Martin R, Wang G, et al. 2004. A recursive taylor method for algebraic curves and surfaces// Computational Methods for Algebraic Spline Surfaces. Berlin: Springer: 135-155.

Shou H, Shen J, Yoon D. 2005. What order Taylor model is sufficient for subdivision based implicit curve plotting//Proceedings of 9th International Conference on Computer Aided Design and Computer Graphics, Hong Kong: 10-15.

Shou H, Shen J, Yoon D. 2006. Robust plotting of polar algebraic curves, space algebraic curves and offsets of planar algebraic curves. Reliable Computing, 12(4): 323-335.

Shou H, Shen J, Yoon D. 2007. Numerical computation of singular and inflection points on planar algebraic curves//Proceedings of 2007 International Conference on Computer Graphics & Virtual Reality, Las Vegas: 133-138.

Shou H, Shi W, Ye H, et al. 2011. Numerical computation of singular points on algebraic surfaces// Proceedings of the 3rd International Conference on Computer Technology and Development, Chengdu: 93-98.

Shou H, Song W, Shen J, et al. 2006. A recursive Taylor method for ray casting algebraic surfaces// Proceedings of 2006 International Conference on Computer Graphics & Virtual Reality, Las Vegas: 196-202.

Snyder J M. 1992. Interval analysis for computer graphics. Computer Graphics, 26(2): 121-130.

Spreuer H, Adams E. 1993. On the existence and the verified determination of homoclinic and heteroclinit orbits of the origin for the lorenz equations. Computing, 9: 233-246.

Stam J. 1998. Exact evaluation of Catmull-Clark subdivision surfaces at arbitrary parameter values// Computer Graphics. New York: Springer: 395-404.

Stolte N, Caubet R. 1997. Comparison between different rasterization methods for implicit surfaces// Visualization and Modeling. San Diego: Springer: 191-201.

Stolte N, Kaufman A. 2001. Novel techniques for robust voxelization and visualization of implicit surfaces. Graphical Models, 63: 387-412.

Storck U. 1993. Numerical integration in two dimensions with automatic result verification//Scientific Computing with Automatic Result Verification. New York: Springer: 187-224.

Suffern K G. 1990. Quadtree algorithms for contouring functions of two variables. The Computer Journal, 33: 402-407.

Suffern K G, Fackerell E D. 1991. Interval methods in computer graphics. Computers and Graphics, 15: 331-340.

Sunaga T. 1958. Theory of an interval algebra and its application to numerical analysis. Tokyo: Gaukutsu Bunken Fukeyu-Kai.

Taubin G. 1994a. Distance approximations for rasterizing implicit curves. ACM Transactions on Graphics, 13(1): 3-42.

Taubin G. 1994b. Rasterizing algebraic curves and surfaces. IEEE Computer Graphics & Applications, 14: 14-23.

Terzopoulos D, Platt J, Barr A, et al. 1987. Elastically deformable models. Computer Graphics, 21(4): 205-214.

Terzopoulos D, Qin H. 1994. Dynamic NURBS with geometric constraints for interactive sculpting. ACM Transactions on Graphics, 13(2): 103-136.

Tiller W. 1983. Rational B-splines for curve and surface representation. IEEE Computer Graphics and its Application, 3: 61-69.

Tiller W. 1986. Geometric modeling using non-uniform rational B-splines: Mathematical techniques//Proceedings of SIGGRAH, New York.

Tiller W. 1992. Knot-remove algorithms for NURBS curves and surfaces. Computer Aided Design, 24: 445-453.

Tiller W, Hanson E G. 1984. Offsets of two-dimensional profiles. IEEE Computer Graphics and Application, 4(9): 36-46.

Toth D L. 1985. On ray tracing parametric surfaces. Computer Graphics, 19(3): 171-179.

Tuohy S T, Maekawa T, Shen G, et al. 1997. Approximation of measured data with interval B-splines. Computer Aided Design, 29(11): 791-799.

Tupper J. 1996. Graphing equations with generalized interval arithmetic. Toronto: University of Toronto.

Tupper J. 2001. Realiable two-dimensional graphing methods for mathematical formulae with two free variables//Proceedings of SIGGRAPH, New York: 77-86.

Turk G, O'Brien J. 1999. Shape transformation using variational implicit functions//Computer Graphics. New York: Springer: 335-342.

Vafiadou M E, Patrikalakis N M. 1991. Interrogation of offsets of polynomial surface patches. //Proceedings of the 12th Annual European Association for Computer Graphics Conference and Exhibition, Vienna: 247-259.

van Hentenryck P. 1989. Constraint Satisfaction in Logic Programming. Cambridge: MIT Press.

van Hentenryck P, Mcallester D, Kapur D. 1995. Solving polynomial systems using a branch and prune approach. Technical Report CS-95-01, Brown University.

Velho L. 2001. Quasi 4-8 subdivision. Computer Aided Geometric Design, 18(4): 345-357.

Vergeest S M. 1991. CAD surface data exchange using STEP. Computer Aided Design, 23: 269-281.

Versprille K J. 1975. Computer aided design application of rational B-spline approximation form. Syracuse: Syracuse University.

Voiculescu I. 2001. Implicit function algebra in set-theoretic modeling. Bath: University of Bath.

Voiculescu I, Berchtold J, Bowyer A, et al. 2000. Interval and affine arithmetic for surface location of power and Bernstein form polynomials//Mathematics of Surfaces IX. New York: Springer: 410-423.

Walker R J. 1950. Algebraic Curves. New York: Springer.

Wang G J, Cheng M. 2001. New algorithms for evaluating parametric surface. Progress in Natural Science, 11(2): 142-148.

Wang G J, Sederberg T W. 1999. Verifying the implicitization formulae for degree n rational Bézier curves. Journal of Computational Mathematics, 17: 33-40.

Wang G J. 1992. Generating NURBS curves by envelopes. Computing, 48: 275-289.

Wang M C, Kennedy W J. 1994. Self-validating computations of probabilities for selected central and non-central univariate probability functions. Journal of the American Statistical Association, 89: 878-887.

Watenabe Y. 1996. Guaranteed error bounds for finite element solutions of the stokes equations. Kyushu: Kyushu University.

Welch W, Witckin A. 1992. Variational surface modeling. Computer Graphics, 26(2): 157-166.

Wolberg G. 1990. Digital Image Warping. Los Alamitos: IEEE Computer Society Press.

Wolberg G. 1998. Image morphing: A survey. The Visual Computer, 14(8/9): 360-372.

Woodward C D. 1988. Skinning technique for interactive B-spline surface interpolation. Computer Aided Design, 20(8): 441-451.

Wyvill B, Wyvill G. 1989. Field functions for implicit surface. The Visual Computer, 5: 75-82.

Wyvill G, Mcpheeters C, Wyvill B. 1986. Data structure for soft objects. The Visual Computer, 2: 227-234.

Yap C K. 1987. An O(n log n) algorithm for the voronoi diagram of a set of simple curve segments. Discrete and Computational Geometry, 2(4): 365-393.

Ying L, Zorin D. 2001. Nonmanifold subdivision//Proceedings of Visualization, San Diego: 325-332.

Young R C. 1931. The algebra of many-valued quantities. Mathematische Annalen, 104: 260-290.

Žalik B. 2005. An efficient sweep-line Delaunay triangulation algorithm. Computer Aided Design, 37(10):1027-1038.

Zhang Q, Martin R R. 2000. Polynomial evaluation using affine arithmetic for curve drawing// Proceedings of Eurographics UK Conference, New York: 49-56.

Zhu Y. 1987. Ray tracing and free form deformation of solid models. Technical Report, University of Minnesota.

Zorin D, Schröder P, Sweldens W. 1996. Interpolating subdivision for meshes with arbitrary topology. Computer Graphics, 30: 189-192.